沖積低地の地形環境学

海津正倫編

古今書院

Geo-environment of Alluvial and Coastal Lowlands

Edited by UMITSU Masatomo

Kokon-Shoin Publishers, Tokyo 2012

まえがき

　アメリカ地理学会とアメリカ地質学会の両学会会長を務めた R.J.Russell は，ハーバード大学を退職してカリフォルニアへ赴任してきた W.M.Davis のもとで地形学を学び，1928 年にルイジアナ州立大学に奉職した．彼がそこで見たものは Davis 流地形学で扱われてきた主として侵食によって形成された地形ではなく，低く，広大な一面にひろがる平地の地形であった．そのような地形の成り立ちに対して，恩師 Davis からの「なぜミシシッピ川の流路はニューオーリンズより下流側では蛇行せずにまっすぐ流れているのか？」という問いかけも加わって，この飽きるほど平坦な土地に対する彼の地形学的挑戦がはじまった．

　一方，近代地質学を確立した C. Lyell は旧約聖書に書かれているノアの洪水のような異常な出来事によって地質が変化したとする Cuvier の天変地異説を否定する J. Hutton の斉一説を発展させ，現在をしっかりと検討・把握することにより過去のさまざまな現象を解明する手がかりが得られることを示した．

　途方もなく平坦なミシシッピ下流地域の地形や自然環境も，こつこつと一つ一つ解き明かせばそのの形成を明らかにすることができ，過去から現在に至るダイナミックな変化も解明できるはずである．

　Lyell の「現在は過去を解く鍵である」という言葉を実践するように，Russell やその仲間達は精力的かつ多面的に研究をすすめ，このミシシッピデルタや海岸平野の全貌が次第に解明されはじめた．そして，その地形が侵食作用を基本とする単なる河川の側方浸食によって形成されたものではなく，気候変化や海面変化などの地球規模の環境変動とも関わるダイナミックな変化を遂げて現在に至っていることを明らかにしていった．また，そのような場所における人々の生活についても，自然環境の変化が居住環境の変化に多大な影響を及ぼしたことを明らかにした．

　Russell が取り組んだ平坦な地形は，ミシシッピ川の氾濫原や三角州，さらにメキシコ湾沿岸の海岸平野である．我々はこのような地形を一括して沖積低地とよんでいるが，その生い立ちは単純なものではない．時空間の変化をふまえての解明は多様な手段にもとづく多面的な検討が必要であり，Russell らによって調査・研究されてきたように地表の地形のみならず，地表面下の堆積物やその基底の地形などさまざまな側面から検討されなくてはならない．そのような場所では，地形研究の基本である地形図によって示される等高線からの情報は土地の起伏が小さいために限られており，土地利用や植生の違いについて検討したり，自然の状態が多く残されていた過去の地形図（旧版地形図）などを使うことも有効である．また，微起伏の違いをはじめとするさまざまな地表の状態を把握するには空中写真の利用が有効であり，熟練した人であれば 30 cm の小さな崖でも判別できる．

　わが国でも戦後になると空中写真を自由に使うことができるようになり，平野の微地形の研究が進んだ．また，戦後しばらくの時期に頻発した大水害にかかわる浸水・氾濫と平野の微地形との関係も検討され，微地形と水害との関係などが明らかにされて土地条件図などの刊行につながった．さらに，数多くのボーリングデータを駆使して沖積低地の地下の地質が明らかにされ，沖積低地の形成を地形発達史の立場から明らかにしようとする研究が進められた．堆積物の層序・層相の検討は微化石などを用いた堆積環境の解明へと発展し，沖積低地の形成過程における地形や環境の変化が詳しく検討され，解明されている．これ

らは地球規模の氷期・間氷期というようなダイナミックな環境変動とも連動するものであり，地形を取り巻く詳細な環境変動が明らかにされる中で沖積低地の地形発達や環境変化についてもより詳細に解明されている．さらに，わが国のような変動帯に属する地域では，沖積低地の形成場が広域的な地殻変動と関わるとともに，活断層や活褶曲などの地域的な変動も低地の地形特性に大きな影響を与えている．

そのような中，2011年3月11日，東日本大震災が発生した．2004年12月にインド洋大津波が発生し，その直後に現地で災害調査を行っていた時にはM = 9.0を超えるこのような大地震やそれによって引き起こされる未曾有の大津波が近い将来身近な地域でもう一度発生するというようなことは夢にも思わなかった．しかしながらそれが現実に起こってしまい，そして2万人にも及ぶ多くの方々が命を落としてしまったことに対して，胸の詰まる思いであった．地形を研究している者としてそのような自然災害に対して，何ができるのか，何をしなくてはならないかと自問自答を繰り返した．

そのような中で得られた答えの一つは，まずは多くの人達の生活の場である沖積低地の土地の特性をより具体的に把握し，ひろく社会に対して示して行くことが重要であるということであった．そして，多くの人々に沖積低地に関心を持ってもらい，身近な問題と結びつけて考えるきっかけを作っていくことが大切だということであった．

一方，沖積低地に興味を持ち，その特性や生い立ちについて学ぼうという若い人にとって，手ほどきになるような書籍が少ないという声も聞いた．高等学校の教科書レベルから，一気に学術用語の並ぶ専門書に飛んでしまい，その間を埋めるような書籍を望む声が寄せられた．そして，そのような声のもとに沖積低地の地形・地質や特性を知り，そのダイナミックな生い立ちの基本がわかるような内容をもち，さらにそれらをふまえたより具体的な研究の事例がわかるような書籍を作ることができないかという思いを巡らせた．

そのような考えのもとに計画した本書は，単なる論文を集めた形ではなく，初学者にもわかりやすくまず基礎的な情報を提供した上で，具体的な研究成果の事例を示すということを考え，2部構成とした．第1部では沖積低地にかかわるさまざまな研究がどのような背景を持つのかという点について理解してもらうこととして基本的な知識や情報を示し，第2部ではその具体的応用事例をそれぞれの研究について紹介するという形を取った．執筆者には沖積低地に関する数多くの研究成果を挙げている第一線の自然地理学者にお願いするとともに，編者の指導の下に研究をスタートさせた若い研究者にも参加していただいた．また，第1章では，編者の経験を示しながら沖積低地とのかかわりを示してみてはという古今書院編集部の関田伸雄氏のアドバイスにもとづいて，私的な内容を述べながら沖積低地とどのように取り組んできたのかを述べてみた．専門書としてはやや特異な内容となっていると思うが，それは一人の研究者がどのように対象と向き合い，どのように考えを発展させてきたかを個人の記憶という形で述べ，関連した事象についてもふれることによって，沖積低地についてさまざまな観点から考えることができることを知っていただき，また，沖積低地の問題が身近なものであることを示したいと思ったからである．

この書を通じて，沖積低地の自然環境が地球規模の環境変動から個人の生活までさまざまな側面で我々と関係を持っていることの一端を把握していただくことができ，また，実際にそのような問題に取り組んでみようとする人達にとっての参考になればければ幸いである．

最後に　本書の企画の段階から完成に至るまで極めて有意義なアドバイスのもとに編集作業を進めていただいた古今書院編集部の関田伸雄氏にこの場を借りて謝意を示したい．

　　　　平成24年8月30日　　　　　　　　　　　　　　　　　　　　　　　　　　海津正倫

目次

第1部　沖積低地の基礎

1　沖積低地を知る　　海津正倫　　1
- 1.1　個人的な記憶：身近な沖積低地　　1
- 1.2　地形図と空中写真　　2
- 1.3　沖積低地の生い立ちを探る　　5
- 1.4　沖積低地と自然災害　　9

2　沖積低地はどのような場所につくられるか　　須貝俊彦　　13
- 2.1　はじめに　　13
- 2.2　沖積低地のつくられやすい流域条件　　14
- 2.3　陸から海への土砂移動と沖積低地　　15
- 2.4　氷河性海水準変動が沖積平野のつくられやすさに与える影響　　15
- 2.5　地殻変動が沖積低地のつくられやすさに与える影響　　20
- 2.6　火山活動や大規模土砂移動が沖積低地のつくられやすさに与える影響　　21
- 2.7　人間活動が沖積低地のつくられやすさに与える影響　　22

3　沖積低地を構成する地層はどのようにしてできてきたか　　堀　和明　　24
- 3.1　はじめに　　24
- 3.2　堆積相と堆積システム　　24
- 3.3　沿岸域の堆積システム　　26
- 3.4　氷河性海水準変動と沖積層　　27
- 3.5　地殻変動　　29
- 3.6　気候変動などに伴う土砂供給量の変化　　30
- 3.7　オート層序学　　30

4　沖積低地の地形の特徴と成り立ち　　小野映介　　31
- 4.1　沖積低地とは何か？　　31
- 4.2　沖積低地の構成する地形の特徴　　32
- 4.3　完新世における地形発達　　36

4.4 おわりに		37
コラム　デルタと三角州		38

5　微地形と浅層地質から読み解く地形環境変化　　　　小野映介　　39
 5.1　はじめに　　39
 5.2　地形の階層性―微地形とは何か？　　39
 5.3　氾濫原における微地形の成因と構造　　40
 5.4　浅層地質から読み解く地形環境変化―層相変化が意味するもの　　43
 5.5　おわりに　　46

6　沖積低地と水害　　　　海津正倫　　47
 6.1　沖積低地の地形と水害　　47
 6.2　遺跡から明らかにされる洪水・氾濫　　49
 6.3　沖積低地における治水の歴史　　52
 6.4　沖積低地のさまざまな水害　　53
 6.5　高潮　　55

7　沖積低地と地震　　　　海津正倫　　57
 7.1　沖積低地に対する地震の影響　　57
 7.2　津波　　60
 7.3　液状化　　61

8　航空機レーザ計測データと沖積低地の地形環境　　　　長澤良太　　64
 8.1　はじめに　　64
 8.2　航空機レーザデータの活用　　64
 8.3　航空機レーザデータで捉えた平野の地形環境　　66

第2部　沖積低地の事例研究

9　世界のデルタ　　　　堀　和明　　71
 9.1　はじめに　　71
 9.2　デルタの区分　　72
 9.3　デルタの分類　　72
 9.4　各タイプの平面形態と地形　　75
 9.5　堆積物と堆積速度　　75
 9.6　デルタの脆弱性と持続可能性　　76

10　濃尾平野の形成場　　　　須貝俊彦　　79
 10.1　はじめに　　79

10.2　濃尾平野の概要　　　　　　　　　　　　　　　　　　　　　　　　　　　　　　　79
　　10.3　濃尾平野埋積層の供給場としての中部傾動地塊　　　　　　　　　　　　　　　　　80
　　10.4　濃尾平野埋積層の堆積場としての濃尾傾動地塊　　　　　　　　　　　　　　　　　82
　　10.5　中部傾動・濃尾傾動と土砂の移動・堆積システム　　　　　　　　　　　　　　　　83
　　10.6　第四紀の海面変動が濃尾平野の形成場に与えた影響　　　　　　　　　　　　　　　83
　　10.7　成長をつづける濃尾平野の形成場—完新世における濃尾傾動と地震性沈降　　　　87

11　濃尾平野の表層堆積物　　　　　　　　　　　　　　　　　　堀　和明　　90
　　11.1　はじめに　　　　　　　　　　　　　　　　　　　　　　　　　　　　　　　　　　90
　　11.2　濃尾平野の概要　　　　　　　　　　　　　　　　　　　　　　　　　　　　　　　90
　　11.3　濃尾平野の表層堆積物　　　　　　　　　　　　　　　　　　　　　　　　　　　　92
　　11.4　堆積速度　　　　　　　　　　　　　　　　　　　　　　　　　　　　　　　　　　98
　　11.5　おわりに　　　　　　　　　　　　　　　　　　　　　　　　　　　　　　　　　　99

12　越後平野の地形特性と高精度地形発達史構築への課題　　　　小野映介　　100
　　12.1　沈降し続ける平野　　　　　　　　　　　　　　　　　　　　　　　　　　　　　100
　　12.2　砂に縁どられた海岸　　　　　　　　　　　　　　　　　　　　　　　　　　　　101
　　12.3　完新世後期の地形発達史　　　　　　　　　　　　　　　　　　　　　　　　　　102
　　12.4　歴史時代における信濃川氾濫原の地形の発達　　　　　　　　　　　　　　　　　105
　　12.5　残された課題　　　　　　　　　　　　　　　　　　　　　　　　　　　　　　　107

13　矢作川沖積低地における地形環境変遷と遺跡の立地　　　　　小野映介　　110
　　13.1　はじめに　　　　　　　　　　　　　　　　　　　　　　　　　　　　　　　　　110
　　13.2　狭く長い低地　　　　　　　　　　　　　　　　　　　　　　　　　　　　　　　110
　　13.3　完新世後期の地形発達　　　　　　　　　　　　　　　　　　　　　　　　　　　111
　　13.4　沖積低地における遺跡立地　　　　　　　　　　　　　　　　　　　　　　　　　116

14　珪藻分析を用いた浜名湖周辺の沖積低地の地形環境復原　　　佐藤善輝　　119
　　14.1　はじめに　　　　　　　　　　　　　　　　　　　　　　　　　　　　　　　　　119
　　14.2　浜名湖周辺の地形的特徴　　　　　　　　　　　　　　　　　　　　　　　　　　120
　　14.3　湖底堆積物から推定された浜名湖周辺の環境変遷とその問題点　　　　　　　　　123
　　14.4　調査・分析方法　　　　　　　　　　　　　　　　　　　　　　　　　　　　　　124
　　14.5　浜名湖沿岸の沖積低地における環境変遷　　　　　　　　　　　　　　　　　　　126
　　14.6　浜名湖周辺における地形環境変化　　　　　　　　　　　　　　　　　　　　　　130

15　液状化現象と地形・地質条件との関係　　　　　　　　　　　林　奈津子　　132
　　15.1　液状化「しやすい」・「しにくい」微地形　　　　　　　　　　　　　　　　　　132
　　15.2　太田川下流低地の事例　　　　　　　　　　　　　　　　　　　　　　　　　　　133
　　15.3　考古遺跡調査による噴砂痕の認定—福井平野の考古遺跡を事例に　　　　　　　135

15.4　まとめ　　　　　　　　　　　　　　　　　　　　　　　　　　　　　　　　137

16　海岸平野における地形と津波の挙動　　　　　　　　　　　　海津正倫　　　138
　　　16.1　はじめに　　　　　　　　　　　　　　　　　　　　　　　　　　　　　　138
　　　16.2　津波痕跡の認定　　　　　　　　　　　　　　　　　　　　　　　　　　　138
　　　16.3　スマトラ島沖地震によるスマトラ島北西部の津波災害　　　　　　　　　139
　　　16.4　スマトラ島アチェ州の海岸平野における津波の挙動　　　　　　　　　　141
　　　16.5　仙台・石巻平野の地形　　　　　　　　　　　　　　　　　　　　　　　142
　　　16.6　仙台平野・石巻平野における津波の流動　　　　　　　　　　　　　　　143
　　　16.7　海岸平野の地形・地物と津波の挙動　　　　　　　　　　　　　　　　　144

17　マレー半島海岸平野の地形発達と酸性土壌　海津正倫・Janjirawuttikul Naruekamon　146
　　　17.1　はじめに　　　　　　　　　　　　　　　　　　　　　　　　　　　　　　146
　　　17.2　ナコンシタマラート海岸平野の地形　　　　　　　　　　　　　　　　　147
　　　17.3　ナコンシタマラート海岸平野の堆積物と地形発達　　　　　　　　　　　149
　　　17.4　ナコンシタマラート海岸平野における硫酸塩酸性土壌の分布　　　　　151
　　　17.5　地形発達と硫酸塩酸性土壌の分布　　　　　　　　　　　　　　　　　　153
　　　17.6　おわりに　　　　　　　　　　　　　　　　　　　　　　　　　　　　　　155

18　衛星リモートセンシングでみる洪水と微地形　　　　　　　　長澤良太　　　156
　　　18.1　はじめに　　　　　　　　　　　　　　　　　　　　　　　　　　　　　　156
　　　18.2　研究対象地域と使用データ　　　　　　　　　　　　　　　　　　　　　157
　　　18.3　解析手法と基礎データの作成　　　　　　　　　　　　　　　　　　　　157
　　　18.4　結果と考察　　　　　　　　　　　　　　　　　　　　　　　　　　　　159

19　文献　　　　　　　　　　　　　　　　　　　　　　　　　　　　　　　　　　161

20　索引　　　　　　　　　　　　　　　　　　　　　　　　　　　　　　　　　　176

1
沖積低地を知る

海津正倫

1.1 個人的な記憶：身近な沖積低地

　私の育ったのは東京の大田区である．大田区というと町工場の密集する工業地帯というイメージが強いが，そこからは少し離れた内陸部の洗足池という池の近くである．そのあたりは渋沢栄一によって設立された田園都市株式会社が開いた洗足田園都市やそれに続く地域で，1923年3月に目黒蒲田電鉄（現在の東急目黒線）が開通していたこともあって，同年9月1日に発生した関東大震災のあと，著しい被災地である下町方面から多くの人々が移り住んで開けた地域である．

　その付近は右を向いても左を向いても坂ばかりという場所であった．子供の頃はとくに珍しいとも思わずに過ごしていたが，今にして思えば武蔵野台地の末端にあたり，台地を刻む谷が枝分かれしているために，そのようなきわめて起伏の多い土地であったのである．日蓮上人が足を洗ったことから名付けられたという洗足池もそのような谷を堰き止めてつくられた人工的なため池であると理解したのは地形の勉強を始めてからであった（図1-1）．

　母校の小学校は　駅から数十秒の場所にあり，そこから大井町線の電車に乗っていくと現在はショッピングセンターなどがあっておしゃれな街として知られる二子玉川園（現二子玉川）駅を経て，さらに多摩川を越えて溝の口駅まで行くことができた．また，母校の中学校は洗足池のほとりの勝海舟の別邸跡に立地していて，池上線の洗足池駅からは20分ほどで蒲田へ行くことができ，さらに川崎や多摩川の最下流部に位置する羽田へも足を伸ばすことができた．

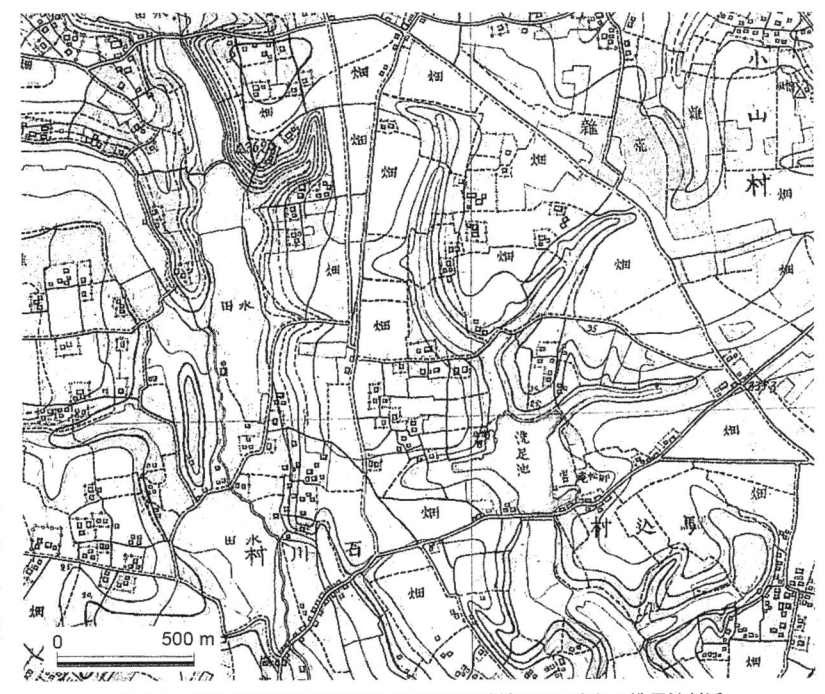

図1-1　1881年発行の5千分の1フランス式地図で示される洗足池付近

そのような環境のもとに，筆者は小学生の頃から電車や自転車に乗り，しばしば多摩川へでかけていた．当時の多摩川河川敷は現在のように整備されておらず，堤防の上に幅の狭い舗装道路が走っていた．川原の風景に雑草が生い茂り，今思い出してもそれほど特徴的なものではなかったように思うが，対岸の神奈川県側では砂利取りの大きな穴が空いていたのを記憶している．そこは現在の等々力緑地のあたりだったように思うが，同様の砂利取り場はほかにも存在していた．また，目蒲線（現東急多摩川線）鵜の木駅と下丸子駅の中間部には細長く大きな池があり，台地の崖下に細長く続くその池は何か不思議な印象を与えていた．その池は整備されて現在も残っているが，その成因が多摩川の旧河道に形成された河跡湖であることがわかったのはやはり地形を勉強してからであった．石狩平野の三日月湖については学校で習っていたが，当時は同様の成因を持つ池が身近にあるとは夢にも思わなかったのである．また，小学生の時には父に連れられて羽田沖のハゼ釣りに出かけたこともあった．羽田から釣り船に乗って岸から離れると，対岸の川崎側には空襲で焼け落ちた工場の建物がみられるような状態であったため，子供の目には不気味な工場廃墟のある一帯としか映らず，そこが多摩川の三角州を埋め立てて作られた埋立地であるということも全く意識の外であり，沖積平野の地形としての認識は全く無かった．

1.2 地形図と空中写真

家にに山歩きなどもする父が買った地形図が何枚かあった．その中に我が家の場所が示されている 5 万分の 1 地形図の「東京西南部」の図幅もあった．その地形図上の洗足池付近は市街地が多く，道路や鉄道などを把握することは出来るものの，等高線もあまりはっきりせず，地形や土地利用はあまり興味を引くものでになかった．むしろ，二子玉川園の遊園地で遊んだあとに，大井町線の駅に隣接していた玉電のさらに隣のホームから発車する砧線の電車に乗って向かった砧駅付近の水田地帯やグライダーの滑走路などをその地図上にみつけて喜んだものであった．当時の砧駅の近くにはわかもとの工場や浄水場があり，途中の水田地帯が印象的であった．台地の縁のような場所で育った筆者にとっては手の届く距離に見ることのできる水田がとても印象的だったのである．その場所は現在では市街地と化していて，線路際まで水田が広がっていたという当時の景観は全く想像できないが，地形図を広げてみると，現在とは異なる当時の景観が土地利用の記号によってしっかりと示されているのであった．このように，子供の頃から普段あまり意識せずに見ていた景観も，地形図をみると地形や土地利用，位置関係などがわかるようになり，次第に理解が深まっていくという実感を得た（図 1-2）．

登山をする人にとっては現在も地形図が必需品であると思うが，最近の日常生活ではカーナビやスマートフォンなどの普及のもとに地形図を利用する機会はずいぶん少なくなっていると思う．地形図は国土交通省国土地理院が作成，発行していて，日本地図センターや各地の大きな書店などで購入することができるが，地形図を刊行してきた国土地理院も地形図のデジタル化に力を入れ，電子国土のような形で地図類を統合しつつある．しかしながら，このような紙地図として印刷された地形図にはさまざまな記号のほか，発行日，地図を作成するにあたって使用した空中写真に関する情報，地図の投影法などさまざまな情報が図郭外に記載されており，このような情報からその地形図に示されている土地利用やさまざまな情報がいつの時点のものであるのかを知ることができるとともに，地図が作成された当時の地域の特性を把握する上で極めて有効である．また，作成時期の異なる過去の地図を比較して，時代を追って地域の変容を把握するということも可能である．

近年，印刷された地形図を一般の人が利用する機会は以前にも増して少なくなっており，地形図をゆっ

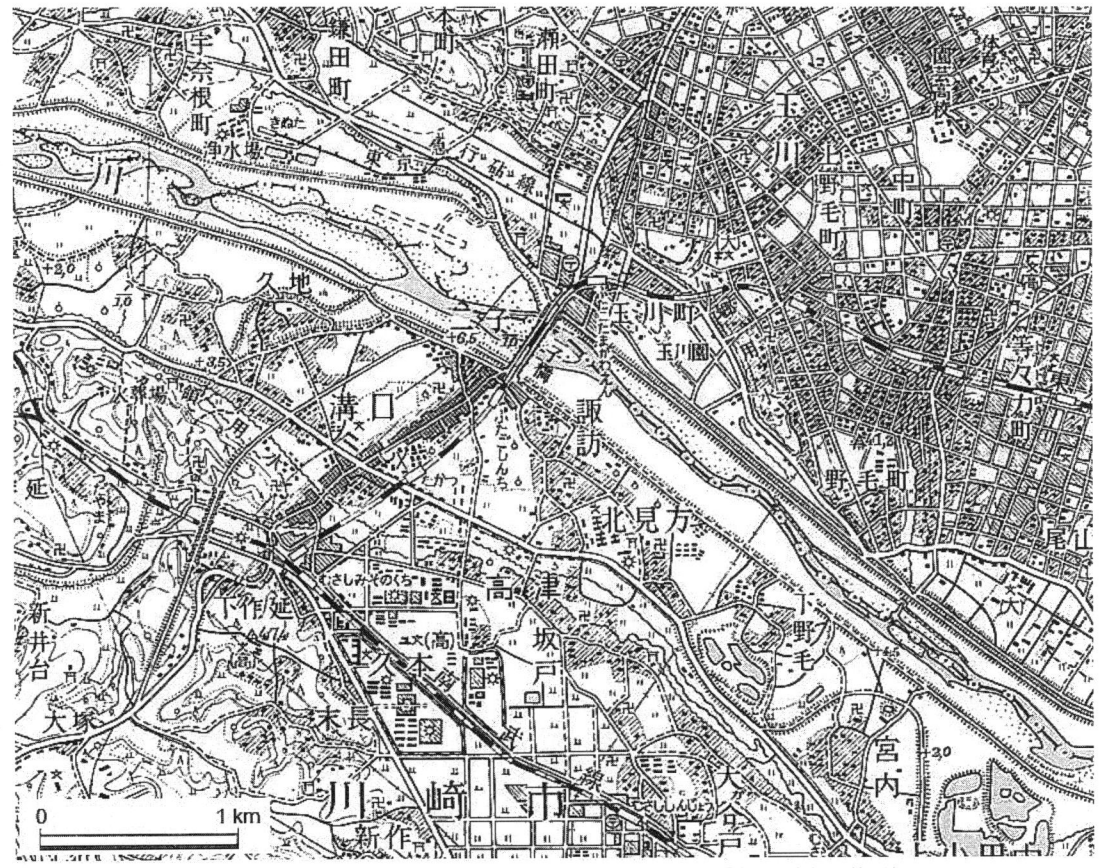

図 1-2　二子玉川付近を示す 1957 年発行の 5 万分の 1 地形図「東京西南部」（部分）

くりと見て，そこに書かれている情報をしっかりと把握するということも一般社会ではほとんどおこなわれない．しかしながら，2011 年の東日本大震災のあと，液状化の発生した場所が以前の河道跡を埋め立てた場所にあたるなどのことが注目され，土地の性質や土地の履歴をしっかりととらえることが大事であるとの認識も高まっている．土地の性質や土地の履歴を知るには過去の地形図を見るのが有効な方法であり，年次の異なる地形図を比較することによって過去の景観を把握することが可能となるのである．

　沖積低地では土地利用の変化がとくに大きく，旧版地形図を見ることにより，現在の地形図では把握出来ない有効な情報が得られる場合が多い．河川や畑，水田，湿地の分布などを新旧の地形図で比較してみると，流路変遷や土地利用の変化が明らかになり，とくに，上述したような河川の流路跡も把握することができる．とくに，以前の河道跡である旧河道や湿地などの場所は，土地が低く，堆積物が泥質であったり地下水位が高かったりすることが多いため，地震時に液状化が起こり易い傾向があるほか，水害時には浸水しやすかったり湛水時間が長くなるような傾向を持つ場所であり，そのような場所で居住する場合にはそれなりの注意を払う必要があるなどの情報を得ることができる．また，本来の土地利用は地形や堆積物の特性に従っておこなわれていることが多いため，等高線が十分に描かれていない沖積低地では旧版地形図から微地形の分布を把握することもできる．わが国の多くの地域では 2 万 5 千分の 1 スケールの地形図は昭和初期まで，5 万分の 1 地形図は明治期に迄さかのぼることができるが，とくに，明治 20 年前後

に大日本帝国陸地測量部によって作られた迅速測図とよばれる2万分の1地形図は本格的な地形図として作成された地図であり，主要都市及び郊外の多くの地域をカバーしているので，著しい都市化が進む前の景観を把握する上で極めて有効である．

一方，このような土地の履歴に関して，国土交通省は2011年度から土地履歴調査を開始している．これは，全国の人口集中地域を中心に，5万分の1スケールで改変以前の本来の地形の状態，現在からほぼ50年前および100年前の土地利用の変化を復元しようとするもので，すでに東京周辺地域，名古屋周辺地域，大阪周辺地域などの成果がまとめられ，国土交通省国土政策局国土情報課のホームページで公開されつつある．

また，この土地履歴調査では上記の地図とともに，災害履歴，地盤沈下などの情報も取りまとめられ，説明書とともに同じウェブサイトで公開されている（図1-3）．さらに，この土地履歴調査の前身である土地分類基本調査は，5万分の1スケールの地形分類図，表層地質図，土壌図，土地利用現況図，水系図，傾斜分布図などをまとめて説明書とともに図幅毎にまとめられたもので，土地のさまざまな特性を知る上で有用である．

また，国土地理院は2万5千分の1地形分類図をベースとして等高線（平野部では1m間隔），防災施設などを示した土地条件図や海底の堆積物や等深線の情報などを加えた沿岸海域土地条件図，さらに，河川流域ごとに地形区分をおこなって災害に対応すべく作成された治水地形分類図などを刊行している．これらはいずれも昭和40年代頃からつくられたものであるが，とくに土地条件図は低地の微地形などが詳細に示されているため，現在でも防災関係などで活用されている．これらは本来は印刷図であるが，すでに刊行から40年ほど経過している．そのため，紙媒体で入手することは困難であるが，これらについて

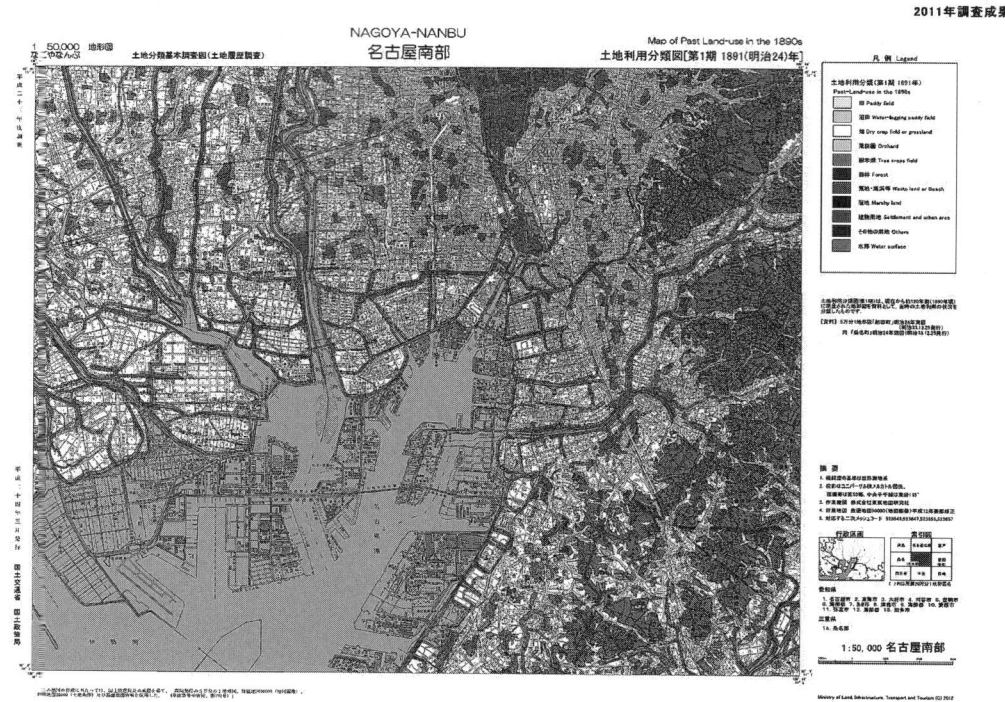

図1-3　土地履歴調査で示された名古屋南部図幅の1891年土地利用（1／50,000土地分類基本調査（土地履歴調査成果）「名古屋南部」，国土交通省（2011）の一部を白黒画像で転載したものである）

も国土地理院のウェブサイトを通じて閲覧することが可能である．また，土地条件図についてはデジタル化が進められ，一部の地域について閲覧が可能になり，治水地形分類図についても，現在改訂版の作成が全国的に進められており，ウェブでの閲覧ができるように作業が進められている．

1.3 沖積低地の生い立ちを探る

　小・中学校では河川の堆積作用によって沖積平野が作られることが教えられる．河川は侵食・運搬・堆積の働きをし，上流域では山地を侵食して砂礫を生産し，それらの砂礫は運搬されて下流に運ばれる．その過程で礫の大きさは次第に小さくなり，砂や粘土となって下流で堆積して氾濫原を形成し，さらに海や湖を埋め立てて三角州が拡大する．

　ではいつから侵食が始まり，いつから氾濫原が形成され，いつから三角州が拡大したのだろうか．山地が侵食されるのは「はるか昔」からで，それ以来ずっと山地は侵食され続けてきたという答えが返って来るに違いない．地形学を確立したデービスの侵食輪廻の考えもそのような前提で考えられたのであるが，はたして現在我々が生活している氾濫原や三角州も「はるか昔」から形成され続けているのだろうか．三角州は海に向けて拡大を続けているとすると，以前の三角州はもっと内陸にあったことになる．さらに以前の三角州は平野の一番奥にあったのだろう．それ以前の三角州はどこにあったのだろうか？わが国の大平野では三角州の拡大にともなって臨海部に干拓地が形成され，海岸線はかなりのスピードで沖合へ移動している．そのようなスピードから逆算すると「はるか昔」の海岸線はすぐに背後の山地や丘陵に到達してしまい，それより以前の三角州や沖積平野はどこにあったのだろうかと悩んでしまう．

　高等学校で地理や地学を選択した学生の比率が低い大学生達に上のような問いかけをしてみると，ほとんどの学生は明快な考えを示すことができない．むしろ，そのような疑問を持ったこともなかった人達がほとんどである．大学生になったばかりの私も似たようなものであった．もちろん，沖積平野や台地，段丘などの言葉は知っていた．地殻変動によって土地が隆起したり沈降したりすることも知っていた．今の学生であれば地理を選択していなくてもプレートテクトニクスや活断層などの言葉までも知っていると思う．しかしながら，それらを知っていても上記の疑問に対する答えは簡単には出てこないのである．

　そのような時の筆者に非常に大きな刺激を与えてくれたのが貝塚爽平著の『東京の自然史』であった．この本は1964年に紀伊国屋新書として出版され，改訂版のほかハードカバーでも出版された名著である（図1-4）．そこには高等学校で地理も地学も勉強したにもかかわらず筆者が全く知らなかったこと，そしてまさに「目からうろこが落ちる」ようなことが次から次へと書かれていたのであった．わが国の第四紀学の先駆者の一人である大塚弥之助が1942年に出版した『山はどうしてできたか』という本があるが，「山はそこに山があるから山なのだ」などというように物事を自明のこととしてとらえるのではなく，疑問を持ち，それを解き明かしていくという姿勢が研究のみならず普段の生活でもいろいろなことを豊かにしてくれるのだと考える．貝塚爽平著の『東京の自然史』もまさにそのような書であった．とくに東京で育った自分にとって，身近な地形が自然環境のダイナミックの変遷の中で生まれ，変化してきたのだ教えてくれた内容は本当にわくわくするような感じで知的好奇心を大いに刺激してくれたのであった．

　筆者にとって本というものは大事なものだという意識があり，常に真新しい状態にしておきたいために通常はアンダーラインや書き込みなどをすることはあまりなかった．しかしながら，この本に関してはそうではなかった．そこには東京の地形区分図や地質断面図などが掲載されていたが，それらには色鉛筆で色を付けてわかりやすくしたほか，各所にアンダーラインを引いたり書き込みをしたりした．また，新書

図1-4 貝塚爽平著『東京の自然史』初版本

版であったため，気楽にそれを持って記述されている現地へ出かけたりもした．写真で示されていた大岡山の東工大グランド横の露頭などは歩いて行くことのできるような身近な場所であり，自分の生活の場がダイナミックな自然の移り変わりの中で形成されてきたことに感動を覚えたのであった．

この『東京の自然史』によって，東京の地形ができる過程で自然環境がダイナミックに変化してきたこと，それが氷期・間氷期が繰り返す第四紀の環境変動であり，気候の変化のみならず，海面の高さまでもが著しく変化したことを知り，それが平野の形成・発達に大きく関わっていることを理解した．先にも述べたが，小生が受けた高等学校までの地理や地学の授業では，残念ながらそのようなわくわくする話はなかったように思う．

その後，大学に入り，さらに大学院に進学した．学部時代は大矢雅彦先生から空中写真判読による平野の微地形の把握を通じて空中写真判読の面白さを教えいただき，大学院では吉川虎雄先生・阪口豊先生をはじめとする先生方に第四紀の環境変動や地殻変動などに関するさまざまなことを教えていただいた．また，当時助手であった米倉伸之先生や多くの先輩・後輩からさまざまな刺激を与えていただいた．ただ，学部・修士課程の研究成果である卒業論文・修士論文とも，研究のテーマは地形ではなく河川下流部における海水と淡水との混合に関する塩水遡上の問題であった（海津 1972）．

水文学の研究から平野の地形研究へ転向し．本格的に研究を始めたのは博士課程に進学してからであったが，すでに『東京の自然史』のみならず，第四紀の環境変動についての知識も増えていた．一方，沖積低地の地形研究では低地の地下，すなわち堆積物についての情報が必要不可欠であることにも気づいていた．ちょうどわが国は高度経済成長の時代で，各所でさまざまな建造物が造られ，基礎工事のためのボーリング調査も数多くおこなわれていた．それらの中には地盤図集やボーリング資料集などとして取りまとめられ，整理されたものもあり，広域的な地質情報を得るのに有効であったが，自分の研究を始めて見ると，個々の地点についての情報は自分で探さなくてはならないことが多かった．自分で機械ボーリングを発注するような資金の無い大学院時代には役所やボーリング会社を回り，ボーリング資料を集めるということもしばしばであった．前もってお願い状を送っておくと，柱状図やコアサンプルなどを用意してくれる所も多く，感謝の極みであったが，どこにあるかわからないので，自分で倉庫の中を探してくれといわれたこともしばしばであった．蒸し暑い倉庫の中で，コアサンプルの入った箱の山を一つ一つ確認して必要な地点のコアサンプルを選び出すといった作業も何回か経験した．しかし，そのような努力の結果，廃棄処分になったオールコアのサンプルをもらえたこともあり，お世話になった方々に大変感謝している．

ところで，1950年代以降，アメリカ合衆国ではRussellやMorganがミシシッピ川デルタにおいて沖積平野やデルタの微地形形成や沖積層やその基底地形に関する研究を精力的に進め，また，Shepard（1963）が世界のさまざまな海底から得られた潮間帯の貝化石の放射性炭素年代測定結果にもとづいて最終氷期以降の海水準変動を明らかにしていた．さらに，オランダではJergersma（1961）が泥炭層や砂丘の発達などに注目した沖積層の層序・層相に関する詳しい検討にもとづいて，海水準変動と沖積層の堆積および古地理の変遷を明らかにしていた．これらの沖積層の堆積や沖積低地の地形形成に関する先駆的

な研究は筆者の研究に多大な刺激を与えてくれ，さまざまな努力をして手に入れた彼らの論文のコピーを繰り返し読んだ．

この頃には，わが国でも沖積低地の地形や沖積層の構造，海水準変動などに関して多くの研究者による研究が始められ，なかでも，井関（1956, 1975）は多くのボーリングデータの検討から沖積層の基底地形と沖積層基底礫層が最終氷期の寒冷な気候との関係のもとに堆積したことを明らかにしていた．わが国の主要な沖積平野では，最終氷期最大海面低下期の低海水準に向けて平野を流れる河川が下刻し，沖積低地の地下に深い谷が形成され，谷底には上流域から供給された砂礫が沖積層基底礫層として堆積したことが明らかにされた．また，わが国の主要平野における沖積層が共通する層序・層相を示すことが明らかにされ，下位から，沖積層基底礫層，下部砂層，中部泥層，上部砂層，最上部陸成層の5部層に区分するとともに，これらが最終氷期最盛期以降の海水準変動に対応して形成されたことが明らかにされた（井関 1962；1966）．

これらの井関による一連の研究をはじめとして，高度成長にともなう数多くのボーリングに関する情報を利用することができるようになった1970年代から1980年代にかけての時期には，多くの研究者が平野の地下構造や海水準変動に関する成果をあげ，わが国の主要平野の沖積層の構造や平野の発達過程が明らかにされた．太田ほか（1990）はそれらの成果にもとづいてわが国の各地における海水準変動の一般的特徴と地域性について検討した．海水準の変動は基本的にはグレーシャルユースタシーとよばれる氷河性海水準変動であるが，世界的に見ると，大陸氷河拡大・縮小にともなって引き起こされる地殻の変動であるグレーシャルアイソスタシーや氷河の消長にともなう海水量の変化によって引きおこされるハイドロアイソスタシーなどの影響をも受ける．その結果，海水準変動曲線は安定した大陸の海岸域，氷床の拡大した地域，大洋中央部の島嶼，大洋縁辺部などによって異なり，海水準の変動量にも顕著な地域性が認められる．このような地域性を明らかにするためPirrazoliは精力的に世界各地で海水準変動のデータを集め，それらの成果にもとづいて海水準変動に関するアトラスを出版している（Pirrazoli, 1991）（写真1-1）．また，地球内部のレオロジーにもとづいて，地殻や海底の変動を反映した海水準変動についてのモデルも提示され，海水準変動曲線や後氷期の海水準高頂期の地域的な違いなどについて検討する研究もおこなわれた（Nakada *et al.*, 1991）．

さらに，近年はシーケンス層序学にもとづいて海水準変動と地層との関係を論じる研究も活発におこなわれている．これは，Vail *et al.*（1991）などによる石油探査などで利用される音波探査結果の反射面にもとづいて海水準の変動を解析するというもので，堆積構造の解析をふまえて海水準変動を明らかにするというものである（Huq 1991）．沖積層に対してもシーケンス層序学の解析を適用することが可能であり，Saito（1995）などによって沖積層の堆積と海水準変動との関係が議論されている．

大学院生時代の筆者は，これら多くの研究や先人達の業績に刺激を受けながら，柱状図やボーリングコアにもとづいて沖積低地の地下の様子を把握し，沖積低地の地形発達を明らかにしようとしていた．当時，沖積層に関する研究をしているのは主として地質学や工学系の研究者達で，その多くは点的な柱状図や線的な地質断面図の検討にもとづくものであった．現在であれば，コンピュータを用いて3次元的な解析が容易におこなわれるが，まだなかなかそこまでには至っておらず，なんとか低地地形の変遷を空間的に明らかにし，沖積低地の地形発達過程を明らかにしたいというのが当時考えていたことであった．

沖積低地の地形発達を明らかにするためには堆積物の堆積環境を把握しなければならず，堆積物の層序・層相の検討だけでなく，堆積環境をより具体的に把握したいとも考えていた．地層の堆積環境は粒度など堆積物の特性のほか，地層中の化石が重要な指標であり，沖積低地を構成する代表的な化石である

写真 1-1　イタリアでの国際学会にて（Pirrazoli 氏・前田保夫氏と）

貝化石に関しても山川（1909）を嚆矢として多くの研究が報告されていた．しかしながら，河川の堆積と海域の拡大・縮小の両方が変化して現在に至る沖積低地の堆積環境の変化や地形形成を明らかにするためにはより精度の良い指標が必要であった．そのような折，資源研彙報という学術誌に掲載されていた埼玉県の遺跡において縄文海進時に堆積した海成層の上限高度を求めるという論文（長谷川 1966）を見つけた．それは，陸域から淡水域，潮間帯，海域（底生・浮遊生）までさまざまな環境で生息する珪藻を指標として堆積物の堆積環境を明らかにし，縄文海進の海成層上限高度を求めるというものであった．

　これこそ筆者が求めていた手法だということで，早速試してみたいと思ったが，珪藻を堆積物から取り出して顕微鏡で見るために特殊なプレパラートの封入剤が必要であった．わが国ではまだ市販されておらず，いかにその封入剤を入手するかが当面の大きな問題となった．そのようなとき，小久保（1966）という本を古書店で見つけた．そこにはイオウ粉末から封入剤を作成する手法が書かれており，それに従って実験室でガラス管等を加工して器具を作り，イオウ粉末を 24 時間熱するなどして封入剤を作成した．また，膨大な Hustedt の珪藻図鑑を農学部の図書館から順次借り出してコピーしたりして，おびただしい種類からなる珪藻を顕微鏡で見ながら同定し，数を数える日が続いた．博士課程 2 年生の頃はこのように珪藻分析の手法を身につけることに没頭していたが，ようやく平野内の複数の地点におけるボーリングコアについて珪藻分析を行うことができるようになり，いくつかの地点の年代測定結果をふまえて堆積環境の変化を時期別に明らかにした．それらの仕事をふまえて 1976 年に津軽平野の地形発達史に関する論文を地理学評論に発表し，個人的にはようやく沖積低地の研究を進める自信がついた感があった．この珪藻分析を古地理復元に利用する研究はその後日本大学の小杉氏や九州大学の鹿島氏ほかが精力的に進め，小杉（1988）小杉（1989），鹿島（1986）などによって珪藻の生息環境と沖積層の堆積環境，それらにもとづく沖積低地の古環境の復元に関する成果が次々と発表された．

　一方，沖積層において海成層と陸成層（淡水域）との区別をつけようという研究は他の指標でも試みられた．中井（1982）は，C/N 比，$\delta^{13}C$ の値にもとづいて陸成層と海成層の区別をおこない，前田ほか（1982）はさまざまな指標にもとづいて海成層上限高度の認定の比較検討を行っている．さらに，松原（1984）は沖積層中の有孔虫にもとづいて堆積環境を復元しているほか，松島（1984）は貝類の生息環境にもとづいて沖積層中から得られた貝化石について時空間別の整理をおこない，沖積低地における特定の時期の古環境を明らかにする研究をおこなった．このような沖積低地の古地理復元や海水準認定に関する研究はその後も各地の溺れ谷低地での研究など精緻な研究がすすめられ，太田ほか（1995），Nelson et al.（1998），Atwater et al.（2004），澤井（2007）などの古地震にともなう地殻変動研究へも応用され，展開されている．

　これらの研究のほか，沖積層や沖積低地の地形に関連して，マングローブの立地変動や遺跡の立地環境，

海面上昇の影響評価などさまざまな課題にも取り組んだが，ここでは紙数の制約もあるので，それらについては省略する．

1.4　沖積低地と自然災害

　沖積低地の地形発達に関する研究をつづけているときにいくつか海外研究の誘いがあった．大学院博士課程時代にアラビア半島南西部のサウジアラビアとイエメンとの国境付近に3ヶ月あまり滞在し，アラビア人と二人で砂漠の町の電気も水もガスもない家を借りて生活し，住民の家族構成に関する調査をおこなった経験があった筆者は，東京外国語大学の原忠彦先生からバングラデシュの調査に加わらないかとの話があった時には迷うことなく喜んで調査メンバーに加えていただいた．

　当時のバングラデシュは世界で最も貧しい国の一つと言われていて，首都ダッカでは市内で3番目に立派なホテルに滞在したが，ゴキブリはもちろん，夜になると天井裏でネズミが駆け回り，バスタブはひびが入っていて水漏れがするため日本から持参したガムテープで補修をするなど大変であった．なかでも停電はしばしばで，ホテルのエレベータが停電のために停止することも何回かあった．そのたびに手でドアを開け，階と階との間に止まっていた場合には上の階によじ登るか下の階に飛び降りるかの決断をしなくてはならなかった．また，地方では農家でやはり電気もガスも水道もない生活をしたりしたが，同じ敷地内にある隣の家の娘さんがいろいろと気を遣ってくれて水を運んでくれたり，お湯を沸かしておいてくれたりしたのがうれしかった．

　このバングラデシュは世界最大のデルタの一つであるガンジスデルタに位置しているが，この地域に関する第四紀学的な研究はほとんどおこなわれていなかった．熱帯の風土に加え，交通の不便さなどもあってこの地域で調査をおこなうことには大きな決断が必要であったように思う．ただ，このガンジスデルタで調査し，成果をあげることができれば，世界の大デルタの一つを制覇することができるのではないかとの野心もあり，ガンジスデルタの地形形成に関する研究を何とか成功させたいという気持ちが大きかった．当時，ようやく一般人でも使うことができるようになった衛星画像を入手したほか，ダッカ大学の地理学教室を訪ねて地図類を探すなどし，さらに，現地では機械ボーリングを発注し，オールコアのサンプルを得て粒度分析をおこなったりもした（写真1-2 カラー頁参照）．調査団は文化人類学，歴史学，経済学，医学などの混成グループであったため，私の担当する地形環境の解明の仕事はすべて一人でおこなわなくてはならず，ボーリング会社との契約，地主との交渉，試料の整理・分析など大変であった．この大変な仕事につきあってくれたのが後に名古屋大学の大学院生になったダッカ大学の修士課程院生のファラハッド君であり，彼無くしてはいろいろなことがスムーズに運ばなかった．とにかく，1983年から1986年までの間に延べ8ヶ月ほど現地に滞在し，ガンジスデルタの地形と沖積層に関する研究を進め，その成果を何本かの論文として発表した（Umitsu 1985, 1987, 1993, 1997）．これらの研究成果はその後のガンジスデルタに関する研究ではかならずといって良いほど引用され続けており，当初の野望が達成されたような気がしている．

　そのような中で，1991年4月29日の夜，20世紀最大のサイクロンの一つとされるサイクロンがバングラデシュを襲った．サイクロンは7mにもおよぶ高潮を発生させ，ベンガル湾沿岸の地域やガンジスデルタの河口付近に分布する島々を洗い流した．犠牲者の数は公式には14万人，非公式には30万人にも達するとされ，わずか数時間のサイクロンの通過によって本当に一瞬の間に多くの人命が失われたことに衝撃を受けた．

このサイクロン災害から 10 日あまり経ったある日，突然 NHK から特集番組を作成するのでバングラデシュに飛んでもらえないかという電話が入った．いつ出かけるのかと聞いた所，「明日行けますか」とのこと．あまりに急な話であったがこれがマスコミのスピード感なのだと納得し，さまざまな手続きを慌ただしくおこなって数日後にはバングラデシュに飛ぶことができた．現地ではとくに被害の大きかった南東部のチッタゴンやガンジスデルタの河口州の一つであるサンドウィップ島などに入り，遺体の収容もまだ十分に進んでいない被災後の生々しい状況の中で行動した．中でも強い印象を受けたのは 7 m にもおよぶ高潮によって地上のすべてのものが流されてしまった場所や，著しい海岸侵食によって海岸線から数百 m の範囲の土地が消えてしまった現場であった．この地域でも海岸には海岸堤防が存在したが，その多くは土を盛っただけの貧弱なもので，その多くは破壊され，消失してしまっていた．

　日本でも 1959 年の伊勢湾台風によって濃尾平野南部の地域で著しい高潮災害が発生し，5,000 名を超える犠牲者を出しているが，それから何十年も経っているにもかかわらず，はるかに規模の大きな高潮災害が起こっていることに衝撃を受けるとともに，世界にはまだまだインフラ整備の十分でない地域があること，とくにアジアにおける人口稠密な地域が沖積平野やデルタであって，それらの地域の多くがまだ自然災害に対して極めて脆弱な状態であることを認識したのであった．また，近年，わが国ではさまざまな自然災害に対するハザードマップの整備が注目されてきたが，このような途上国でこそ住民に対しての危険性の周知ということが必要であり，そのために土地の特性をきちんと把握することの重要性を感じたのであった．

　東日本大災害のあと，土地の特性を知ることの重要性が指摘されているが，高潮や洪水氾濫に対する脆弱性に関しても，本来的には土地の特性が大きな意味を持っている．わが国では精度の高い DEM が得られるようになり，水害に関して土地の性質を地盤高で判断する傾向が増しているように感じるが，沖積低地における地盤高は基本的には低地の地形の生い立ちを反映していて，地盤高だけでは十分ではない場合も多い．たとえば，1981 年の茨城県南部を流れる小貝川の水害では破堤箇所が旧河道が枝分かれする部分にあたっていて，平野の地形分類図を見ることによってその危険性を知ることができた場所にあたっている．そのような地点の多くは地下水位が高く，地盤が軟弱であることが多いため，地震時には堤体がその部分で崩れやすいということも考えられ，河川管理の上でも注意しなくてはならない場所と考えられている．また，1960 年代以降，都市化にともなって郊外の農地での住宅地化が進んだが，本来とくに水はけの悪い後背湿地や旧河道の部分などに新興住宅地が作られた例も多く，以前は水田の冠水という形で家財や人命に対する危険性が少なかった場所が，床下，床上浸水の常襲地となって住民を苦しめている例も多い．このような事例は，本来の低地の地形からかなり把握出来ることであり，水害地形分類図から発展した治水地形分類図，土地条件図などを参照することで，自然災害に対する脆弱性の一端を知ることが可能である．

　それぞれの地図は基本的には丁寧な空中写真判読による地形分類図の作成を基本としているが，その作業はかなり職人芸的な技術を必要とするため，若い人達には敬遠されることが多く，また，自然地理学以外の分野ではそのような教育をする所が少ないのが現状である．筆者は一昨年から始まった治水地形分類図の改訂版作成作業に関わる機会を得たが，国土地理院でもコンサルタント会社でも空中写真を用いて地形をきちんと判読できる人材が非常に少なくなっているという話を多く聞いた．たしかに土地の起伏は精度の高い航空レーザーによって取得された高精度の DEM などを利用することによって視覚的にも容易に把握することができるが，その土地の凹凸がどのように形成され，どのような性質を持っているのかを知るには土地の生い立ちに関する十分な基礎的知識を持っていることが必要である．地形図を作成するため

に撮影された空中写真には色・形などのほかパターン，きめなどのさまざまな地表の特性が示されていて，それらを把握することによって土地の生い立ちや性質まで知ることができる．従来はこの空中写真を実体視して地形分類作業を行っていたが，さらに DEM による起伏の把握を組み合わせて判断することにより低地の地形分類はより精度を高めることができると考える．また，そのようにして把握された土地の特性は地形形成のみならず，防災の上でも重要な情報を提供してくれると考える．

　ところで，2004 年 12 月に発生したインド洋大津波は，それ以前に筆者が調査したことのある地域へも多大な被害を引き起こした．自然地理を研究分野とし，地形環境について検討してきた筆者にとってこのことは大きな衝撃であり，なんとか日程調整を済ませ，津波災害から 3 週間後にタイの被災地に飛んだ．初めて足を踏み入れた被災地は破壊された建物が散在する無残な景観を示していて，どこから手を付けたらよいのかがとっさに思い浮かばないような状態であった．地形学者として海岸域における津波の高さにも興味があったが，同時に平野の奥まで侵入した津波がどのように流れ，どのように被害を引き起こしたのかということを解き明かしたいと考えた．そのためには，津波の流れを把握する必要があるのだが，それをどのように求めるかが問題であった．

　「警察の捜査は現場から」と言う言葉を聞いたことがあるが，地理学の研究もまさに「現場から」だと思う．最近は衛星画像の処理などによって遠く離れた場所の課題を現地へ行かずに解析することもおこなわれるが，やはり現地で確認することは極めて大事である．この津波の流れの復元に関しても現地を歩いてみてしっかりとした手がかりを得ることができたのであった．現地を歩いてみると電柱やフェンスの支柱などが倒れていて，その多くはまさに内陸に向いていたのである．これらは津波の侵入方向を示しており，これを地図にプロットすれば津波の陸上への侵入方向を示すことができるということは容易に思いついた．しかしながら，これだけではおそらく誰でも思いつく仕事に過ぎず，分かりきった結果しか得られないような気がした．そのような思いを持ちながら現地を歩いているうちに，思わぬヒントに出くわした．それは津波の遡上限界にあたる小高い場所に行ったときのことであった．そこには津波で流されてきた枯れ草が土手のように連なっていた．そして，その手前側には斜面の下に向けて枯れ草が倒れ，なびいた形で流れの方向を示していたのであった．その時はたと気づいたのであった．津波の強い遡上流（押し波）は電柱や支柱を押し倒すが，平野に広がった津波はゆっくりと海に戻り，押し倒した電柱や支柱はそのままで，地表の草本を倒しながら流れたのだと．そう思って津波の浸水域を歩いてみると，まさにほぼすべての場所で枯れた植物が土地のわずかな起伏に従って低い方に向けて倒れていたのであった．これこそ陸上に遡上した津波が海に向けて戻った最後の流れを示していると考え，クリノメータを手にその方向を測りまくった．同時に各所で地面に穴を掘り，津波堆積物の厚さを測定し，それらの結果やスマトラ島北端のバンダアチェでの調査結果もふまえて Marine Geology 誌に発表した（Umitsu et al. 2007）．このような陸上における津波の流れについては他にあまり例が無く，2010 年までの 3 年間の Marine Geology 誌の引用論文の top50 になったというおまけまでついた．後にジャワ島の海岸で調査をしていたときにはたまたま調査に来ていたというフランス人の地形研究者から突然親しく話しかけられ，なぜ私のこと知っているのだろうかといぶかっていると，その論文を読んだとのことで，驚きとともにうれしさを感じた．

　その後も，筆者は東南アジアの海岸域の海面上昇に関わる影響評価の仕事やマングローブの立地環境に関する仕事などに関わり，研究地域が東南アジア・南アジアなど各地の沖積平野や海岸平野にひろがった．そのような地域には護岸や堤防がないところなどインフラ整備の十分でない地域がまだ広く存在し，そのために毎年のように自然災害を受けていたり，顕著な河岸侵食や海岸侵食などによって土地が消失している所があるほか，地盤高が低いために大潮の満潮時にはほとんど水没しそうな場所もあり，そのような所

で多くの人々が生活していること（写真 1-3 カラー頁参照）をあらためて認識した．

　このように沖積低地にはさまざまな課題があり，それぞれの課題は子供の頃の身近な地域への関心から始まり，日本各地のさまざまな問題のみならず世界のさまざまな地域での課題へと発展するものであること，そして，それらが極めて多様であり，そこで生活する人々の日常とも密接に関わることをあらためて認識させられ，沖積低地の研究をさらに推進して行かなくてはならないという意識が高まるのであった．

2
沖積低地はどのような場所につくられるか

須貝俊彦

2.1 はじめに

　沖積低地の定義は時代とともに変化しており，国や研究者の間でも異なる．ここでは，沖積低地とは，河川下流部および海岸付近に河川や海の作用によって比較的新しい時代に形成された平野（低地）と定義する（海津 1994）．沖積低地は，河川の堆積作用によって形成される沖積平野と，波や沿岸流などの作用によって形成される海岸平野に分けられる（海津 1994）．日本列島においては，全体の平野に占める沖積平野の面積割合が高く，個々の平野の面積規模も沖積平野が大きいこと，海岸平野の堆積物にも河川が運搬した陸源物質が相当量含まれると考えられること，などの理由から，本章では沖積平野を中心に述べる．

　沖積低地をつくる物質は沖積層なので，沖積低地ができやすい場所とは，沖積層の主体をなす砕屑土砂が活発に供給され，かつ，土砂が堆積する空間があり，土砂が堆積後に保存されやすい場所であるということができる．具体的には，沖積低地は河口付近につくられやすい．河川は海に注ぐと流速を失い，河川が運搬してきた物質が堆積して沖積層を形成するからである．

　土砂の保存のされやすさは，堆積速度と堆積空間形成速度[1]のバランスに依拠する（Reading 2000；本書第2部第10章参照）．堆積速度と堆積空間形成速度が等しければ，土砂は地下に保存され，地表面（あるいは堆積頂面）は，海面または河川水面とほぼ同高度に保たれる．後者が勝る時期が続けば，地表面は低下し，水域になりやすい．逆の場合，地表面は上昇し，土砂は再移動しやすくなり，その場の堆積速度は低下する．

　堆積速度と堆積空間形成速度は時間とともに変化するので，沖積低地がつくられやすい場所もまた時間とともに変化する．加えて，沖積低地は，土砂の供給源から堆積場までを含む大きな空間スケールでの物質移動システム（セジメントカスケード，Burt and Allison 2010）の一部に位置付けられる．一般に地形が大規模になるほど，その地形の存続期間は長くなること（Huggett 1991；貝塚 1998；須貝 2005）を踏まえると，「沖積低地はどのような場所につくられるか」という課題に取り組むためには，長い時間軸にそって沖積低地の生い立ちを解明する自然史的・第四紀学的な視点（海津 1994）が不可欠といえよう．

　こうした視点に立って，本章でははじめに，沖積低地がつくられやすい流域条件，すなわち，土砂はどのような場所でさかんに生産され，下流へ供給されているのか，プレートテクトニクスや気候地形帯といったグローバルな視点から概観する．つぎに，土砂供給が活発ゆえに潜在的には沖積低地がつくられやすい地域を対象として，その中でも，とくに沖積低地がつくられやすい堆積場の条件について考えてみよう．ここでは，土砂を溜める器である沖積層基底地形の形成が主なテーマとなる．そして，河川ごとに，沖積低地のつくられやすさを評価するには，流域規模，海底地形，氷河性海水準変動に，地殻変動，突発的な

土砂供給イベントなどのさまざまな要因を組み合わせた総合的な考察が必要であることを述べる．最後に，近年注目を集めている人間活動が沖積低地の形成に与える影響について触れる．

2.2 沖積低地がつくられやすい流域条件

2.2.1 地形条件

2.1 で述べたように，沖積低地がつくられやすい主な条件のひとつは，河川による土砂供給が活発なことである．侵食速度が大きな流域の下流に，沖積低地がつくられやすいといえる．Syvitski and Milliman (2007) は，世界の大河川流域を対象として，流域の侵食速度（土砂流出速度）を支配すると考えられるさまざまな要因を取り上げ，それらの関与の度合いについて検討した．その結果，最も支配的な要因は起伏と流域面積であり，気温と流量がこれに次ぎ，さらに人間活動が続くとした．世界の土砂流出速度の分布図をみると（図 2-1 カラー頁に示す），アルプス・ヒマラヤ造山帯からインド洋沿岸にかけてと環太平洋造山帯において速度が大きく，上記の結果と調和的である．なかでも起伏が激しく降水量が多く，人口稠密な南アジア～インドネシア島嶼部における土砂流出量は莫大で，全陸域から全海洋へ流出する土砂総量の 7 割を占めるという（Milliman and Meade 1983）．

日本列島の諸河川流域においては，流域の起伏条件が侵食速度を強く規定しており，地質や気候条件の違いは副次的であること，日本アルプスの侵食速度は 1 年あたり数 mm に達し，隆起速度に匹敵することが指摘されている（Yoshikawa 1974; Ohmori 1978）．日本列島においては，こうした流域の地形条件に規定された土砂供給の多寡が，沖積低地の発達に地域性を与えてきた．すなわち，平均標高が高く，急傾斜で，侵食の度合が高い流域をもつ沖積低地は，流域からの砂礫供給量が多いと考えられ，主として扇状地が発達するタイプになりやすいこと，逆に，平均標高が低く，緩勾配で，侵食の度合が低い流域をもつ沖積低地は，流域からの砂礫供給量が少ないと考えられ，氷期に形成された谷が埋積されにくく，溺れ谷が発達するタイプになりやすいことが明らかにされている（海津 1987, 1994）．

2.2.2 気候条件

前に紹介した通り，流域の侵食速度を規定する要因として，降水量・気温などの気候条件は，流域起伏・流域面積などの地形条件に次いで重要である（Syvitski and Milliman 2007）．Ohmori (1983) は，植生の地表保護機能に着目して，世界のさまざまな気候帯に属する河川流域の侵食速度と年降水量との関係を検討し，以下の（1）～（3）を指摘した．すなわち，(1) 乾燥地域では降水量が増すにつれて侵食速度は増加し，年降水量約 400 mm で極大に達する．(2) 降水量がさらに増えると植被による保護効果によって侵食速度は減少に転じ，年降水量 600 mm 前後で極小値を示す．(3) ただし，植生の保護機能は限定的であり，年降水量が 1,000 mm を超えると侵食速度は顕著に増加する．以上から，年降水量が 1,000 mm 程度以上の地域では，河川による土砂供給が活発であり，下流に沖積低地がつくられやすいと考えられる．

次に気温条件を中心に述べる．熱帯では化学的風化作用が卓越するため，礫は生産されにくく，熱帯の扇状地堆積物は土石流堆積物を含まないという（斎藤 2006）．熱帯の河川では運搬土砂に占める浮流物質の割合が高く，氾濫原堆積物も細粒である．たとえば，メコン川支流のセン川ぞいの沖積低地では，自然堤防は未発達で，氾濫原堆積物は粘土～シルトを主体としている（Nagumo ほか 2010, 2011 など）．温帯の山地では砂礫の生産が活発であり，山麓には扇状地が分布することが多い．亜寒帯ないし寒帯ツンドラ気候区では，一般に凍結破砕作用による砂礫生産が活発である．ただし，ユーラシア大陸を北流する

オビ川，レナ川，エニセイ川などの巨大河川は，小起伏で降水量の少ないタイガ地帯を流れ，流域の侵食速度が小さいために，流域面積の割には小さな沖積低地をつくっている．寒帯の氷雪気候区では，氷床に覆われるためにもっぱら氷河地形が形成される．山岳氷河が分布し，流域の一部が亜寒帯〜温帯に属する河川では，氷食によって生産され，融氷河水によって運搬された砂礫層からなる沖積低地（アウトウオッシュプレーン）がしばしば広がる．ただし，最終氷期に拡大していた氷河が後氷期に縮小ないし消失した流域では，運搬土砂の減少に伴い低地が段丘化している例が多い．

以上をまとめると，流域の気温条件は，風化の種類や速度，風化成生物の粒径などに強い影響を与え，沖積低地の材料となる砕屑物の量や質を支配することを通じて，沖積低地のつくられやすさに関与していると考えられる．また，最終氷期に氷河が発達した中高緯度地域では，氷河の消長が沖積低地の発達に大きく影響してきたと考えられる．

2.3　陸から海への土砂移動と沖積低地

2.2.1 で述べたように，アルプス−ヒマラヤ造山帯や環太平洋造山帯に位置する河川は，下流へ土砂を活発に供給している．こうした河川では，河口付近における土砂の"歩留まり"が，沖積低地のつくられやすさに影響している．大陸棚の発達が顕著な南シナ海や東シナ海に注ぐ長江，紅河，メコン川の河口には巨大デルタが形成されている（堀・斎藤 2003 など）．他方，ヒマラヤ山脈から流下するガンジス−ブラマプトラ河は，河口に沖積低地を形成しつつ（Umitsu 1993），深海底に多量の土砂を供給し，広大な海底扇状地[2]を形成している（Kudrass ほか 1998 など）．アマゾン川の河口はるか沖の海底にも巨大な海底扇状地が広がっている（七山ほか 1996）．

日本では，流域起伏量が大きな富士川や黒部川は，河口まで礫を流送してファンデルタをつくるが，その面積は比較的小さく，駿河湾や富山湾の海底谷に多量の土砂を供給し，海底扇状地を形成している（徳山・末益 1987；岡村ほか 1999；Nakajima 2006 など）．また，洪水イベントに伴い，紀伊山地から熊野灘の深海底へ砂が多量に供給されている例も報告されている（Shirai ほか 2010）．

伊勢湾に注ぐ木曽川は，後氷期の海面上昇〜高海面期には土砂の大半を河口付近に堆積させて，デルタを前進させてきたが（海津 1994；山口ほか 2003, 2006；大上ほか 2009；Saegusa ほか 2011 など），最終氷期の低海水準期には，深海底まで活発に堆積物を供給していたことがわかってきた（Omura ほか 2012 など）．また，日本海東縁，上越沖の水深 1,000 m 前後の場所でも，最終氷期の低海面期には，陸源物質のフラックスが増したらしい（Freire ほか 2009）．

他方，安定陸塊に属し，流域の土砂生産が不活発な場所では，浮流物質を除けば砕屑物はほとんど河口に到達せず，沖積低地はつくられにくい．こうした場所に低地がつくられている場合は，基本的には侵食平野である．低地の沖積層は，堆積していたとしても薄層であり，土地の平坦さは，沖積層の基底をなす侵食地形の平坦さに由来すると考えられる．

2.4　氷河性海水準変動が沖積低地のつくられやすさに与える影響

2.4.1　氷河性海水準変動とコースタルプリズムの形成

2.1 節で述べたように，沖積低地は河口を中心に発達しやすい．他方，第四紀の後半には氷河の消長が約 10 万年周期で繰り返され，それと連動して氷河性海水準変動が生じ，海面は 100 m 以上も昇降を

繰り返してきた．このグローバルな海面変動は，河口位置を大きく変化させるとともに，侵食基準面の変動として河川地形の発達を支配してきた．ここでは，こうした万年オーダーの長期的な海水準変動と沖積低地のつくられやすさとの関係について考えてみよう．

　沖積低地の基底地形，すなわち，沖積層の器は，最終氷期の海面低下期から低海面期にかけて河川が刻んだ谷地形を主体としている．ただし，グローバルな海面低下量は同じでも，大陸棚の幅や流域面積などに応じて，河川の下刻量は異なると考えられる（Talling 1998）．日本周辺の大陸棚は幅が 20 〜 30 km 前後で，世界的な平均値（約 70 km）よりも狭く，その外縁の深さは平均 140 m で世界の平均値（130 m）

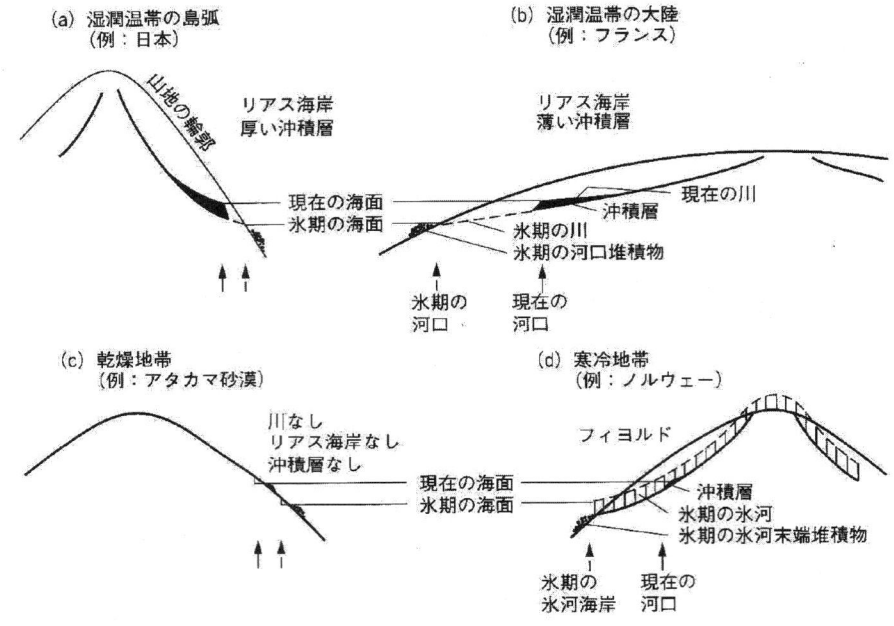

図 2-2　世界の沖積層と日本の沖積層を比較する（貝塚 1992）

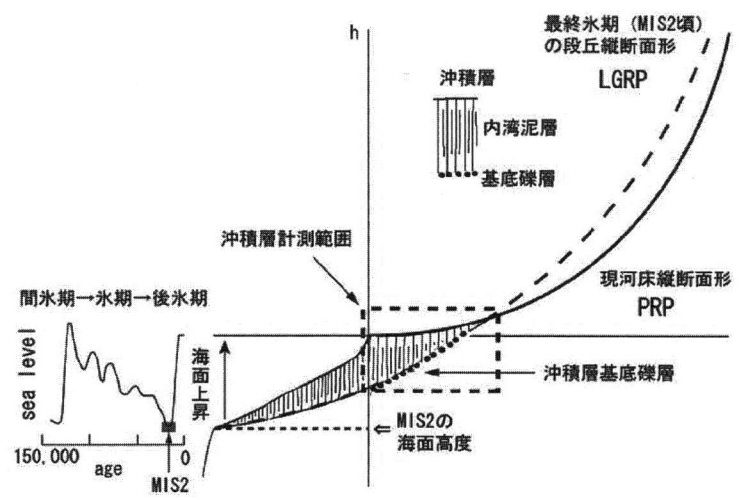

図 2-3　表記と現在の河床と沖積層のモデル図（本多・須貝 2010）

よりも若干深い（米倉 2000）．したがって，日本列島を取り巻く大陸棚の勾配，すなわち，日本列島諸河川の河口沖の海底勾配は，世界的に急であり，直線で近似すると平均5〜7 ‰に達する．他方，沖積低地の勾配はファンデルタを除けば1 ‰以下であるから，河口沖の海底勾配よりも緩やかである．

こうした地形的特徴を背景として，日本列島における沖積層の形成過程は，氷河性海水準変動に対応した次の3つの段階に分けられてきた．(1) 最終氷期海面低下期（顕著な海退期）：乾陸化した大陸棚へ河川流路が延長し，延長流路が急勾配なために河川は下刻に転じて，河谷が刻まれた．(2) 後氷期海面上昇期（海進期）：河谷に海水が侵入して溺れ谷ができ，谷底に海成泥層が堆積した．(3) 後氷期海面安定期（海退期）：溺れ谷を埋めながらデルタおよび氾濫原堆積物が堆積し，河口が前進してきた（貝塚 1977, 1992；遠藤ほか 1983；海津 1994 など）．

臨海部の沖積層は，最終氷期海面低下期につくられた急勾配の河床縦断面と，現在の緩勾配の河床縦断面とに挟まれた堆積物であり（図 2-2, 2-3），その形状からコースタルプリズム（CP：Coastal Prism）と呼ばれる．本多・須貝(2010)は，

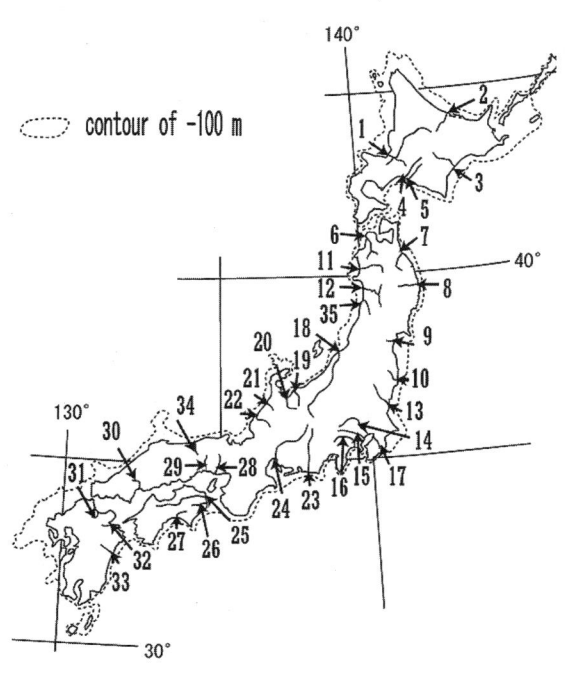

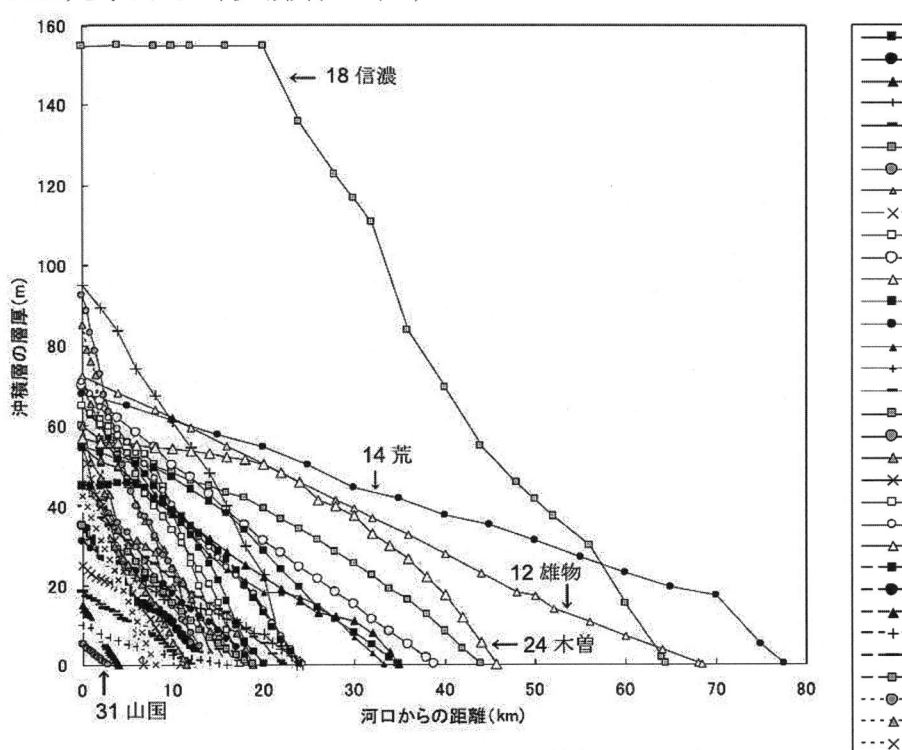

図2-4 河川縦断方向への沖積層の層厚分布（本多・須貝 2010）

日本の32河川を対象として，河口から上流へ向かって CP の層厚変化を調べ（図 2-4），層厚は内陸へ向かって直線的に減少すること（図 2-5），CP のサイズは河川流域のサイズに概ね見合っていることを示した．ただし，木曽川，信濃川，吉野川などの少数の河川の沖積層は，他の河川と異なり，プリズム状の縦断面形を示さず，層厚の厚い区間が内陸の奥に及んでいた．これは後述のように，地殻変動の影響によると考えられる．

世界に目をむけると，図 2-1（カラー頁に示す）に示した土砂流出の活発な地域の河川では，CP の発達がよい傾向にある．日本列島を含む島弧では，河床縦断

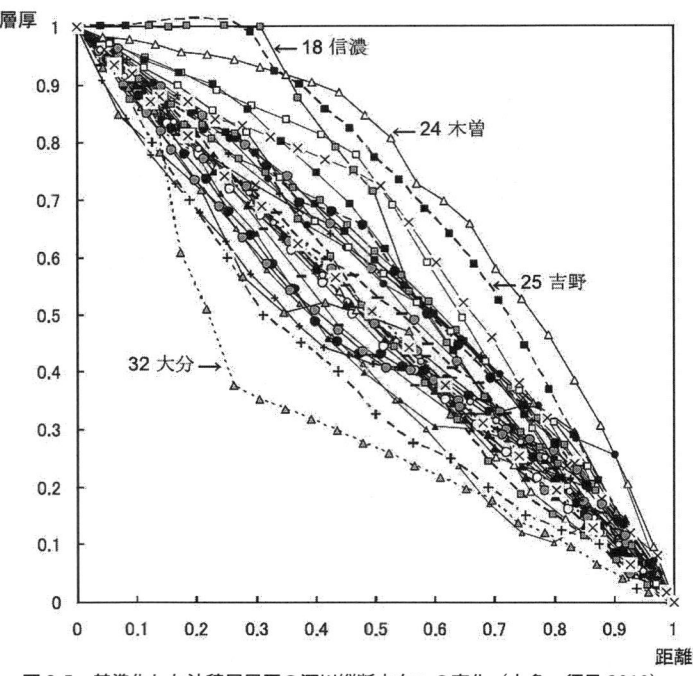

図 2-5　基準化した沖積層層厚の河川縦断方向への変化（本多・須貝 2010）

面形が急勾配ゆえに，CP が厚く，その奥行きは短い（図 2-2a）．大陸の河川では，縦断面形が緩勾配であることに加えて，後氷期の土砂供給量が少ないために CP は薄く，溺れ谷の埋積が進んでいないことが多い（図 2-2b）．氷期に氷河が発達した地域では，U 字谷に海水が浸入してフィヨルドとなり，その最奥部に小規模な CP が分布する例が多い（図 2-2c）．乾燥気候下で河川のない地域では，CP は発達しない（図 2-2d）．

上に述べてきたように，沖積低地ができ始める直前の地形（前地形）は，最終氷期の海面低下期に形成された河谷地形である．したがって，その縦断面形状が沖積低地のつくられやすさと密接に関係してきたと考えられる（図 2-2）．そこで，次に，日本列島の諸河川を対象に最終氷期の河床縦断面形の特徴について調べてみよう．

2.4.2　最終氷期の海面低下期における河川による沖積層基底地形の形成

前節では，地殻変動の激しい地域を除くと，日本ではコースタルプリズムの規模は流域面積に比例することを紹介した．すなわち，沖積層の器をなす氷期の河谷地形の規模は，河川の流域規模を反映している．アメリカ合衆国のメキシコ湾岸地域でも，氷期の海面低下期に，河川流量や流域面積に見合った規模の河谷が形成されたという（Mattheus and Rodrigues 2011）．

ところで，日本列島の主要河川においては，沖積層の最下部に河成礫層が分布しており，沖積層基底礫層（Basal Gravel；以下 BG）と呼ばれる（井関 1956）．つまり BG が沖積層の器をつくっている．BG は最終氷期の海面最低下期頃までに堆積した可能性が高く（井関 1983；牧野内ほか 2001），BG を構成する礫は，上流における寒冷化に伴う周氷河域の拡大と凍結破砕による岩屑生産量の増大によってもたらされたと考えられてきた（井関 1975；1983）．ところが，現在河口まで運搬される土砂の多くは砂や泥で

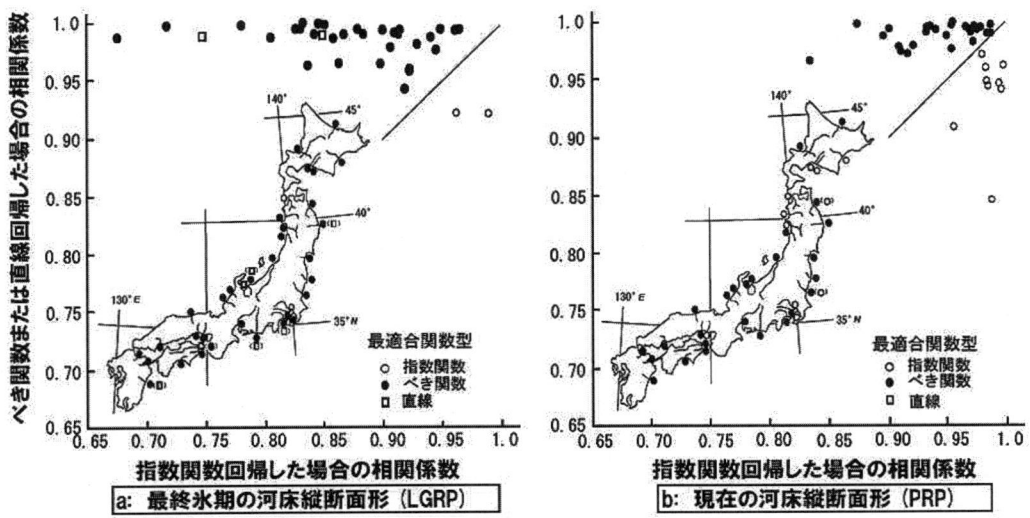

図 2-6　最終氷期の河床縦断面形の適合関数形タイプ（a）と現在の河床縦断面形のそれ（b）の分布

あり，河口まで礫を運搬している河川は一部である（Ohmori 1991）．本多・須貝（2011）は，BG の分布をもとに，礫層堆積当時の最終氷期における河床縦断面形（LGRP：Last Glacial River long Profile）を復元し，LGRP と現在の河床縦断面形（PRP: Present River long Profile）とを比較することによって，氷期の河川が現在の河口直下付近まで礫を運搬できた理由を探ってみた．すなわち，本多・須貝（2011）は，日本列島の 35 河川を選び，LGRP と PRP を対象として，曲率，適合関数型，現河口付近の縦断勾配を調べ，礫の運搬能力について検討し（図 2-6）[3]，以下を指摘した．

(1) LGRP の曲率は PRP の曲率よりも小さく，直線的である．適合関数型については，PRP が「べき関数」で近似される河川と「指数関数」で近似される河川を含むのに対して，LGRP は岩木川と荒川のみが「指数関数型」で，他の河川は「べき関数型」または「一次関数型」で表される．以上から，氷期の河川は，現河川よりも掃流力の下流への減少率が小さかったといえる．

(2) 現河口から 10 km 上流地点までの区間の LGRP の平均勾配（図 2-7a）は，35 河川中 33 河川で 1 ‰を上回り（図 2-7b），扇状地の勾配に匹敵する．最終氷期の海面低下期に河床縦断面形が急勾配化・直線化した結果，当時は現在よりも下流まで砂礫の移動が可能であったと推定できる．

以上をまとめると，日本の主要河川は，氷河性海水準変動に応じて速やかに河床縦断面形を変化させてきたこと，最終氷期の低海水準期には砂礫を現河口付近まで運搬しうる掃流力を有していたこと，当時は，河川物質の相当量が大陸棚斜面ないし深海底へ運搬されていたであろうことを指摘できる．また，本多・須貝（2011）が取り上げた日本列島諸河川のように，現在の河口沖の海底勾配が急な河川は，氷期の海面低下期に谷を穿ち，沖積層が厚く堆積できる空間（器）を形成することによって，後氷期に日本列島の臨海部に沖積低地がつくられる場を提供したのである．

このように，日本列島の諸河川は，汎世界的な氷河性海水準変動の強い影響を受けながら，全国各地に沖積低地を形成してきた．その一方で，個々の低地のつくられやすさは，地殻変動，火山活動，大規模土砂供給イベントなど，ローカルな要因に強く規定されてきたと考えられる．次節では，地殻変動や火山活動が沖積低地のつくられやすさにどのような影響を与えるか考えてみよう．

2.5 地殻変動が沖積低地のつくられやすさに与える影響

前節で述べた通り，河川下流域では，氷河性海水準変動に伴って河床縦断面形が変化し，完新世にコースタルプリズム（CP）が形成された．このように，堆積場を支配するグローバルな要因としては，氷河性海水準変動が極めて重要である．他方，地域的・局所的な堆積場の形成要因としては，地殻変動が重要である．長期的にみると，後氷期（間氷期）の現在は，高海水準期ゆえに沖積低地がつくられやすい環境にある．それでも平野には沖積低地が卓越するタイプのほかに，関東平野や宮崎平野，上北平野，十勝平野のように段丘が卓越するタイプもある．こうした平野の地域性は，地殻変動の地域性を反映していると考えられる．阪神淡路大震災後に平野の沈降速度が再評価され，濃尾平野や新潟平野などのように沖積低地の発達が顕著な平野は，従来予測されていたよりも沈降速度が大きいことが判明した（藤原2000など）．この結果，沈降速度の大きな平野では沖積低地が卓越する，という傾向がさらに明瞭となった．

地殻変動には，さまざまなタイプが存在する．縦ずれ成分をもつ断層活動がさかんな地域では，断層を夾んだ沈降側に堆積空間が形成されやすく，隆起側からの土砂供給が活発化しやすいために，沖積層が厚くなりやすい．2.3節において，木曽川，信濃川，吉野川の下流域では沖積層がとくに厚く，沖積層の上流への層厚変化は一様でないことを紹介した．これらの地域の地殻変動様式は，いずれもこのタイプに属する．BG（沖積層基底礫層）堆積後，約2万年経過しているから，たとえば沈降速度が1 mm／年の地域では，BGの累積沈降量は20 mに達し，土砂供給があれば，この沈降量だけ沖積層が厚みを増すことになる．これらの3河川では，約2万年以降の断層運動に伴ってBGが沈降し，沖積層が厚く堆積したと考えられる（本多・須貝2010）．

断層活動が沖積層の層厚を支配する他の例を紹介しておこう．Ferrillほか（1996）は，山麓の一側を縦ずれ活断層によって画される傾動山地の両山麓に分布する扇状地の扇面面積を比較して，断層崖側で小さく，背面側で大きいことを示した．断層崖側では沈降速度が大きく，沖積層が次々と累重するために扇面が広がりにくいのに対して，背面側では沈降速度が小さく，扇面が側方へ広がりやすいと考えられ

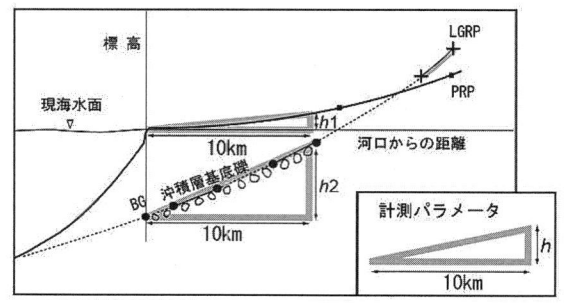

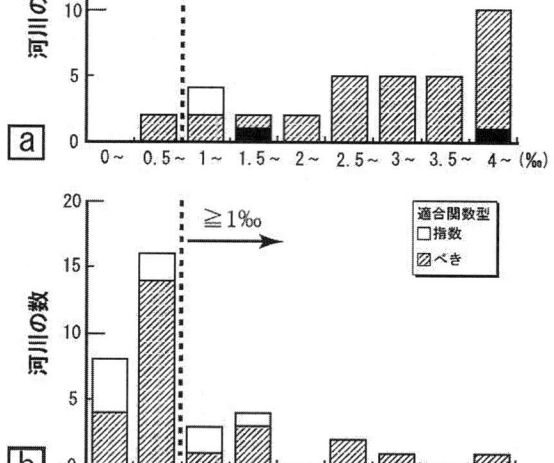

図2-7 河川下流域における最終氷期の河床縦断勾配と現在の河床縦断勾配の計測法（上）と河床縦断勾配の頻度分布（下）
勾配は現河口から上流へ10km区間の平均値によって代表させた．aは最終氷期の河床勾配，bは現在の河床勾配の頻度分布を示す．

る．このことを一般化すれば，沈降運動が活発な地域では，常に新しい地層が上方へ累重するために沖積低地は発達しやすいが，低地の広がりは抑制されやすいといえよう．

ところで日本列島には，関東平野や十勝平野のように，曲降によって広範囲が徐々に沈降する地域も存在する．こうした地域では，沈降中心に沖積低地が，縁辺に段丘や丘陵地が分布しやすい．また，日本列島には，顕著な活構造を伴わない，河谷埋積型の沖積低地が広がる地域もみられる．沖積層が河谷の低所を埋め，沖積低地が山地斜面と明瞭な傾斜遷緩線で接する，このタイプの地形は，中国地方や近畿地方に多く認められる．これらの沖積低地は河成段丘面をほとんど伴わないことから，流域全体が沈降傾向にあることが示唆され，沖積低地における水害リスクが高い（須貝 2005 など）．

活断層の活動等に伴う地殻変動は，地域差が大きい一方で，平均変位速度の長期的な時間変化は比較的小さい．他方，氷河性海水準変動は，汎世界的な現象である一方で，千〜万年オーダーの激しい時間変動を繰り返してきた．地殻変動の活発な地域では，変動の範囲や速度分布が重要であり，これに氷河性海水準変動の影響が加わって堆積場が形成維持される．詳細は第 2 部の濃尾平野の堆積場の章で述べるが，臨海部では，地殻変動と氷河性海水準変動とが合わさった相対海面変化によって堆積空間が形成されるため，氷期の終焉期には海水準上昇速度が隆起速度を上回り，断層の隆起側であっても沈水して堆積場になりうる．一方，間氷期から氷期にかけては海水準低下速度が比較的大きいため，断層の沈降側であっても堆積空間が形成されず，侵食の場になりうる．

地殻の安定地域では，氷河性海水準変動に規定された河川地形の応答のみがポイントとなる．そして，海面低下に伴う下刻，海面上昇に伴う溺れ谷の形成などにおいて，地殻変動の影響が少ないことから，流域規模の効果がより明瞭に現れると推定できる．

2.6　火山活動や大規模土砂移動が沖積低地のつくられやすさに与える影響

2.2 節で述べたように，沖積低地は湿潤気候下でつくられやすい．湿潤地域では 1 〜数年に一度の頻度で発生する比較的小規模な洪水が，河道の大きさを決定し，最も多くの土砂を運搬すると考えられている（たとえば，Richards 1982）．こうした高頻度の洪水氾濫が主体となって，湿潤地域の沖積低地はつくられてきたと考えられる．他方，低頻度で大規模な土砂移動現象も沖積低地の形成に大きな役割を果たしてきた可能性がある．たとえば，成層火山体が大規模に崩れ，岩屑流が下流に堆積することによって，低地がつくられる場合がある．

Yoshida and Sugai（2007）は約 2.5 万年前に発生した浅間火山の大規模山体崩壊が流域の地形形成に与えた影響を検討し，この崩壊によって生じた土砂の総量は 4 km^3 に達することを明らかにした．

さらに，Yoshida ほか（2008）は，この崩壊土砂量は日本列島全域が 40 年間以上に受ける総侵食量に匹敵するとした．この崩壊土砂の一部は関東平野へ流下し，現在の前橋・高崎台地（当時は低地）をつくった．その浅間火山で西暦 1783 年に発生した天明噴火に伴う天明泥流は，吾妻川から利根川へ流下し，現在の中川低地にも堆積して河床が上昇し，低地は長期にわたって洪水氾濫に悩まされることとなった（橋本 2009 など）．このように，多量の土砂が短期間に下流へ供給されると，沖積低地が急速に発達する可能性がある．ただし，土砂の堆積後，河川が下刻に転じて，低地が段丘化することも多い．

前述したように，氷河を抱く流域では，氷河の消長に伴い，供給土砂量が顕著に増減する結果，氷期に形成された低地が後氷期に段丘化する例が多いことを紹介した．山岳氷河の後退に伴い，氷河の前縁に形成された氷河湖が決壊して，土石流が発生し，下流で河谷が埋積されて，谷底平野が形成されることもあ

る．大起伏山地の斜面が大崩壊を起こせば，下流側で谷の埋積が生じうる．氷河の消長，火山活動，大規模崩壊はいずれも，下流への土砂供給量に顕著な時間変動を生じさせる点で共通しており，こうした上流域におけるイベント性の土砂移動が下流の沖積低地のつくられやすさに決定的な影響を与えてきたと考えられる．ただし，こうした低頻度のイベント性の現象が，通常の高頻度の現象とどのように関わり合って，沖積低地が形成されてきたのかに関しては，不明な点が多く残されている．

火山活動が沖積低地のつくられやすさに影響する別の側面として，流域を超えて広範囲に降下砕屑物を供給する点をあげることができる．段丘面の編年学的研究に火山灰やレスなどの風成層の堆積年代を用いることが常套手段となっている．地形面が段丘化すると，風成層が段丘面を覆って累重し始めることが編年の根拠である．逆にいえば，段丘化していない地形面に降下した風成堆積物は，河川の運搬作用によって下流へ再移動するからこそ，風成火山灰層を地形面の編年に活用できるのである．

風成層の堆積速度は 0.01 mm/ 年のオーダーであり（佐々木 2009），神奈川県や群馬・栃木県北部などでは 0.1 mm/ 年のオーダーに達している（貝塚・鈴木 1992）．火山灰層は広域にわたって地表を覆いつくすのに対して，沖積低地は地表面の一部を占めるにすぎず，いわば流域全体の掃溜めであることを踏まえると，地域によっては，火山灰層は沖積層の主要構成物質に位置づけられる．降下火山灰や火砕流，岩屑なだれなどによって地表が広範囲に裸地化して，土砂の再移動が活発化する効果をも考えれば，流域内に火山が分布することや火山フロントが卓越風の風上側に位置することは，沖積低地がつくられやすい重要な条件であるといってよい．

2.7 人間活動が沖積低地のつくられやすさに与える影響

これまで，沖積低地のつくられやすさに関わる自然条件について論じてきた．最後に，人間活動が沖積低地のできやすさにいかなる影響を及ぼしてきたのか，土砂供給と堆積場の両面について，考えてみよう．

土砂の供給速度を規定する要因として，地形条件・気候条件についで，人間活動が大きなウエイトを占めることは前述した（Syvitski and Milliman 2007）．これは，世界の陸域全体を平均化した場合の評価であるから，地域によっては，人間活動が土砂流出速度を規定する最大要因となっている例も少なくない．ヨーロッパのホルツマー湖では，最終氷期の終焉期に土砂の堆積速度，すなわち湖水集水域からの土砂流出速度が高値を示すが，それに匹敵する土砂の堆積が鉄器時代やローマ時代に生じたという（町田ほか 2003）．森林伐採が，植生による侵食保護機能を失わせ，土壌侵食を加速させたと解釈されている．農牧業や大規模土木工事による土砂流出は化石燃料の大量消費と歩調を合わせて加速度的に増加しており，人為による地表改変の程度は，陸上に植物が上陸したデボン紀のそれに匹敵するという指摘もある（Hook, 2000）．黄河では，黄土高原における過剰農業によって土砂流出が増え，下流のデルタの形成を速めたことが指摘されている（Yi ほか 2002）．

上記とは反対に，流域に人工ダムが建設され，自然状態であれば下流へ供給されるはずの土砂が多量にダム湖底に堆積してしまい，河口への土砂供給が激減する例も生じている．沿岸流によって周辺海岸へ運搬されていた土砂量も減少し，海岸侵食の進行を招くことにもなる．

人間活動が堆積場に与える影響のなかで最も顕著なものは，地下水の揚水に伴う地盤沈下であろう．ただし，土地が海面下に沈下しても，防潮堤によって守られている場合が多く，地盤沈下が直ちに沖積低地の面積を縮小させているわけではない．むしろ，日本では，東京湾・伊勢湾・大阪湾を中心にウオーターフロント開発に伴って，埋立地が急拡大し，海岸線が前進してきている地域が多い．しかし，地震動をト

リガーとして堤防が決壊すれば，河川水や海水の堤内への流入は避けられず，液状化現象，地震性沈降，津波の襲来が，地震水害と重なれば，被害は甚大となろう（松田 2009）.

　人為によって，堆積空間形成速度が増す一方で，土砂の流入・堆積が断たれ，堆積速度がゼロになる地域が増えている．沖積低地は自然状態でも圧密沈降し，堆積空間が形成されやすい場所である．自然状態では沖積低地がつくられやすい場所において，土砂や水の流入を阻止することで土地開発を進めてみても，自然災害の発生ポテンシャルを高めることになりかねないことに気づくべきであろう．2.1 節で述べたように，長期的視点に立って，セジメントカスケードシステムのなかに沖積低地を位置付けることが不可欠である．

注
1) 堆積空間形成速度 accommodation rate は，海面高度が一定の場合には地盤の沈降速度によって，地盤高度が一定の場合には海面上昇速度によって，それぞれ与えられる.
2) これらの海底扇状地の構成物質は，砂層・シルト層主体で，礫層主体の陸上扇状地と異なる.
3) 下流端は現河口，上流端は現河床高度が標高 300 m に達する地点に設定して，縦断面の関数回帰を行った．この方法は，Ohmori (1991) に従った．なお，木曽川・信濃川・吉野川については，最終氷期以降の沈降運動によって LGRP が形成後に変形していると考えられることから（本多・須貝 2010），既存研究から地殻沈降量を見積もり，その値の分だけ高度補正して，LGRP を復元した.

3
沖積低地を構成する地層はどのようにしてできてきたか

堀　和明

3.1　はじめに

　沖積低地を構成する地層は沖積層と呼ばれ，日本においては，下位から沖積層基底礫層，下部砂層，中部泥層，上部砂層，沖積陸成層に区分されてきた（井関 1962）．これと類似した層序は，日本とは流路長や流量といった河川規模，土砂供給量，気候が大きく異なる世界各地の沖積低地を構成する地層でも認められている（堀ほか 2006）．このような共通性を生み出した要因としてもっとも重要なものは，氷床の拡大・縮小に伴って生じた氷河性海水準変動である．

　かつての沖積層研究では，おもにボーリング柱状図を利用して岩相層序区分をおこない，海水準変動や気候変動との関係が論じられていた．1980 年代後半以降になると，堆積相解析やシーケンス層序学の観点から地層形成を捉える研究が盛んになった（増田 1988；斎藤ほか 1995）．このような流れを受け，最近の研究では，沖積低地で採取されたオールコア堆積物に堆積相解析を適用することによって堆積相や堆積システムを認定し，さらに，加速器質量分析装置を用いた放射性炭素年代測定により堆積物に多数の年代を入れることで沖積層の形成過程が 1000 年オーダーで議論されている（大上ほか 2009；Sato and Masuda 2010；田辺ほか 2010）．

　ここでは沖積低地を構成する地層がどのように形成されてきたかについて，日本における最近の研究成果を中心に報告する．はじめに堆積相と堆積システムについて触れた後，沖積層の形成と海水準変動や地殻変動，気候変動に伴う土砂供給量変化との関係について述べる．本稿で用いる年代はとくに断らない限り暦年代で示す．

　なお，沖積層については，研究史（海津 1994；斎藤 2008），堆積相や堆積システム（増田 1988；斎藤 2011），シーケンス層序学（斎藤ほか 1995；井内ほか 2006a）に関して多くの解説や論文集，書籍が出ているので，合わせて参考にしていただきたい．

3.2　堆積相と堆積システム

　堆積相とは，地層や堆積物の岩相，粒度，層厚，堆積構造，色調，含有化石，生痕，古流向などからとらえた，ひとまとめにできる厚さをもった部分をいい，特定の堆積環境や堆積作用によって生じる（増田 1988）．たとえば，自然堤防帯の場合，蛇行流路（チャネル）では細粒な堆積物が流され，基底部にラグと呼ばれる粗粒な堆積物が残される（図 3-1）．また，蛇行流路の滑走斜面側では蛇行の進行に伴い，ポイントバー（寄州）を構成する堆積物が側方へ堆積していく．この堆積物は一般に上方細粒化する砂質堆積物からなり，斜交層理や平行層理がみられる．一方，流路の外に位置する後背湿地の環境では，氾濫時

3　沖積低地を構成する地層はどのようにしてできてきたか（堀　和明）

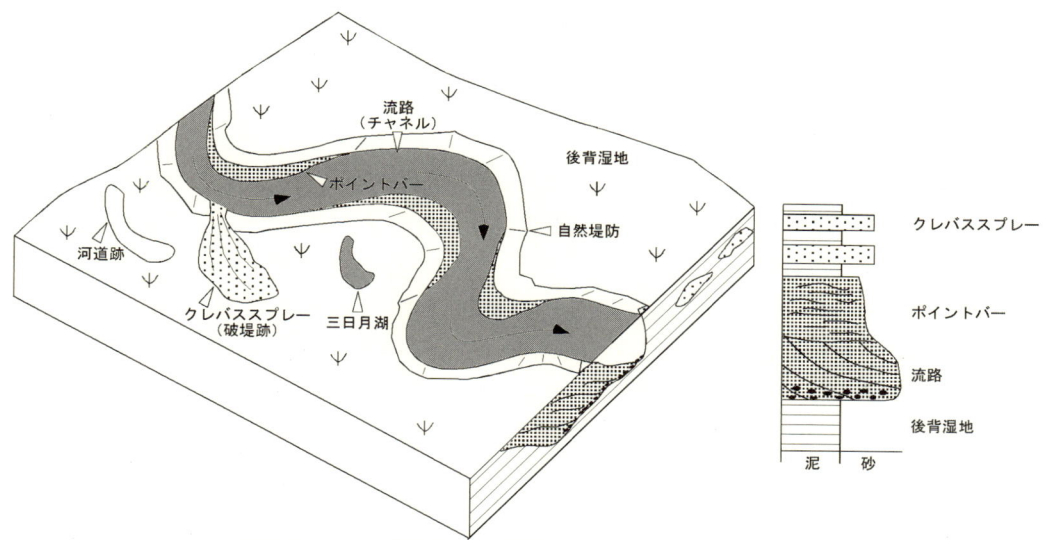

図 3-1　蛇行河川システムの地形と堆積相（貝塚 1985；Tucker 2003 をもとに作成）

に浮流で運ばれた細粒物質であるシルトや粘土がゆっくりと堆積し，堆積物中には有機物が多く含まれる．堆積相解析では，こうした特定の堆積環境で形成された地層を露頭やコア堆積物から認定していく．

次に成因的に関連した，いくつかの堆積相から構成される堆積システムを考える．前述した蛇行河川システム（図 3-1）の場合，個々の堆積環境として，流路（チャネル）やポイントバー，自然堤防，後背湿地，クレバススプレーが挙げられる．また，デルタシステムの場合には，プロデルタ，デルタフロント，河口州，流路といった堆積環境がみられる（図 3-2）．このような堆積システムを構成する個々の地層の重なり方や分布，放射性炭素年代値から推定される堆積時期にもとづいて，堆積システムの形成過程を考えていく

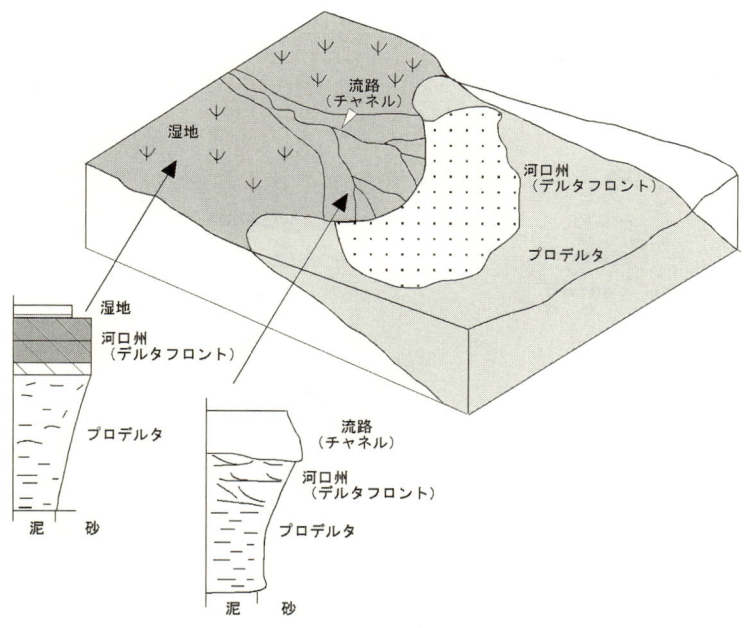

図 3-2　海成デルタの地形と堆積相（Tucker 2003 をもとに作成）

ことになる．

3.3 沿岸域の堆積システム

　沿岸の沖積低地を構成する沖積層にはふつう，沿岸や浅海で堆積した海成層が含まれる．この海成層を形成した代表的な堆積システムとして，デルタやエスチュアリ，バリアー，浜堤平野（ストランドプレイン）が挙げられる．これらの堆積システムは河川のみでなく，潮汐や波浪にも影響を受ける．たとえば，有明海沿岸では大潮時の潮差が約 6 m にも達するが，日本海側では数 10 cm 以下である．また，瀬戸内海や有明海といった内湾の波高は，日本海や太平洋に直接面している沿岸域に比べると小さい．こうした沿岸環境の違いは，沖積低地の平面形態や沖積層を構成する地層にも反映される．

　海進期・海退期において，沿岸域にどのような堆積システムが形成されるかを提示したモデルを示す（Boyd et al. 1992）（図 3-3）．なお，海進・海退は海岸線の後退・前進をそれぞれ意味する．河口付近では海進期にエスチュアリシステム，海退期にはデルタシステムが発達する．エスチュアリ，デルタについても，河口域の潮差や波浪などが影響するため，平面形態さらには個々の堆積相には差異が認められる．たとえばデルタの場合，波浪の影響の強いナイルデルタでは河口部を除き，円弧上の形態をとるが，潮差の大きい長江河口域ではラッパ状に開いた形態をとる．また，河川の影響が小さいあるいはほとんどない沿岸域では，潮汐や波浪の影響の程度に応じて，海退期には潮汐低地や浜堤平野，海進期には潮汐低地やバリアーシステムが形成されやすい．

　さらに，図 3-3 には示されていないが，河床勾配が大きく，粗粒な土砂が河口まで運ばれている場合には，河口部に粗い砂礫で構成される扇状地（臨海扇状地）がみられる．この堆積体は，堆積物の粒度を重視し

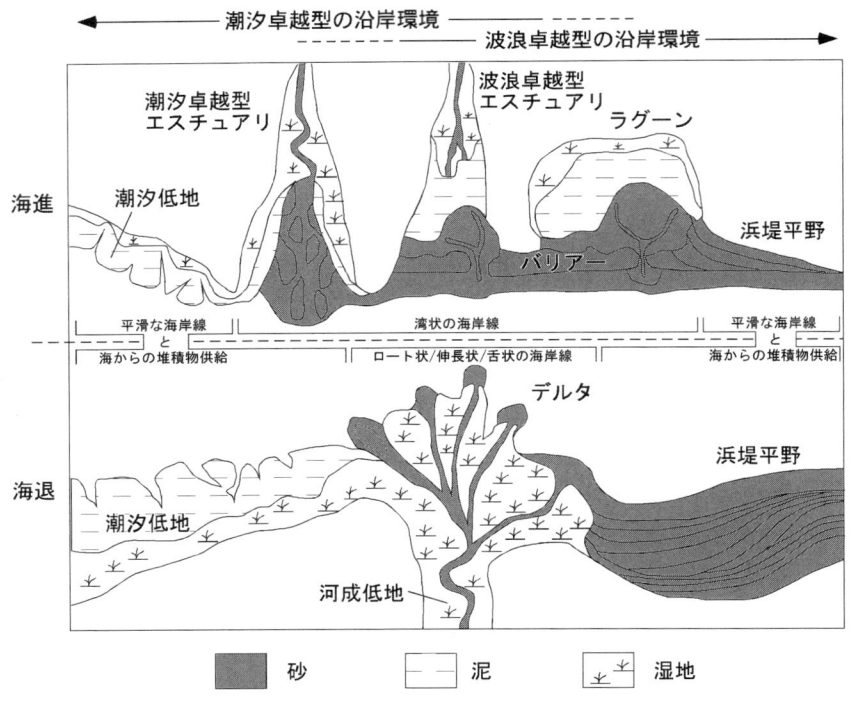

図 3-3　海進期・海退期において沿岸域に発達する堆積システム（Boyd et al. 1992；斎藤 2011 をもとに作成）

て粗粒デルタ（coarse-grained delta）とも呼ばれる（McPherson *et al.* 1987）．日本では，河口付近の河床勾配が 1/1000 〜 2/1000 以上となっている黒部川や安倍川，大井川などで臨海扇状地が発達する．

3.4 氷河性海水準変動と沖積層

まず氷床の融解に伴う海水準変動について考えよう．生息深度のわかっているサンゴや潮間帯にあるマングローブ堆積物を用いることにより，従来よりも精度のよい海水準の観測値が，かつての氷床から離れた地域（Far-field）において，この 20 年ぐらいの間に蓄積されてきた（Fairbanks 1989; Bard *et al.* 1996; Hanebuth *et al.* 2000）．ただし，これらの観測値には氷床の融解や海水量の増大に伴う固体地球の変形による寄与が含まれるため，観測値がそのまま海水量変化，つまり過去の海水準を示すわけではない（横山 2010）．図 3-4 はアイソスタシーの効果を考慮して得られた氷床量相当の海水準変動値である（Lambeck *et al.* 2002）．

最近の研究成果によれば，最終氷期最盛期（Last Glacial Maximum = LGM）は 30,000 年前から 19,000 年前で，当時の海水準は現在よりも 140 m 程度低かったと考えられている（Yokoyama *et al.* 2000）．また，LGM に向かって，数千年の間に 50 m 程度の急激な海面低下が起こった可能性が指摘されている．LGM は 19,000 年前ぐらいに終了し，そこから海水準上昇が始まる．16,000 年前以降 7,000 年前までは平均すると 1000 年あたり 10 m 程度の海水準上昇が生じているが，この速度は一定であったわけではなく，急速な上昇期が何度かあったと考えられている（Fairbanks 1989）．その後，氷床の融解は 7,000 年前ごろにはほぼ終息し，海水準は現在の値に近づいた．

なお，日本では約 7,000 年前頃の縄文海進時に現在よりも海面が高い位置にあったと考えられている．しかし，この現象は現在よりも海水の量が多かった，つまり氷床が現在よりも多く融けていたということではなく，アイソスタシーの効果によって，当時の海水準を示す地形や地層が現海面よりも高い位置にあるとみることで説明できる（Nakada *et al.* 1991；中田・奥野 2011）．したがって，海水準の微変動と沖積低地・沖積層との関係を検討する際には注意が必要となる．

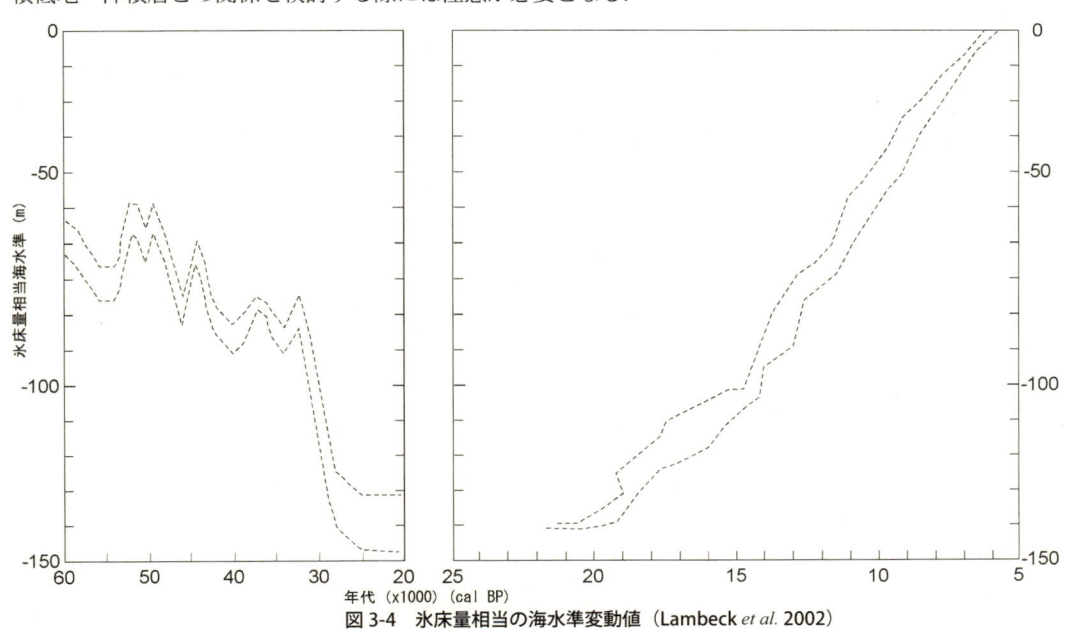

図 3-4　氷床量相当の海水準変動値（Lambeck *et al.* 2002）

では，氷河性海水準変動に対して，堆積システムはどのように応答しながら沖積層を形成してきたのだろうか．

LGM に向かう海水準低下期に，沖積低地下には河川の下刻によって開析谷が形成された．この開析谷の基底には沖積層基底礫層（BG）が堆積しており，下位の地層を不整合に覆う．日本のほとんどの沖積低地では基底礫層表面の縦断勾配が現河口下付近でも 1/1000 を越えており，海水準低下に伴う河床勾配の増大が礫の堆積をもたらした可能性が高い（本多・須貝 2011）．この時期の現河口付近は網状河川システムとなっていたと考えられる（Saito 1995）．

基底礫層は砂礫で構成されており，放射性炭素年代測定に適した植物遺体などが含まれることが少ないため，堆積時期を示す年代値が十分に得られているとはいえない．興味深い例として挙げられるのは，濃尾平野臨海部で基底礫層に相当する第一礫層が，26,000-29,000 年前頃に噴出した姶良 Tn 火山灰（AT）（町田・新井 2003）よりも下位にみられることである（牧野内ほか 2001）．前述した氷河性海水準変動との関係を考えると，30,000 年前に向かう急速な海面低下期から最低海面期にかけて砂礫層の堆積があったことを示唆する．

一方，基底礫層上面を上流側へ延長していくと，ある地点で現河床と交差する，あるいは現河床の礫層との区分が困難になってくる．また，基底礫層のすぐ上に堆積する地層の年代が完新世を示すこともある（堀ほか 2008）．この理由として，基底礫層とそれを覆う地層の間に無堆積の期間（ハイエイタス）があったことや基底礫層として一括されている砂礫層の堆積時期に場所による差があることが挙げられる．

LGM 以降，海水準が上昇するにつれて，多くの沖積低地で網状河川システムから蛇行河川システムへの変化がみられるようになる（Saito 1995；田辺ほか 2010）．これは河床勾配が緩やかになっていったことを意味する．海水準上昇により堆積空間（アコモデーション）が上方へ付加されるため，この時期の蛇行河川システムでは堆積物が上方へ累重する．河道内のポイントバーや自然堤防，クレバススプレーを構成する砂層や後背湿地に堆積した泥層などが互層をなす．従来の沖積層区分では下部砂層に相当する．

海水準上昇はさらに続き，蛇行河川システムの上に重なる堆積物に海の影響が見られるようになる．したがって，海進つまり海岸線の後退が継続していたことがわかる．河口部では海進期にエスチュアリシステムが発達した．このエスチュアリシステムにおいても，直前の蛇行河川システム同様，堆積物の上方への累重が認められている．さらに，このシステムは陸側へ後退していく．エスチュアリを構成する地層は，従来の沖積層区分では下部砂層にほぼ相当する．

河口部の波高や潮差は場所により異なるので，エスチュアリシステムさらにそれを構成する堆積物には違いがみられる．波浪の影響が強く，潮差が非常に小さい日本海沿岸の沖積低地ではバリアーの背後にラグーン（潟湖）が形成され，さらにそのラグーンに流入する河川によって湾頭三角州が形成されていた可能性が高い（図 3-3）．一方，潮汐が卓越する場合は砂体が海岸線に直交するようなエスチュアリが形成されると考えられている．この図は潮差が非常に大きく，河川の影響が小さいカナダのファンディ湾などをモデルとして描かれている．したがって，日本のように河川の流量や土砂供給量が大きい場合，これとは異なるモデルを提示していく必要があるだろう．

ところで，臨海部の沖積層において蛇行河川やエスチュアリを構成する堆積物から 12,000-13,000 年前よりも古い年代値が得られることは意外に少ない．網状河川システム下で堆積したと考えられる基底礫層の堆積時期を LGM（30,000-19,000 年前）と仮定した場合，19,000-13,000 年前の地層が欠如または非常に薄いことになる．図 3-4 からこの時期の海水準上昇量は少なくとも 50 m 程度あったと推定され，堆積システムが網状河川から蛇行河川，エスチュアリへと変化したことからも，海進が生じていたことは

確かである．海水準上昇期には河川から供給される堆積物の多くが河口付近の河成平野から沿岸平野に堆積するので（斎藤 2011），13,000 年前以前の海水準上昇期には堆積域の中心が現在の沖積低地臨海部よりもさらに沖側にあった可能性が高い．

河口域に発達したエスチュアリは，8,000 年前頃に海退期の堆積システムであるデルタに取って代わられる．この年代は世界各地のデルタでほぼ共通していることから，海水準上昇速度の低下がデルタの発生に関係していると考えられている（Stanley and Warne 1994）．大阪湾の音波探査記録においても，7,300 年前頃に噴出した鬼界アカホヤ火山灰（K-Ah）が高海水準期堆積体中にみられていることから，7,300 年前以前には既に海退が生じていたと考えられる（井内ほか 2006b）．

なお，日本の沖積低地は，日本海に面する平野をはじめとして，波浪の影響を強く受けているものも多い．このような沖積低地では，海進期に形成された波浪卓越型のエスチュアリもしくはバリアーエスチュアリシステムが，海退期における湾頭デルタの前進により埋積されていくことになる．

氷床の融解は 8,000 年前以降も続き，海水量は引き続き増加しているので，初期のデルタシステムではプログラデーション（前進）とともに，アグラデーション（上方への堆積）もみられた（Hori et al. 2002）．プログラデーションが卓越するようになるのは，6,000-4,000 年前以降であり，この時期に氷床の融解を原因とする海水準上昇も停止したと考えられる．

プログラデーションが起こると，プロデルタの泥層の上にデルタフロントスロープの砂泥層，さらに分流路やデルタフロントプラットフォームを構成する砂質堆積物が累重し，全体として上方粗粒化を示す．これらの地層は中部泥層や上部砂層に相当する．デルタがさらに前進すると，デルタ堆積物の最上部は内陸側から河成堆積物に覆われるようになる．

3.5　地殻変動

地殻変動に伴う隆起・沈降も沖積低地の形成に影響する．とくに日本列島は地殻変動の活発な変動帯に位置するため，隆起域が山地や丘陵に，沈降域が沖積低地となっている場合が多い．とはいえ，日本の沿岸域における更新世後期から完新世にかけての隆起・沈降速度は，多くの地点で 1,000 年あたり約 1 m となっており，最終氷期最盛期以降の海水準上昇速度（1,000 年あたり約 10 m）に比べると一桁小さい．

日本に分布するほとんどの沖積低地において沖積層の層さは 100 m 以下となっているが（本多・須貝 2010），東北地方や中部地方の規模の大きな河川で大きめの値をとる．なかでも年 3 mm 程度の沈降が続いている越後平野は，沖積層の層厚が飛び抜けて大きく，最大で約 160 m に達する．先ほど蛇行河川やエスチュアリを構成する堆積物からは 12,000-13,000 年前以前の年代値が得られにくいと述べたが，沈降速度の大きな越後平野では 17,000 年前に達する年代が得られている（Tanabe et al. 2010）．このような情報は海進期初期の堆積システムや海水準上昇を探る上で重要になってくるだろう．

大阪平野や濃尾平野では，最終氷期最盛期から現在の間氷期に堆積した沖積層の下に，それ以前に何度も繰り返し起こった氷期〜間氷期に堆積した地層が保存されており（市原 1993；桑原 1980），低地の沈降が継続してきたことを示す．また，これらの地層は沖積層と類似していることから，沖積低地が最終氷期最盛期以降と同様の応答をそれ以前の海水準変動にも繰り返していたと考えられる．一方，沈降が活発でない地域では沖積層よりも古い地層の保存はよくない．一般に古い地層ほど時間分解能は悪くなるので，沖積層の解析で得られた知見をそれ以前の地層の解析に援用していくことも必要だろう．

3.6 気候変動などに伴う土砂供給量の変化

氷期から間氷期にかけて生じた気候の温暖・湿潤化により，流域環境は大きく変化した．とくに土砂の重要な供給源となる山地斜面では，LGM には豪雨の減少に伴って流水作用が弱くなったことで，崩壊やガリーの形成が不活発になり，凍結融解作用に起因する，クリープによる低速の土砂移動が盛んだったと考えられている（小口 2001）．一方，後氷期になると崩壊やガリー侵食が卓越するようになり活発な侵食が生じた．

したがって，完新世における流域での土砂生産量や河川の土砂運搬量は，LGM に比べて大きかった可能性が高い．しかし，河口部では LGM から 8 年前頃まで海進がほぼ継続していたので，海水準上昇速度が後背地からの土砂供給量の増加に比べて卓越し続けてきたと推定される．この時期の海水準上昇速度は大まかに分かっているので，今後，堆積システムの後退速度を明らかにし，河口への土砂供給量の変化を検討していく必要があるだろう．

一方，8,000 年前頃以降の海退期に入るとデルタシステムが前進するようになるので，この前進速度の変化から土砂供給の増減を推定できる．たとえば，濃尾平野ではデルタフロントの前進速度が約 1,300 年前以降に 5.0 m/yr から 9.6 m/yr に増加している（大上ほか 2009）．また，矢作川デルタにおいても，3,000 年前頃にデルタフロント堆積物が粗粒になって淘汰も悪くなり，同時に土砂供給量の増加がみられているが，これについては気候変動ではなく，人為的影響によるものと考えられている（Sato and Masuda 2010）．

3.7 オート層序学

ここまでに紹介した見方は，海水準変動をはじめとする外的な要因に規定されながら沖積層が形成されてきたとするものである．たとえば，海水準上昇速度が低下することで，堆積物供給速度が海水準上昇でもたらされた堆積空間の増加を上回るようになり，堆積システムが海進期のものから海退期のものへ発達していくと考える．

しかし，河川を中心とした堆積システムの変化を起こす要因が，堆積システムに内在しているとする考え方もある．このような見方はオート層序学（武藤 2010）と呼ばれる．

一例として海岸線の自動後退理論が挙げられる（Muto 2001）．水路実験で給水量・給砂量（流量・堆積物供給に相当）を一定とし，水位（海水準に相当）を一定速度で上昇させた場合，初期の頃はデルタフロント（海岸線）が前進するものの，やがてデルタフロントの後退（つまり海進）が始まる．これはオートリトリートと呼ばれる．さらに水位上昇を続けると，デルタの形態が失われ（オートブレーク），供給される土砂はデルタの陸上部分の埋積に使われるようになる．これはデルタフロントを構成する水中の斜面長が増大するためで，外的な要因である堆積物供給速度，海水準上昇速度がともに一定の場合であっても海進が生じ得ることを示している．これらの現象は，フライ・ストリックランド川を対象とした数値シミュレーションにおいても確認されている（赤松ほか 2006）．したがって，今後の沖積層研究では堆積システムそのものが備えている性質を理論や実験を通して理解し，それが実際に観察される沖積層の形成にも反映されているかどうかを探ることも重要になるだろう．

4
沖積低地の地形の特徴と成り立ち

小野映介

4.1 沖積低地とは何か

　沖積低地（riverine coastal plain）とは，河川下流部および海岸付近に河川や海の作用によって比較的新しい時代に形成された平野である（海津 1994）．「比較的新しい時代」とは沖積層の堆積した時代，すなわち更新世末（1万9,000年前）の最終氷期最盛期（Yokoyama et al. 2000）に生じた海面低下以降を示す．後氷期の海面変動については本書の第1部3章に述べられているので，詳細は割愛するが，日本列島周辺では完新世半ば（約7,000～5,000年前）までに約100mを超える「縄文海進」と呼ばれる急速な海面上昇が生じ，海面は現在よりも数m高い状態になった（太田 2001）．その後，海面は微変動を繰り返して現在に至ったが，こうした後氷期の海面変動が生じる間に，臨海部には背後の山地部から大量の土砂が河川を介して流入した．そうして堆積した土砂が「沖積層」であり，かたちづくられたのが「沖積低地」である．

　沖積低地は，過去の気候変動・海面変動・地殻変動などに敏感に対応して形成された場である．なかでも，湿潤変動帯（吉川 1985）に位置する日本列島の沖積低地は後背地からの土砂供給量が多く，変化が速い．また，多くの沖積低地が分布しており（図4-1），その形態は極めて多様である．ここでは，おもに日本列島の沖積低地を事例として，その地形の特徴と成り立ちの基礎について解説する．

　沖積低地のうち，主として河川の堆積作用によって作られた平野は「沖積平野」，一方，海の作用のもとに作られた平野は「海岸平野」と呼ばれ，後者のなかで浜堤列の良好に発達する平

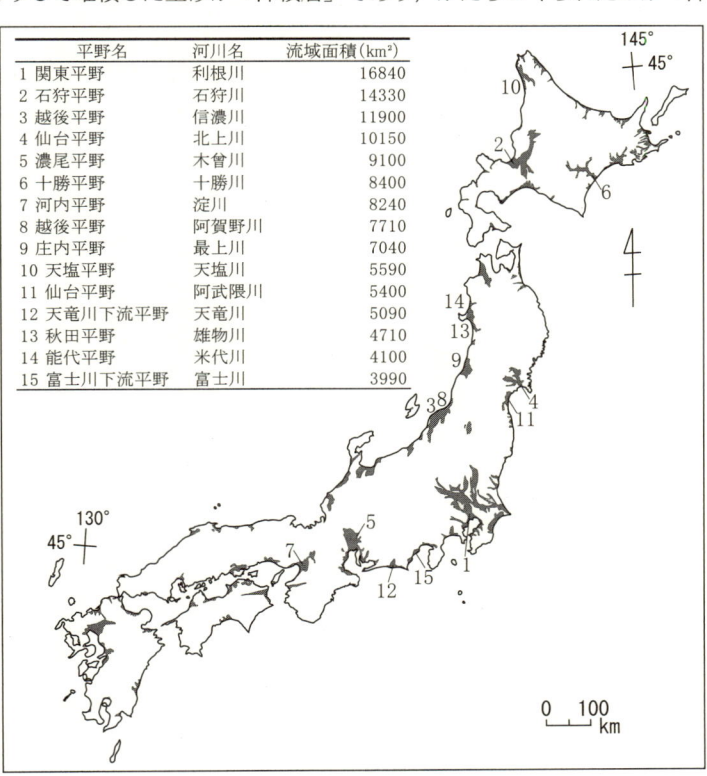

	平野名	河川名	流域面積(km²)
1	関東平野	利根川	16840
2	石狩平野	石狩川	14330
3	越後平野	信濃川	11900
4	仙台平野	北上川	10150
5	濃尾平野	木曾川	9100
6	十勝平野	十勝川	8400
7	河内平野	淀川	8240
8	越後平野	阿賀野川	7710
9	庄内平野	最上川	7040
10	天塩平野	天塩川	5590
11	仙台平野	阿武隈川	5400
12	天竜川下流平野	天竜川	5090
13	秋田平野	雄物川	4710
14	能代平野	米代川	4100
15	富士川下流平野	富士川	3990

図4-1　沖積低地の分布

野は，浜堤列平野と呼ばれる（図4-2）．ただし，臨海部においては，河成と海成の区分は困難な場合が多く，実際は両者の合成によって生じた地形も多い．

ところで，図4-2に示したように地形はその規模をもとに階層性によって捉えることができる．扇状地，氾濫原，デルタ（三角州），浜堤列平野といった「地形帯」（高橋2003）は，沖積平野や海岸平野の下位を構成する地形である．言い換えれば，沖積平野は扇状地，氾濫原，デルタの集合体である．さらに地形帯の下位には，それらを構成する「微地形」が存在する．

以下，沖積低地を構成するさまざまなスケールの地形の配列や特徴について詳しく見ていこう．

4.2　沖積低地の構成する地形の特徴

地形帯			主要な微地形
沖積低地	沖積平野	谷底平野・扇状地	網状流路 流路間錘状微高地
		氾濫原	ポイントバー シュートバー クレバススプレー 自然堤防 河畔砂丘 後背湿地 旧河道 三日月湖
		デルタ	
	海岸平野	浜堤（砂堤）列平野	沿岸州 砂丘 浜堤 砂嘴 堤間湿地

図4-2　沖積低地の地形区分と階層性
海津（1994）をもとに作成．

山地を貫流した河川は，平野への入口となる山麓に扇状地を形成し，その下流側に氾濫原とデルタを発達させて海へと至る（図4-3）．これが典型的な沖積平野の地形配列であるが，河川の上流部に堆積盆地を有するものには，扇状地を欠く場合が多い．それとは対照的に，氾濫原とデルタを欠き，扇状地がそのまま海へと迫り出す平野もある．また，小規模な集水域しか持たないために，縄文海進以降，細粒堆積物や有機物によってゆっくりと充填された溺れ谷状の沖積平野も存在する．一方，日本海側には臨海部に，比高数十mに及ぶ大規模な砂丘列の発達する海岸平野が多く分布する．こうした沖積低地の地形を決める要因は，後背地の地形・地質，堆積場の地盤変動，海

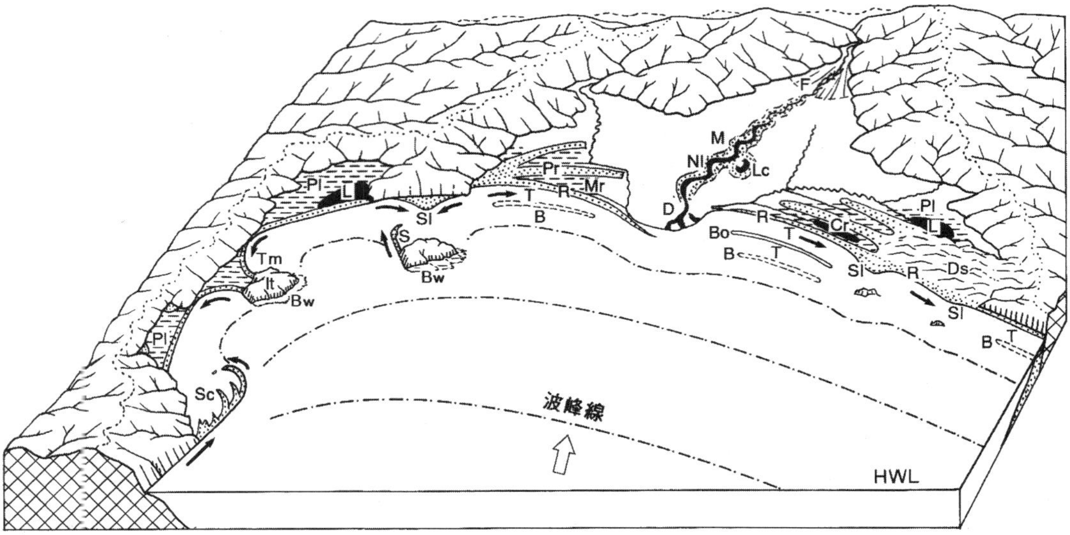

図4-3　臨海部を構成する堆積地形
鈴木（1998）より引用．
F: 扇状地，M: 氾濫原（蛇行原），D: デルタ，Pr: 堤列低地，Pl: 潟湖跡地，L: 潟湖，R: 浜堤，Mr: 堤間湿地，Cr: 堤間水路，B: 沿岸底州，T: 沿岸溝，Bo: 沿岸州，S: 砂嘴，Sc: 複合砂嘴，Tm: トンボロ，It: 陸繋島，Bw: 波蝕棚，Nl: 自然堤防，Lc: 三日月湖．
→: 漂砂の方向

域の状況などさまざまであり，一見，とらえどころのない地形のようにも感じられる．ただし，地形帯や微地形を構成する形態と発達史には規則性や法則性が認められ，それらに対して，先の要因が付加することによって沖積低地の多様性が生じたと解釈できる．本節では，各地形帯とそれを構成する微地形に焦点を当て，地形的特徴を解説する．

4.2.1 扇状地

上述したように，湿潤変動帯に位置する日本列島では，山地部における土砂生産量と降水量が多いために多数の扇状地が存在する（図4-4）．それらの多くは内陸の盆地に発達するが，臨海部にも認められ，富山湾周辺の砺波扇状地，常願寺川扇状地，黒部川扇状地など，さらに駿河湾西部から北部にかけての大井川扇状地，安倍川扇状地，富士川扇状地など，中部山岳地帯から流れ出す河川の下流部に発達する沖積低地では扇状地が卓越する．

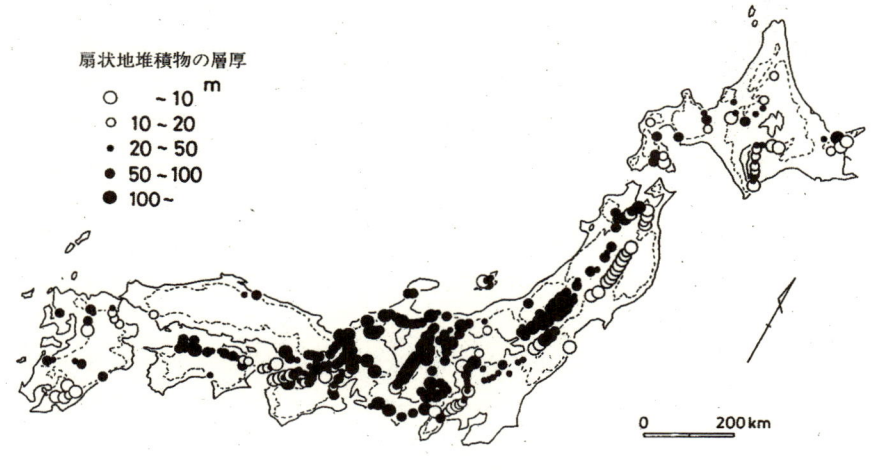

図4-4 扇状地の分布と層厚
斉藤（1998）より引用．

扇状地は，山地を貫流した河川が平野へ流入する際に，堆積場の拡大や流速の減少によって蛇行と堆積を繰り返し，結果として扇形を呈した地形である．扇状地は，上流側から扇頂，扇央，扇端に区分され，前者から後者に向かって傾斜は緩くなる（図4-5）．堆積物は基本的に砂礫によって構成されるが，表層部は布状洪水によってもたらされたシルト〜砂質堆積物によって覆われている場合が多い．また，地表面は比高

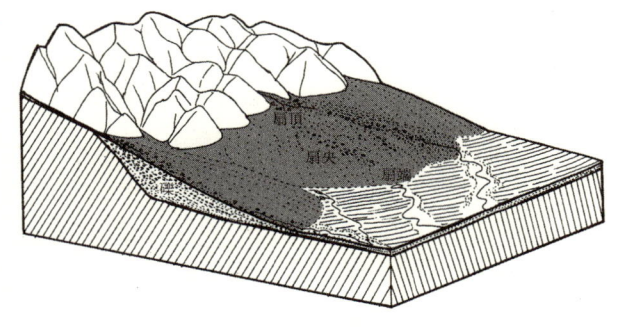

図4-5 扇状地の構造
貝塚ほか（1995）より引用．

数mの微起伏に富み，おもに網状流路と流路間錘状微高地によって構成されている．なお，網状流路には通常時には流水は認められず，河川水は伏流して扇端部で泉となって湧き出ることが多い．

扇状地の形態的特徴や形成過程については，矢沢ほか（1971）や斉藤（1983；1998；2006）によっ

て解明が進められてきた．一般的に，扇状地の基盤の形成は更新世末には始まっていたとされており，後氷期に急速に発達したと考えられている．完新世における発達過程を扱ったものとしては，大井川扇状地（日下 1969），天竜川扇状地（門村 1971），津軽平野の扇状地群（大矢・海津 1978）安倍川扇状地（有賀 1982），豊平川扇状地（大丸 1989）などがある．ただし，完新世における土砂の堆積がどの程度，扇状地の形態形成に貢献したのかについては十分に解明されたとは言い難く，課題が残されている．

一方で，上流部における山地の崩壊によって，歴史時代に形態が大きく変化したことが知られる扇状地が存在する．1707（宝永四年）には安倍川の上流で大谷崩れが発生し，大量の土砂が扇状地へ流れ込んだ．また，1858 年（安政五年）には飛越地震によって常願寺川の最上流部で大崩壊（鳶崩れ）が発生し，流れ込んだ大量の土砂によって常願寺川扇状地の形態が大きく変化した．

4.2.2 氾濫原・デルタ

氾濫原には河川による土砂の侵食・運搬・堆積作用によって形成された比高数 m の微起伏が存在する．微高地をなすのは自然堤防，ポイントバー，クレバススプレーなどで，相対的な低地を構成するのが後背湿地，旧河道，三日月湖である．現在，河川の大半は近世以降の治水工事を受けて，直線的に氾濫原を流れているが，それ以前には蛇行や転流と氾濫を繰り返し，上記のような多様な微地形を発達させた．氾濫原の微地形の特徴と形成過程については本書の第 1 部 5 章に詳しく述べたので，そちらを参照していただきたい．

また，沖積平野の氾濫原の下流側にはデルタが発達する（図 4-3）．デルタは，海退によって離水すると，地表面には河川による堆積（頂置層の形成）が及ぶようになる．つまり，離水した三角州は氾濫原と化して，先に述べた微地形群が発達する．

一般的に，世界各地でデルタの発達が開始したのは後氷期の急速な海面上昇が穏やかな上昇に転じた 8,000～7,000 年前とされており（Stanley and Warne 1994），日本列島でも同時期にデルタの発達が始まった．デルタの形態は実に多様で河川の営力と海況にもとづく分類がなされてきた．デルタの詳細な形成過程や形態分類は第 1 部 3 章と第 2 部 9 章に譲るとして，ここでは，日本列島に発達するデルタの形態的特徴の概要を述べるに留めたい．

デルタの平面形は基本的には，それが形成された場所の地形場（とくに広域的な山麓線と海底勾配）および，静水の波や流れによる海岸の変形様式・程度の両者に制約され，鳥趾状，多島状，円弧状，尖角状，直線状，湾入状の 6 種に大別できる（図 4-6）．日本列島では，大半の沖積低地が外洋に面して発達するため，沿岸流の影響を受けにくい環境下で発達する鳥趾状デルタは，湧別川や網走川など湖沼への流入河川に認められる程度である．一方，沿岸流の影響が小さく，河川による土砂供給量が比較的多い場合に形成される多島状と円弧状のデルタは，内湾の広がる地域に良く発達しており，伊勢湾の宮川下流域や木曾三川（木

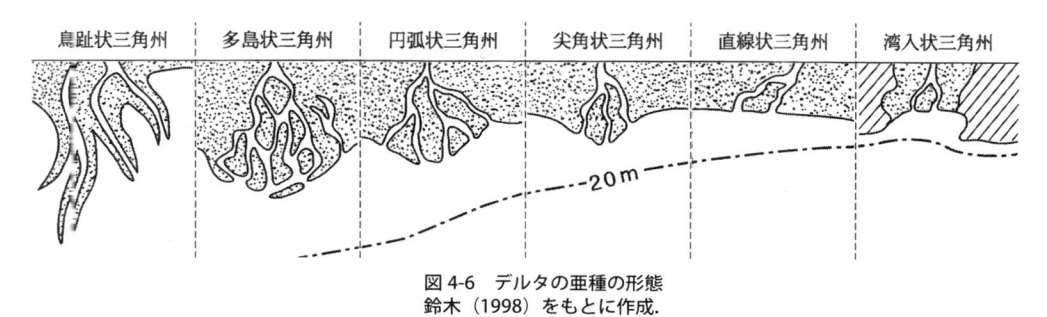

図 4-6　デルタの亜種の形態
鈴木（1998）をもとに作成.

曾川・長良川・揖斐川）下流域，三河湾の矢作古川下流域，東京湾の江戸川下流域や小櫃川下流域などに典型を見ることができる．また，尖角状デルタについては後背地に火山性の砕屑物を大量に有し，河川の堆積活動の活発な大分県の大野川下流域などに見られる．一方，比較的流量の少ない河川の下流に発達するとされる直線状デルタについては，沿岸部に直線的な浜堤をともなう十勝川下流域やサロベツ原野に認められる．さらに，エスチュアリー的な特徴を持つ湾入状デルタは北上川下流など三陸地域の沈水海岸に発達する．

現在，大半の三角州の前縁部は干拓や埋め立てによって改変されており，自然地形を確認することはできない．その場合，旧版の地形図や過去の空中写真が過去の形態を知る手がかりとなる．

4.2.3 浜堤列平野

沖積低地の沿岸部には，デルタの他にもさまざまな地形が発達する（図4-3）．海岸平野を構成する微地形の代表が砂堤・砂州・砂丘である．ところで，一般的に砂堤・砂州と呼ばれる地形のなかには，砂によって構成されず，礫からなるものも存在する．したがって，それぞれを浜堤・沿岸州と呼ぶのが適切とする見解があるので（鈴木1998），ここでもそれに従いたい．

浜堤とは，波によって陸に打ち上げられた砂礫からなる帯状の微高地である．浜堤は完新世後期の海面変動（海退）に対応して，形成の場を海側に前進させながら発達したため，複数が並列して存在している場合が多く，各浜堤の間には堤間湿地が発達する．また，浜堤上には風によって沿岸部の砂が吹き上げられて形成された砂丘がのる場合がある（図4-7）．浜堤と砂丘の区別はややこしいが，前者は海成地形，後者は風成地形である．一般的に浜堤を構成する堆積物の淘汰は悪いが，風成の砂丘を構成する堆積物は均一である．過去の海退現象を受けて複数の浜堤・砂丘が発達する平野としては九十九里平野や越後平野などがある．なお，日本列島に分布する砂丘の中には津軽平野の屏風山砂丘や鳥取平野の鳥取砂丘のように，更新統が基盤をなしており，その上を完新世の砂丘（新規砂丘）が覆っている場合がある．

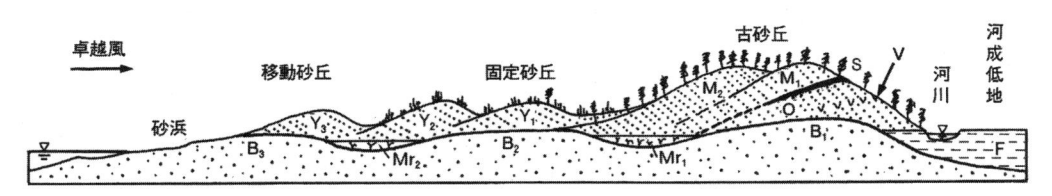

図4-7 形成期と形成過程の複合による砂丘の分類
鈴木（1998）より引用．
Y: 新規砂丘砂，M: 中期砂丘砂，O: 古砂丘砂，S: 古土壌，V: 降下火砕堆積物（火山灰，軽石など），Mr: 堤間湿地堆積物，B: 浜堤堆積物．

一方，沿岸州とは，湾または潟湖の沖合に伸びる細長い砂礫地形で，沿岸流の影響を受けて形成される（図4-8）．沿岸州は縄文海進時に各地の平野で良く発達した地形である．現在では，サロマ湖にその典型を見ることができる．

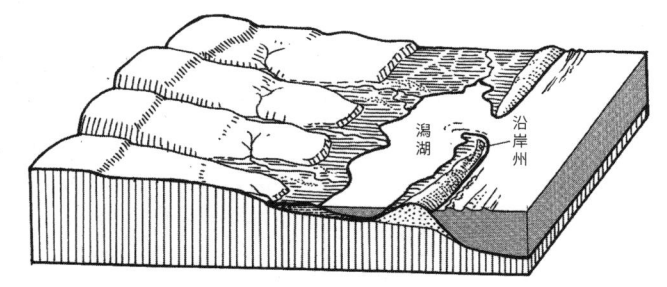

図4-8 沿岸州と潟湖
貝塚ほか（1995）を一部改変．

4.3 完新世における地形発達

　以上，日本列島の沖積低地を構成する各種地形の特徴について概観した．その沖積低地については，最終氷期最盛期以降の古地理の発達過程，すなわち河川の流域の地形条件や相対的海面変動に伴う海域の拡大・縮小の様子の違いなどから6つのタイプ（デルタタイプ・バリアータイプ・氾濫原タイプ・溺れ谷タイプ・海岸平野タイプ・扇状地タイプ）に区分できるとされる（図4-9）．

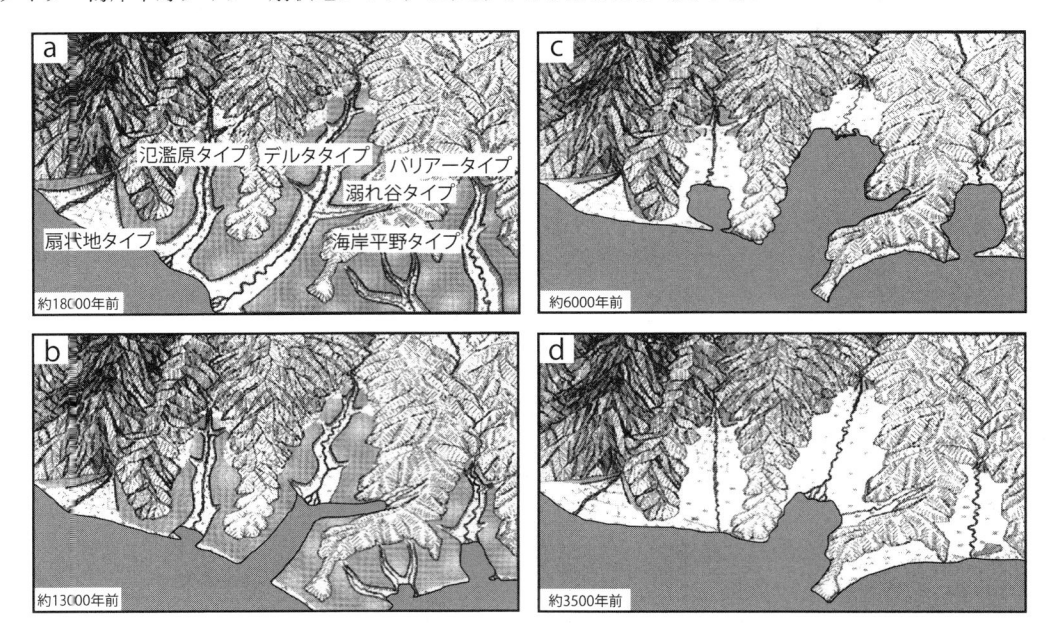

図4-9　沖積低地の発達過程
海津（2001）より引用．

　それらのうち，黒部川扇状地のように扇状地が直接海域に張り出したタイプの低地については，どの程度の影響を受けたのか不明であるが，それ以外の平野では縄文海進の高頂期に低地の大半が沈水して内湾が形成された．その際，バリアータイプの越後平野や河内平野では，内湾や潟湖の海側に沿岸州（バリアー）が発達した．

　やがて完新世後期に入って海退が始まると，河川を介して供給された土砂によって内湾は徐々に埋め立てられた．デルタタイプを呈する濃尾平野や東京低地，氾濫原タイプの天竜川低地（図4-10），相模川低地などでは河川による堆積によってデルタが急速に前進し，バリアータイプの平野では内湾や潟湖の埋積が進行した．また，溺れ谷タイプを呈する鶴見川低地などでは，ゆっくりではあるが堆積物による埋積が進んだ．一方，海岸平野タイプの九十九里平野やバリアータイプの越後平野では，海退にともなって浜堤と砂丘の海側への前進が生じ，複数の浜堤列と砂丘列が発達した．完新世後期には僅かな海面変動を繰り返しながら現在に至ったとされるが（海津1994），デルタや浜堤列と砂丘列の前進傾向は続いた．また，沖積低地においては河川が氾濫を繰り返しながら，図4-10に示した天竜川低地のように複雑な微地形をかたちづくっていった．

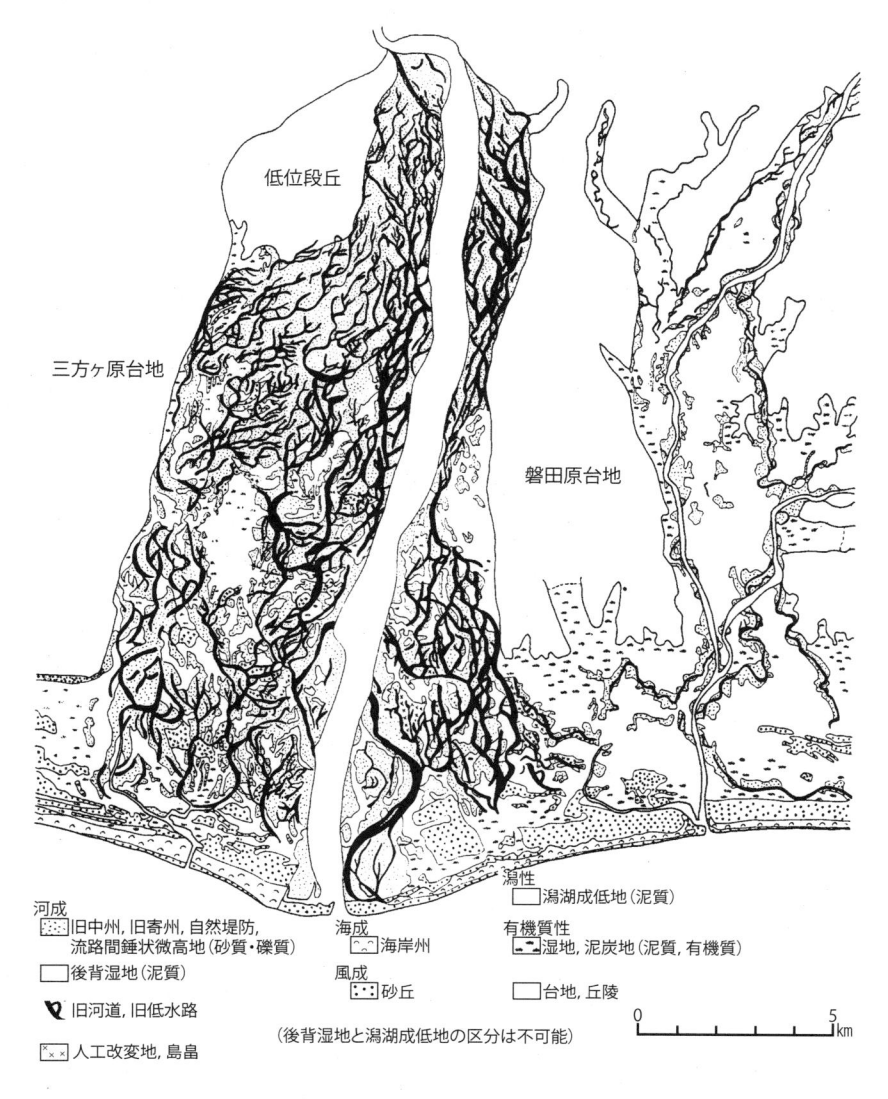

図 4-10　天竜川下流低地の地形分類
門村（1965）に加筆.
上流から扇状地・氾濫原・デルタ・砂丘によって構成され，扇状地性・氾濫原性の微高地
と旧河道，潟性の湿地，風成の砂丘列といった多様な微地形によって構成される.

4.4　おわりに

　デルタタイプを呈する濃尾平野と矢作川沖積低地については，それぞれ第2部10・11章と13章で，バリアータイプの越後平野については同12章において，さらに溺れ谷タイプについては同14章の浜名湖周辺低地を事例として詳細な地形発達史が提示されているので参照いただきたい.

　なお，紙面の都合でここでは触れることができなかったが，世界各地の沖積低地にはさまざまな微地形や発達過程が存在する．地形の特徴や地形発達史の更なる理解を目指す初学者には，東京大学出版会の『日本の地形』シリーズや岩波書店の『日本の自然』シリーズを参照して欲しい．また，沖積低地を含む地形・

地質の理解には平朝彦著『地質学』シリーズ（岩波書店）が役に立つ．さらに，海成地形の詳細な理解にあたっては，および Reading（1996），Eisma（1997），Bird（2008）などを一読することをお薦めする．

コラム
デルタと三角州

　デルタの語源は，ナイルの河口の形態がギリシャ文字のΔ（デルタ）に似ていることに由来するという説は，つとに有名である．アスワンから狭い河谷を北流してカイロに至ったナイルは，そこから分派して低平な沖積低地を形成する．その形態は地中海を隔てたギリシャ側から見れば，まさにΔである．古代ギリシャ人は，豊饒な小麦生産地であったナイルの河口部をΔと呼び，憧れを抱いたのであろう．

　ナイルデルタに関する記述は，ギリシャの歴史家ヘロドトスの著書『歴史』に登場する．同書にはエジプトの自然地理が事細かに記述されており，現代の知見からすれば誤った部分も多いが，注目すべきは「デルタは河の沖積によってできたもので，いわば最近になって出現したといってよいものなのである」（『ヘロドトス歴史　上』松平千秋訳　岩波文庫）と述べていることである．当時のエジプト人やヘロドトスは，デルタの発達過程を理解していたのである．

　ところで，日本語ではデルタは三角州（洲）と訳される．大正14年（1925）に刊行された地理学評論第一巻の論文中には既に「三角洲」の語が使用されていることから，デルタの邦訳の起源はそれ以前に遡るとみられる．「洲」とは高まりを意味することから，Δの「三角」と合成されて生み出されたのであろう．一方で「デルタ」という語がそのまま用いられた例もある．地理学評論における初見としては第四巻の雑録に収められた渡邊　光「デルタの形成に関する実験」が C. M. Nevin and D. W. Trainer, Lavoratory Study in Delta Building. Bull. Geol. Soc. Amer. 38 P.P. 451-458. を紹介している．

　その後，日本では三角州（洲）が一般的に用いられてきたが，近年，地形学の国際化にともなって学術雑誌ではデルタが多用されるようになった．本章でも，それにならってデルタの語を用いている．

（小野映介）

5
微地形と浅層地質から読み解く地形環境変化

小野映介

5.1 はじめに

　沖積低地には，河川の営力を受けて発達した多様な微地形（micro-landforms）が存在する．自然堤防や後背湿地といった氾濫原を構成する微地形の構造については，Fisk（1994）をはじめとしてAllen（1965），Walker and Cant（1984）などに詳しく述べられているほか，Geoarchaeologyの立場からWaters（1996）やBrown（1997）などによってまとめられてきた．

　一方，日本における沖積低地研究は後氷期の海面変動にともなう 10^3 年オーダーのダイナミックな地形発達史研究（海津 1994 など），シーケンス層序学的研究（斎藤ほか 1995 など）が主流となって進展し，地表面に僅かな起伏をもたらす微地形に焦点が当てられることは少なかった．そうした中にあって，微地形研究は「人間活動の場の理解」という観点から，形状の把握を中心に進められてきた（籠瀬 1975・1988；高木 1970・1979 など）．それらと並行して松本（1977），高橋（1979・1982）などによって沖積低地の地形発達史における微地形の位置づけが検討され，その成因や形成過程が徐々に明らかにされてきた．

　また，微地形研究においては考古遺跡の発掘調査が一定の役割を果たしてきた．考古学的調査と合わせて，集落や水田の立地や埋没過程の理解を目的とした地形・地質調査がなされ，自然堤防の形成時期（井関 1975），埋積浅谷の発達過程（井関 1963；小野ほか 2001），過去の洪水堆積と微地形の発達（高橋 1989；河角 2000；松田 2006 など）について検討がなされてきた．ここでは，それらの成果をもとに氾濫原における河成の微地形の成因と構造について解説するとともに，浅層地質の層相変化から過去の地形環境変遷を読み解く方法を示したい．

5.2 地形の階層性 ─ 微地形とは何か？

　地形用語には，大陸や海盆といった $10^8 km^2$ に及ぶ広がりを示すものもあれば，氾濫原のクレバススプレーやシュートバーといった $10^{-2} km^2$ に満たないものもある．地球上の地形は，巨大地形（$> 10^7 km^2$）・大地形（$10^4 \sim 10^7 km^2$）・中地形（$1 \sim 10^4 km^2$）・微地形（$< 1 km^2$）のように，広がりを基準とした階層性によって整理できるという考えが一般的である（たとえばDincauze 2000）．この基準に照らし合わせると，世界中に分布する沖積低地の大半は中地形に相当する．

　沖積低地には，沖積平野（谷底平野）と海岸平野（海岸平野）の2I種が存在し，前者は扇状地・氾濫原（自然堤防帯）・デルタの組み合わせによって，後者はデルタ・浜堤列平野によって構成される（海津 1994）．これらのうち，扇状地・氾濫原・デルタには，おもに河川による土砂の侵食・運搬・堆積作用を

受けて形成された比高数 m の起伏が認められる．その起伏を構成するのが，地形階層の最小単元となる微地形である．扇状地には，網状流路・流路間紡錘状微高地，氾濫原とデルタには，自然堤防・後背湿地・ポイントバー・クレバススプレー・シュートバー・旧河道・三日月湖などの微地形が認められる．また，砂堤列平野には河川のほか，海や風の営力を受けて発達した旧河道・後背湿地・浜堤・沿岸洲・砂嘴・堤間湿地・砂丘などの微地形が見られる．このように，沖積低地の微地形とは「扇状地・氾濫原・デルタ・浜堤列平野といった地形階層の下位を構成する諸々の地形」を示す．微地形については，上述したように「1 km^2 以下の広がりを有する地形（Dincauze 2000）」，「5 万分の 1 ～ 2.5 万分の 1 地形図には表現されないような地表面の微細な凹凸（門村 1981）」といった定義がされている．確かに沖積低地を構成する微地形の大半は 1km^2 未満の広がりによって構成され，10^{-3} ～ 10^{-1} km^2 程度の広がりものが多い．

一方で，氾濫原の微地形を代表する自然堤防ではあるが，平面的に連続して発達するために 1 km^2 を超えて広がる場合もあり，また，後背湿地との比高が 2m を超えることも珍しく無いため，地形図に表現されることがある．さらに，沿岸洲・砂嘴・砂丘には 1km^2 を超えて広がるものも多い．したがって，沖積低地の微地形に限れば，それは概して規模に規定されるのでは無く，先に述べたように，上位地形に対する下位単元としての意味合いが強い．ところで，氾濫原の下流側に発達するデルタは「海または湖などの水域に，河川の運搬物質が堆積してつくられた地形（海津 1994）」であるが，離水して沖積陸成層（井関 1962）が堆積する段階になると，地表面には自然堤防や後背湿地といった河成の微地形が形成され，氾濫原と同化する．また，海や風の営力によって形成された微地形が卓越する浜堤列平野ではあるが，一部には河川の営力を受けて発達した氾濫原と同様の微地形も認められる．以下では，河川の営力が及ぶ離水したデルタや浜堤列平野の一部についても広義の氾濫原として，それを構成する微地形の成因と構造を示す．

5.3 氾濫原における微地形の成因と構造

傾斜の緩い氾濫原では，河川は蛇行や氾濫を繰り返し，多様な微地形を発達させる（図 5-1）．河川には，水とともに土砂（粘土・シルト・砂・礫）を運搬し，それらを堆積させる作用がある．平水時の河道では，河床への土砂の堆積やポイントバーの形成が進むが，増水時には土砂を含んだ水が河道から溢れ出して自然堤防や後背湿地を発達させるほか，河岸の一部を破壊して流水とともに土砂が河道外へ飛び出して，クレバススプレーやシュートバーが形成されることがある（高橋 2003）．

次に，それぞれの微地形の発達過程や構成堆積物について詳しく見てみよう．

ポイントバーとは，河川蛇行の滑走斜面側に張り出した寄州のことである（図 5-2）．河川の蛇行曲率の増大とともに攻撃面斜面方向に向かって年輪のように側方付加しながら発達する（Reading 1996）．砂粒を主体とした構成堆積物には上方細粒化の傾向が認められ，水深が深く流れの速い下部で斜交葉理ができ

図 5-1 氾濫原を蛇行する河川（ラム川，パプアニューギニア）．河川の蛇行曲率の増大にともなう頸状部切断の様子が良くわかる．奥のビスマルク湾に浮かぶのはマナム火山．

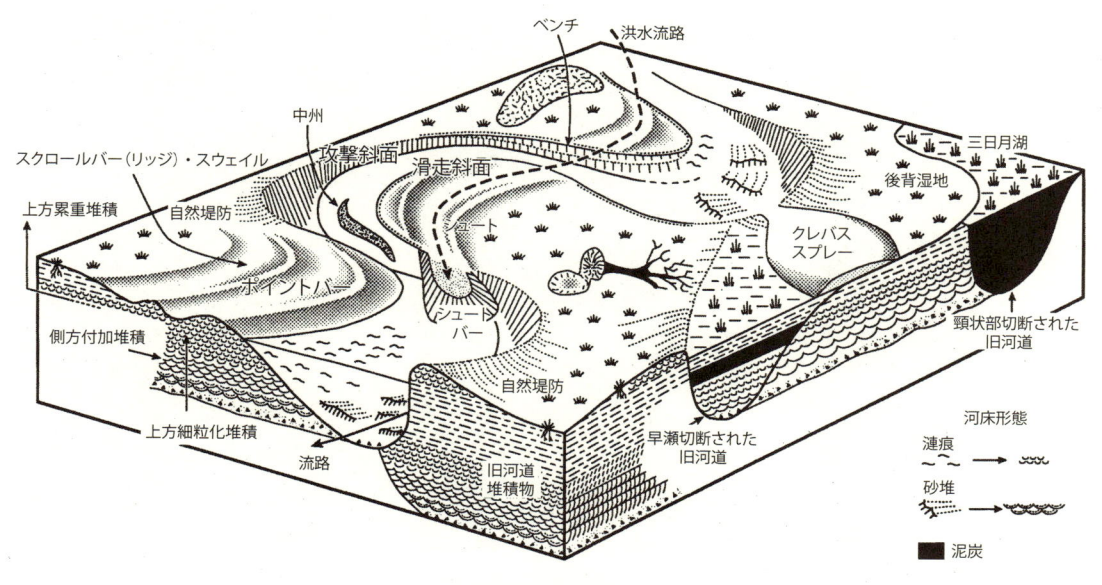

図 5-2 氾濫原を構成する微地形.
Allen (1965), Brown (1997) に加筆.

やすく，中部で並行葉理が卓越するが，上部では細粒で流速が遅いためにリップルができる（平 2004）．また，大河川沿いでは，ポイントバーの成長にともなって，地表面に何列かの細長い堤（スクロールバー，リッジ）と濠状の窪地（スウェイル）が形成される．前者は一般的に細粒砂からなるが，後者には弧状の池沼が生じ，シルトや粘土からなる軟弱地盤が形成される場合が多い（鈴木 1998）．

一方，増水時には河道からの越流によって運ばれた土砂が河畔に堆積することによって，自然堤防が形成される（図 5-2）．自然堤防の頂部は概して平坦ではあるが，河道側がやや高く，後背湿地に向かって緩やかな傾斜をなす．構成堆積物は極細粒砂から粗粒砂が中心だが，シルトや極粗粒砂が混在することもあり，全体として淘汰が悪い．また，それらの堆積構造が認められることは少ない．自然堤防の規模は河川によって異なるが，一般的には，水面からの高さは数 m 程度で，幅は数十 m〜数 km である．なお，大規模河川沿いには数十 km にわたって連続的に自然堤防が発達する場合もある．

また，大規模な増水時には河川による侵食と堆積作用の組み合わせによって特徴的な微地形が形成される．その代表がシュートバーとクレバススプレーである（図 5-2）．増水によって河流がポイントバーに流れ込むと，その一部を洗掘して，シュートと呼ばれる帯状の窪地をつくり，その先端に堆積地形を発達させる（McGowen & Garner 1970）．これがシュートバーであり，砂あるいは礫から構成され，外形が舌状を示す堆積体で，内部堆積構造はデルタ状の平行葉理の発達する底置層，大型フォアセット斜交層理セットの集合からなる前置層，水平—波状葉理が発達する頂置層に分けられる（吉田 1992）．

一方，クレバススプレーとは，出水時に自然堤防から局所的に破堤した高速の破堤流が自然堤防の末端部を洗掘して，落堀と呼ばれる細長い窪地を形成し，その先方に洗掘された物質が堆積することによって形成された地形である（鈴木 1998）．クレバススプレーは人工堤防が破堤した場合にも形成されることから（図 5-3），現成地形を対象とした形状や構成堆積物に関する詳細な調査がなされている（鴨井ほか 2005；堀・廣内 2011 など）．クレバススプレーを構成する堆積物は，河床や自然堤防堆積物に規定され，シルト〜礫かからなるが淘汰は極めて悪い．また，その広がりは 10^{-3}〜10^{-2} 程度でシュートバーとと

図 5-3 洪水時に形成されたクレバススプレー（新潟県五十嵐川）
撮影：アジア航測株式会社（2004 年 7 月 18 日）

もに微地形の中では比較的小規模な部類に入る．

　以上のような自然堤防やクレバススプレーは，土砂の供給源となる河道付近で形成されるため，主として砂粒によって構成されるが，洪水流は河道から離れるにしたがって流速が小さくなり，供給される土砂の粒径は細かくなる．後背湿地には，自然堤防やクレバススプレーの形成に寄与した堆積物よりも細粒のシルトや粘土物質を含む洪水流が薄く広がり（鈴木 1998），それが繰り返されることによって極めて湿潤で低平な地形が形成される．後背湿地には，過去に繰り返された河川の蛇行によって形成された旧河道や三日月湖などの帯状の窪地が認められる（図 5-2）．旧河道は，蛇行や転流の過程で本流から切り離されることによって生じる．切断された河道は，本流からの越流堆積物などによって徐々に埋積されるが，一部は三日月湖（牛角湖）と呼ばれる半環状の湖沼となって残る．一般的に，旧河道や三日月湖は，細粒の堆積物からなる軟弱地盤とされるが，本流からの切断過程によって，堆積物や地盤は異なる（Waters, 1996）．本流の蛇行曲率の増大によって，頸状部が切断され，新たな河道によってショートカットされることを頸状部切断（neck cutoff），一方，袂状部に発達したポイントバー上を新たな河道がショートカットすることを早瀬切断（chute cutoff）と呼ぶ（図 5-2, 5-4）．頸状部切断の場合には，放棄された河道への堆積物の供給が急に断たれるために，旧河道には本流からのシルトや粘土といった越流堆積物が時間をかけて堆積し，低湿な環境下で泥炭が堆積したり，湖沼化したりする．これに対し，早瀬切断の場合は徐々に本流からの河道堆積物が断たれるために，頸状部切断に比べて，越流堆積物の層厚は薄く，三日月湖は発達しにくい．

　ところで，沖積低地の氾濫原は上述したような微地形からなるが，図 5-2 に示されたような配列は，あ

る「時の断面」における形状を切り出したものに過ぎない．氾濫原では，河川を介して供給された堆積物が上方累重（verticalaccretion）や側方付加（lateral accretion）を繰り返し，過去の地形面を埋積または侵食しながら発達する．そのため，過去の地形面は地中に埋もれ，「埋没微地形」となる．発掘調査において，後背湿地の地下から集落遺跡が検出されることがあるが，それは必ずしも過去の人々が後背湿地に居住していたことを示すのではなく，当時の生活面は自然堤防やクレバススプレーのような「埋没微地形」上に築かれていた可能性も考慮しなければならない．また，それとは逆に現地表面が自然堤防の地形を呈するからといって，過去も同様の地形であったとは限らないので，その

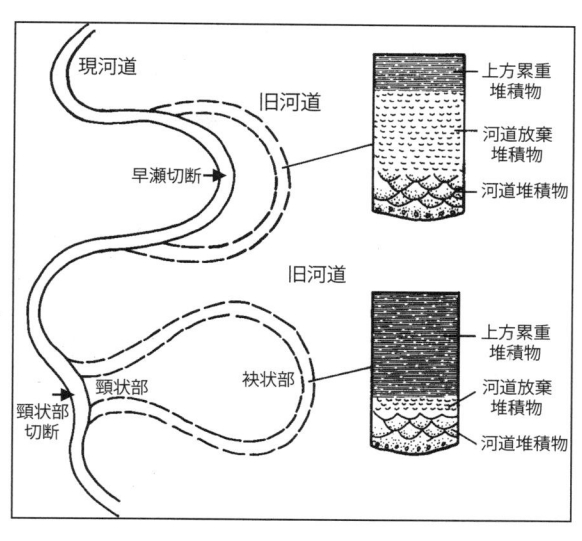

図5-4 蛇行にともなう河道の切断
Walker and Cant（1984），Waters（1996）に加筆．

解釈には注意が必要である．なお，一般的には日本の臨海沖積低地の現地表面をかたちづくる自然堤防の形成は歴史時代以降で，それ以前に発達した自然堤防は「埋没自然堤防」として，低地の浅部に伏在することが多い（高橋 2003）．

5.4 浅層地質から読み解く地形環境変化 ── 層相変化が意味するもの

　地質ボーリング・コアや遺跡のトレンチで観察された層相変化からは，その地点の詳細な環境変遷史を編むことができる．先に述べたように，氾濫原を構成する微地形には特徴的な堆積物の粒度や構造が認められるため，各々の層相を微地形に読み替えることが可能である（図5-5）．たとえば砂粒堆積物からは，そこが河道もしくはその周辺であったことが推定される．一方，シルトや粘土などの細粒堆積物からは，三日月湖ないしは河道から離れた後背湿地であったことが示唆され，さらに，その層厚からは河川からの越流の規模や頻度を判断することができる．また，鮮明な層相境界からは劇的な環境変化が推定されるのに対し，漸移的な境界からは緩やかな環境変化を読み取ることができる．

　ところで，堆積速度の変化は環境変化を知る上での重要な指標となる．沖積層を構成する層相は，堆積物（sediment）と土壌（soil）に大別できる．土壌とは「多かれ少なかれ腐植によって着色されている無機・有機の地殻最表層生成物．動植物とその遺体，母材，気候および地形などの要因の総合的な作用として歴史的に形成され，絶えず変化している自然体で，その生成過程は土壌断面の形態や組成，性質に反映されている（Dokuchaev 1879）」と定義される．氾濫原においても，洪水などによって生じた堆積物（母材）が人や動植物などの攪乱作用を受けることによって土壌層が発達する（図5-6）．また，沖積層下に伏在する土壌層は「埋没土壌（buried soil）」と呼ばれ，過去の一定時期の地表面，または地表面の安定期間を示す指標として用いられている（Holliday 1992；高橋 2003 など）．

　それと同様に，過去の人々の生活の痕跡，すなわち遺物や遺構の包含状況も堆積速度の変化を知る手がかりとなる．遺跡における遺物のタフォノミーについては Schiffer（1996），Herz and Garrison（1997），Rapp and Hill（1998），趙ほか（1999），Redman（1999），Stain and Farrand（2001）などによって検

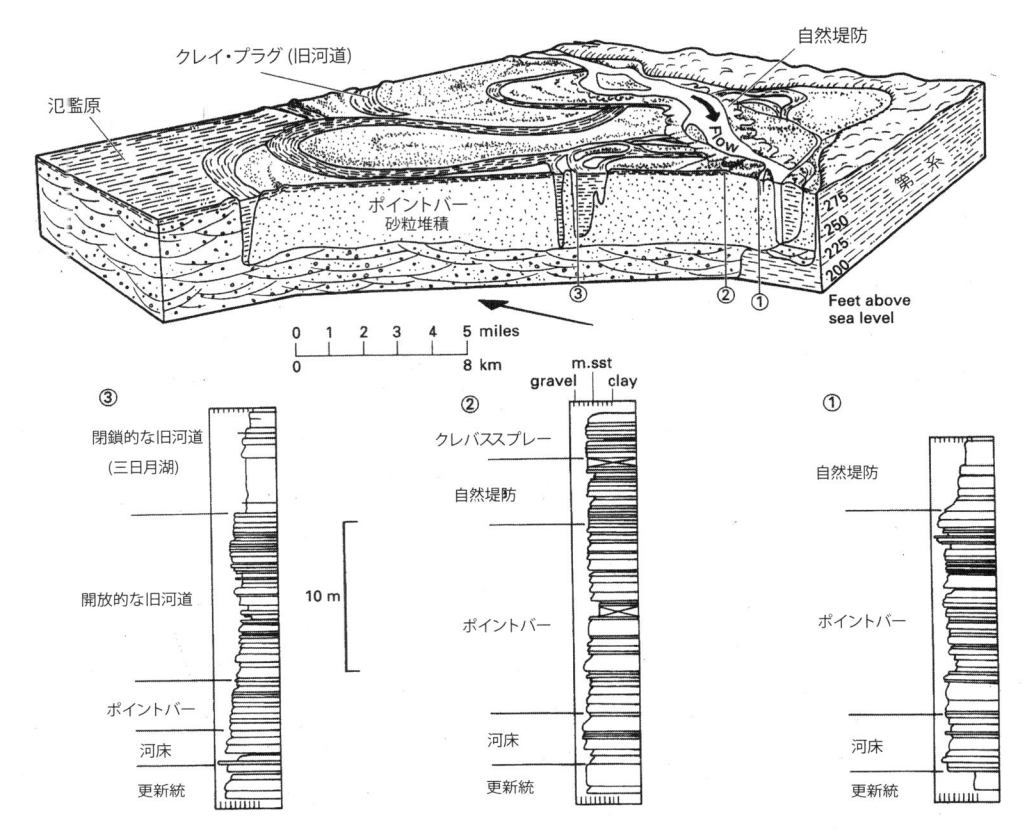

図 5-5　ミシシッピー川の氾濫原における堆積構造
Jordan & Pryor（1992）に加筆.

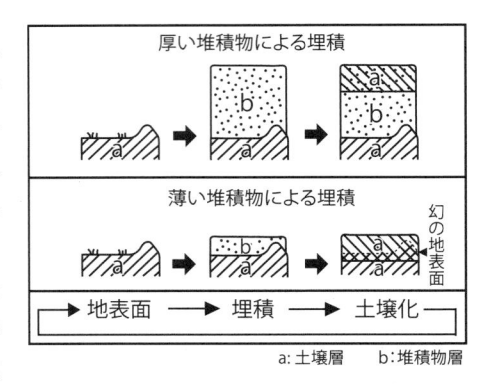

図 5-6　地表面の埋積と土壌化
高橋（2003）をもとに作成.

討が進められてきた．遺物はさまざまな状態で地層中に包含されているが，異なる時代の遺物が同一の薄い土壌層から出土する場合には，そこが洪水による堆積の少ない極めて安定した地形環境にあったことを示す（図 5-7）．それに対して，ほぼ同時代の遺物が垂直的に分散して検出される場合こは，洪水による堆積が活発であったことを示す．また，考古学の発掘調査で用いられる「遺物包含層」には狭義と広義が認められ，前者は当時の人々が活動した生活面（土壌層），後者は同層に加えて二次堆積した遺物が包含される洪水堆積層を指す（図 5-8）．一方，「遺構検出面」とは，理想的には人々が活動した生活面（土壌層）を示すが，実際には土壌化によって柱穴などの遺構の輪郭が不鮮明なことが多いため，生活面を構成していた土壌層を割り取って遺構を確認した面を指す場合が多い．したがって，遺跡報告書の層相・層序と出土遺物の包含状況の記載を用いて環境変遷を考察する際には注意が必要である．

遺跡のトレンチの層相変化や遺物の包含状況の観察，堆積物の ^{14}C 年代測定を行えば，当地における環境変遷は $10^1 \sim 10^2$ 年オーダーで詳細に復原することが可能である．では，そうした $10^{-3} \sim 10^{-2} km^2$

程度の空間で確認される層相変化や堆積速度の変化はどういった要因で生じるのであろうか．言い換えれば，地質ボーリング・コアや遺跡のトレンチで確認される層相変化や堆積速度の変化といった「点的」なデータをもとに，より広い範囲の環境変化を読み解くことは，どの程度可能なのだろうか．

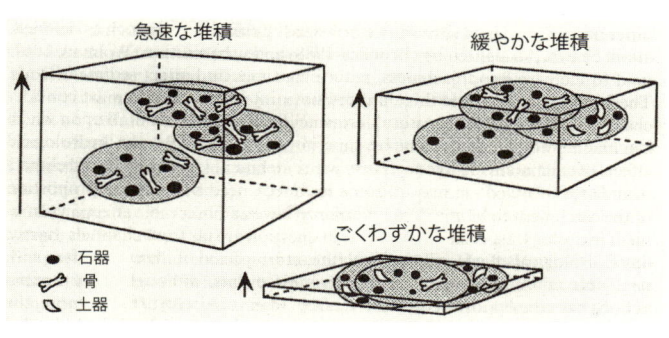

図 5-7　堆積速度と遺物の包含状況
Ferring（1986），Brown（1997）に加筆．

　氾濫原の層相変化や堆積速度の変化を及ぼす要因については，幾つかのスケールに分けて考えることができる．沖積低地の全域に影響を及ぼすような堆積環境の変化は，氷期から後氷期に移行する過程で生じた上流山地部からの土砂供給の増減や，氷河性海面変動に伴う侵食・堆積の場の変化といったダイナミックな外的要因を反映している可能性がある．沖積層上部砂層（井関 1962）の活発な堆積にともなうデルタの急速な前進，氾濫原のいたるところで検出される弥生時代前後に生じた埋積浅谷の発達は，そうした土砂供給の増減や海面変動の影響を受けているとする考えがある（井関 1963；小野ほか 2001）．また，河川は河道沿いに蛇行帯（meander belt）と呼ばれるポイントバーや自然堤防などからなる堆積地形を形成するが，時折，転流して新たな蛇行帯を発達させる（図 5-9）．放棄された蛇行帯では土砂の堆積が停止し，土壌の発達が始まるが，新たに蛇行帯が侵入した地域では土砂の堆積が活発化する．

　一方，段丘化が生じた場合には，離水した段丘面で土砂の堆積が停止して土壌の発達が始まるが，段丘崖下の氾濫原では土砂の堆積が集中して生じるようになる．このような $10^1 \sim 10^2 \mathrm{km}^2$ 程度の範囲で堆積環境の変化をもたらす転流や段丘化は，沖積低地への土砂供給の増減や海面変動といった外的要因が引き金となる可能性もあるが，沖積低地内部における堆積システムの変化の範疇で生じ得る現象でもある．

　さらに，シュートバーやクレバススプレーの形成といった $10^{-3} \sim 10^{-2} \mathrm{km}^2$ 程度の小規模な堆積地形の形成にあたっては，ダイナミックな外的要因は必ずしも必要とされず，上流域で生じたドラスティックなイベント（豪雨や地震による山地の崩壊にともなう土砂供給量の一時的な増加）や人為改変などが要

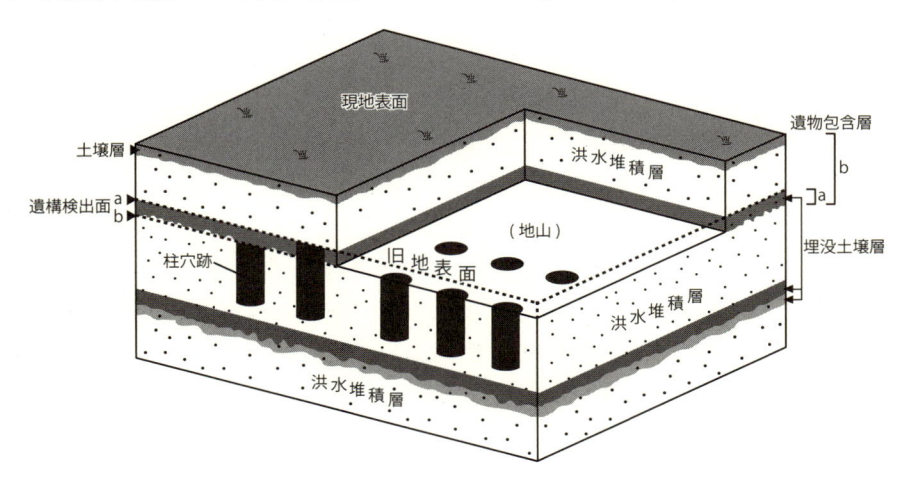

図 5-8　遺跡発掘における遺物包含層と遺構検出面の概念

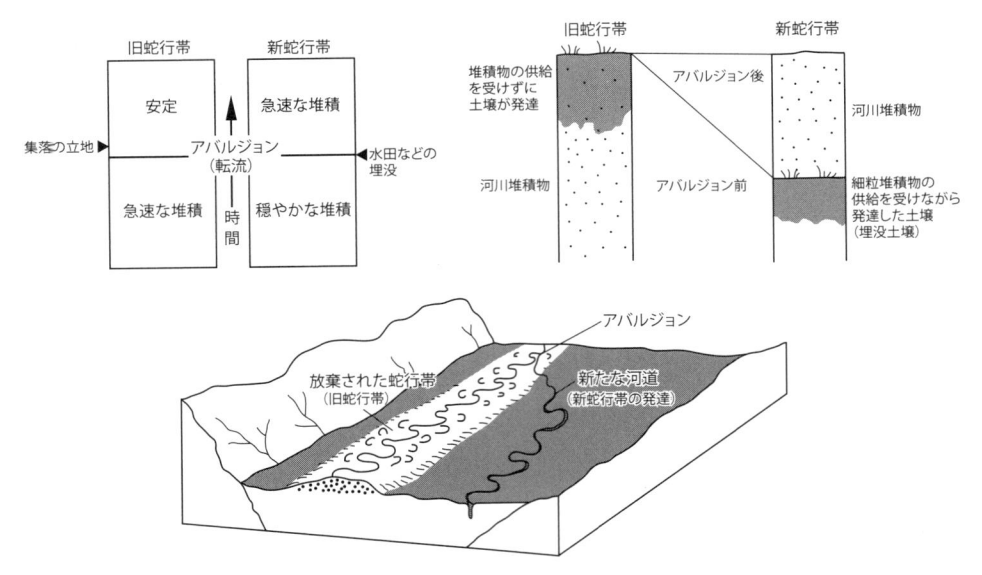

図 5-9 蛇行帯の形成と転流にともなう堆積環境の変化
Walker and Cant（1984），Ferring（1992）に加筆．

因となる場合がある．また，ポイントバーの形成に限ってみれば，平常の流水による河川の蛇行の過程で生じるものであり，特別な外的要因は必要条件ではない．このように，沖積低地における堆積環境の変化には，低地一様における変化・地域的な変化・地点的な変化がある．また，同じ沖積低地において，堆積の活発化と安定化が同時に生じることもある．氾濫原に限れば，一地点の機械ボーリングや発掘調査から類推できるのは $10^{-1} \sim 1 km^2$ 程度の堆積環境変遷に過ぎず，そうした点的なデータから広域における堆積環境の変遷とその要因を判断するのは危険である．沖積低地における 10^2 年オーダーの地形発達史の構築および地形変化の要因の考察にあたっては，低地内の複数地点における微地形形成と堆積環境変遷に関する詳細な調査を組み合わせて，土砂を供給する河川の位置と規模，それらの転流にともなう堆積場の変化などを考慮して検討を進める必要がある．

5-5 おわりに

本稿は埋蔵文化財の発掘調査に携わり，日々，トレンチ断面と格闘している方々の一助になればとの思いで執筆した．筆者はこれまで日本各地の数十箇所の発掘調査に立ち会ったが，担当者からは「沖積の発掘は難しい」との声をよく聞かされた．遺跡の調査で必要となるのは，微地形や 10^2 年オーダー以下の堆積環境の変化の解釈であり，それらは従来の地質学や地形学ではカバーできない領域であった．しかし近年，欧米を中心とした Geoarchaeology の発展により，沖積低地の発掘調査に必要とされる地形や堆積物の見方が確立しつつある．紙面の都合や筆者の不勉強もあって十分には紹介できなかったかもしれないが，ここには可能な限り有用な情報を提示した．沖積低地の遺跡を対象とした地形環境研究は，時間と労力のかかる分野であるが，取り組むべき課題は多い．今後，遺跡を介して「人間と地形環境の関係」の解明を目指す同志が現れることを願う．

6
沖積低地と水害

海津正倫

6.1 沖積低地の地形と水害

　沖積平野の地形は洪水・氾濫の繰り返しによってつくられてきた．海成堆積物が厚く堆積している縄文海進時の内湾拡大域を除くと，平野を構成する地層は河川の氾濫によって堆積した河成層であり，その分布は沖積平野のほぼ全域にわたって広く分布している．河川は上流からの流水と共に砂礫，シルト，粘土などのさまざまな流送物質を運搬している．これらは溶流・浮流・掃流などの形で運搬されるが，とくに洪水時には流量・流速の増加に伴って掃流・浮流物質量が増える．その結果，多量の物質が河道を流下するとともに，河川の氾濫によってそれらが沖積平野に広がり，堆積する．

　沖積平野の中でも洪水時にとくに河川が不安定になりやすい場所は扇状地である．扇状地は一般に河川が山間地から平野や盆地に出た所に形成されるが，そのような場所では河床勾配が大きく変化すると共に，堆積場が拡大するため，山間部に比べて洪水時の水深が急激に減少する．そのため，河谷を流れてきた粒径の大きな礫などが堆積し，その堆積によって流路が不安定になり，河道の変化が起こりやすい．一般に扇状地を流れる河川は網状流路をなし，水路が網目状に形成され，水路と水路との間には紡錘状の砂礫堆（流路州）が発達している．このような河道の状態は非常に不安定であり，洪水のたびに河道の地形は変化する．扇状地の地形を詳細に見ると現在の河道の部分だけでなく，扇面の全体にわたって旧河道や紡錘状の砂礫州からなる地形が分布していることが多く，河川が流れを変えながら洪水・氾濫を繰り返してきたことがわかる．そのため，自然状態では扇状地を流れる河川の流路は非常に不安定であり，ヒマラヤ山脈からヒンドスタン平原に流下するKosi川のように洪水のたびに河道が西へ移動し，100年間に500kmも河道の位置が変化したという例もある（Reineck and Singh 1975）．なお，扇状地の扇面は比較的顕著な傾斜があり，堆積物が砂礫からなるために，扇面において湛水することはほとんど無いが，扇状地の旧河道には流水が集中しやすいため，木曽川扇状地に見られるように旧河道の部分が水害常襲地となる場合もある．

　扇状地の下流側である氾濫原では河川運搬物質は砂質物へと変化する．また，河道の形態も網状流路から曲流へと変化し，顕著な蛇行が見られるようになる．自然状態の沖積平野では洪水時には河道からの溢流がおこり，河道のみならず周辺部でも広大な氾濫域が形成される．ただし，河道を離れると洪水流は水深が急に浅くなるために流速が急激に弱まって河川運搬物質を運搬する能力が減衰し，洪水流によって運ばれてきた運搬物質が河道沿いに堆積する．このような現象によって河道に沿って高まりが連続的に形成され，自然堤防となる．また，洪水流はさらに自然堤防の外側に向けて拡がり，主として浮流物質として運搬してきた細粒のシルトや粘土を堆積する．このようにして形成された地形が後背湿地であり，氾濫原では自然堤防と後背湿地の組み合わせからなる地形が広がる．日本ではほとんどの河川で人工堤防が建設

表 6-1 沖積低地の地形と洪水・氾濫状態の潜在的特性

地形	地形区分	地形の特色	洪水・氾濫の状態
扇状地	扇状地面	扇状地の主体をなす地表面	洪水時冠水せず，あるいは洪水時冠水するが排水は良好である．本来的には河道変遷が起こりやすく，砂礫の堆積が発生しやすい．
扇状地	旧河道	扇状地を形成した河川の流路跡	洪水流が集中しやすく，水害常習地となることがある．旧河道内の一部に盛土地などがあると洪水流の流れが悪くなり，水位が上昇しやすい．
扇状地	沖積錐	山間から平野や盆地などに供給された土砂の堆積によって作られた比較的急傾斜の半円錐状の地形	山地や丘陵と平野や盆地との境の山麓部に見られることが多く，背後に急勾配の河谷があるため，土石流の被害を受けやすい．
氾濫原	自然堤防	河川や旧河道などに沿って河川運搬物質が堆積して形成された微高地	通常は洪水時に冠水せず，まれに洪水時に冠水することもあるが水深は浅く，短時間で水が引く．
氾濫原	後背湿地	自然堤防の背後や自然堤防によって囲まれた周囲に比べて低い土地	洪水時に湛水することが多い．また，内水氾濫が発生しやすい
氾濫原	低位後背湿地	後背湿地のなかでもとくに排水が不良で水はけの悪い土地	降雨時湛水しやすく，洪水時には長期間湛水しやすい．また，内水氾濫が発生しやすく，自然状態では湿地となっていることが多い．遊水池として利用されている場合もある．
氾濫原	旧河道	氾濫原を流れた河川の流路跡	洪水流の通過場所となることが多いほか，勾配が緩い場合や一部に盛土地などが存在する場合には湛水しやすい．
氾濫原	河畔砂丘	河原の砂などが風によって河畔に堆積した地形	濃尾平野の稲沢市祖父江町の木曽川河畔や埼玉県加須市の会ノ川河畔などにみられる地形で，洪水時には冠水せず．
三角州	三角州面	河川によって運搬された物質が海や湖に向けて堆積して形成された地形のうち，水域の高さよりわずかに高く，陸化している部分．三角州の主体をなす地形．	一般には洪水時の排水は良好であるが，高潮の際には海水によって洗われ，大きな被害を受けることがある．また，人工堤防で囲まれている場合，とくに地盤沈下によって海面下の土地になっている場合には洪水時や高潮時に著しく湛水することがある．
三角州	旧河道	三角州を形成した河川の流路跡．	多くの場合旧河道は埋積されずに水路として残っている．また，両岸に自然堤防状の微高地がみられることがある．
三角州	干潟	三角州先端の新たな土砂の堆積によって陸化しつつある部分	潮汐の影響を強く受ける部分で，洪水による浸水・氾濫はみられない．高潮の際には水没するが，住民は存在しないため，人的影響はあまりない．熱帯域ではマングローブ林が広がることが多い．
谷底平野	谷底平野	山地・丘陵．台地などを刻む谷の底に発達する細長く平坦な地形	山間や丘陵地の小規模な谷底平野は土石流の被害を受けることがある．河川沿いに発達するやや幅の広い谷底平野では洪水時に氾濫しやすい．また，河川蛇行部の攻撃斜面側や旧河道の分岐部分などでは河岸浸食が起こりやすい．
海岸平野	海岸砂丘	海浜の砂が風によって堆積した地形	冠水せず．
海岸平野	浜堤	暴浪時の波などによって砂浜背後に形成された帯状の微高地．	著しい高潮の際を除いて通常は冠水せず．
海岸平野	堤間低地	浜堤や砂丘列の間に形成された海岸線に平行な帯状の微高地	高潮の際に浸水・湛水することがある．

されているため，自然状態での洪水・氾濫の様子はほとんど見られないが，人工堤防がほとんど形成されていないガンジス川の氾濫原などでは雨季の洪水時になると自然堤防の頂部のみを残してほとんど全域が水没するような景観が出現する（写真 6-1 カラー頁）．このような状況でもわかるとおり，自然堤防の部分は洪水流をかぶることがあっても比較的短時間に限られ，また，河道からあふれた流水が長期間湛水することも少ない．これに対して，背後の後背湿地の部分では河道に沿って自然堤防が発達するため，あふれた洪水流が長期間湛水しやすい．また，氾濫原に見られる旧河道の部分でも周囲に比べて土地の高さが低いため，湛水することが多く，また，洪水流の通過場所になることも多い．

なお，氾濫原における洪水・氾濫はしばしば河道沿いのある場所からの破堤を引き起こし，落掘りとよばれる凹地をつくったり，クレバススプレイとよばれる破堤堆積物やそれがつくる破堤地形を形成するこ

ともある．これらは局所的な地形であるが，そのような場所ではあらたな洪水時に再度破堤することもある．

なお，蛇行する河川の曲率が大きくなると屈曲の付け根の部分が近づいて繋がり，河道の短絡化がおこる．その結果，馬蹄形に取り残された河道の一部は三日月湖や牛角湖などとよばれる河跡湖となる．わが国ではこのような河跡湖は人工的な捷水路の建設によって人工的につくられたものも多く，石狩川平野を流れる石狩川の流路などで顕著に見られる．

河川は流域からの運搬物質を海や湖などに向けて排出する．完新世中期の縄文海進高頂期には現在の沖積平野の奥深くまで内湾が拡大したことが知られているが，完新世後期になると平野を流れる各河川の運搬物質によって順次埋積され，三角州が形成・拡大し，下流側に向けて氾濫原がひろがる．三角州背後の新たに陸域になった部分では，洪水による土砂の堆積も進行し，氾濫原の性格が次第に強まっていくが，本来的な三角州の部分では三角州の地盤高は海面の高さとあまり変わらず，洪水時の氾濫水はすぐに海や湖に排出されるため，一般には湛水深は深くならない．2000年9月に著しい水害を

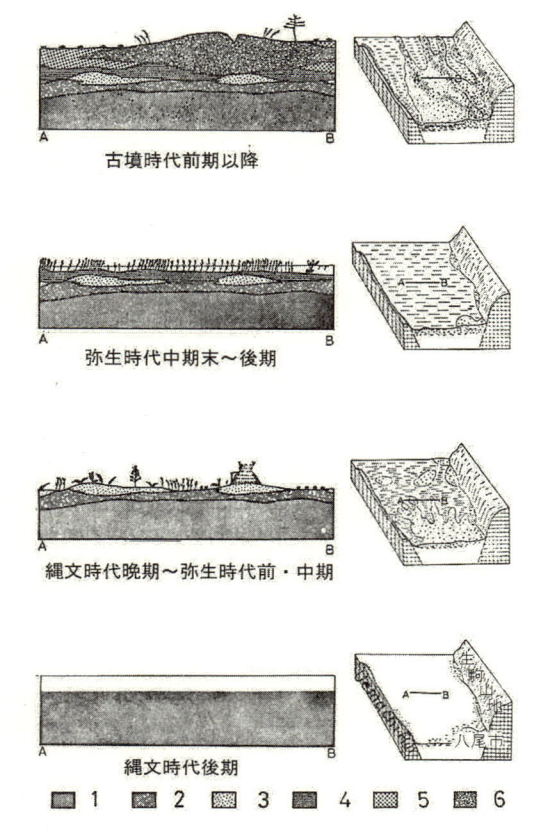

図6-1 河内平野の古地理の変遷と遺跡の立地環境変化（安田1977, Yasuda1978を一部改変）1．含貝灰青色粘土層　2．暗褐色有機質粘土層　3．青灰〜灰白色砂層　4．黒色有機質粘土層　5．褐色シルト層　6．灰白色砂礫層

蒙ったメコン川下流域では，とくに著しい湛水が見られたのは河口から100km以上内陸の自然堤防が顕著に発達する地域であって，三角州の本体の部分では数十センチメートル以下のわずかな湛水が見られるかほとんど湛水しない状態であった（海津2004）．わが国の，多くの三角州では江戸時代以降の新田開発などによって低平な潮汐平野が陸化されて現在に至っている．このような干拓地の地域では土地の起伏はほとんど認められず，氾濫原におけるような自然堤防と後背湿地のような微地形の違いによる洪水・氾濫の，場所による違いはほとんど見られない．ただ，わが国の大平野では三角州の部分の多くが地盤沈下などによって海面下の土地になっており，堅固な人工堤防によって守られているため，自然の状態では排水ができない所が多い．そのような所で排水能力を超える浸水が発生した場合にはかなりの深さで湛水することも考えられる．また，このような場所では洪水や内水氾濫のみならず，高潮によって破堤したときにも大きな被害が出ることが心配される．

6.2　遺跡から明らかにされる洪水・氾濫

沖積平野における洪水・氾濫の記録は先史時代にまでさかのぼることができる．沖積低地の氾濫原において発掘された遺跡では埋没した河道跡や自然堤防などの微地形が確認されることがあり，遺構を埋める

洪水氾濫堆積物などが認められるところもある．たとえば，名神高速道路一宮パーキングエリア建設にともなって発掘調査がおこなわれた濃尾平野の猫島遺跡は，現在の氾濫原堆積物によって埋積された自然堤防の微高地に立地しており，縄文晩期頃の埋没した自然流路も認められる（愛知県埋蔵文化財センター 2003）．このような埋積された河道は埋積浅谷（井関 1974）とよばれており，現在の地表面が形成される以前に低地を流れていた過去の流路である．一方，濃尾平野北東部の大毛池田遺跡（一宮市），門間沼遺跡（葉栗郡木曾川町）などでは大規模な水田遺構が確認されており，3 世紀前半頃に形成されたそれらの水田遺構は，5 世紀前半頃には厚い洪水層によって埋没していることが報告されている．また，八王子遺跡（一宮市）においても，2 世紀後葉頃に掘削された大溝が同じく 5 世紀前半頃の洪水層で埋没しており，この時期にかなり大規模な洪水が頻発し，尾張平野低地部の多くの集落がその影響をうけていた可能性が高いとされている（愛知県埋蔵文化財センター 2002）．

このような先史・歴史時代における河川の活動の変化は，多くの沖積低地で報告されている．井関（1974）は豊川低地の遺跡発掘結果から，沖積面下に埋積された埋積浅谷の存在を明らかにし，その形成時期や谷底の深さから，これが弥生の小海退に対応して形成されたものとしたほか，矢作川低地では，海水準の低下にともなって 3,000 ～ 2,500 年前に三角州の離水が広範囲に進行し，約 2,000 年前頃から洪水氾濫の影響が強くなって古墳時代には顕著な自然堤防が形成されたことが明らかにされている（川瀬 1998）．さらに，小野ほか（2006）は，越後平野中央部における層相や土砂堆積速度地域的差異について検討し，この地域では洪水による土砂の堆積が少ない 1,400 ～ 1,000 年前の「安定期」と土砂堆積が活発化した 1,000 ～ 800 年前の「堆積期」の存在することを明らかにしている．

このような洪水堆積物が顕著に堆積する時期と静穏な環境が見られる時期に関しては，さらに空間的な視点で検討する必要もある．安田（1977）は，大阪の河内平野において遺跡の時・空間的分布と平野の微地形および表層堆積物について検討し，掌状に枝分かれした大和川および派川の自然堤防上に立地する遺跡の形成と，日河内潟の拡大による湿地化・水没，さらに，洪水・氾濫による土砂の堆積という変化を明らかにしている．また，小野ほか（2004）は濃尾平野における堆積域の時間的・空間的な変遷について検討し，平野における堆積場が年代を追って順次変化したことを明らかにするとともに，平野面に浅い谷が形成されて河川運搬物質がその部分を通過してさらに下流で堆積したと推定するなど，堆積場の

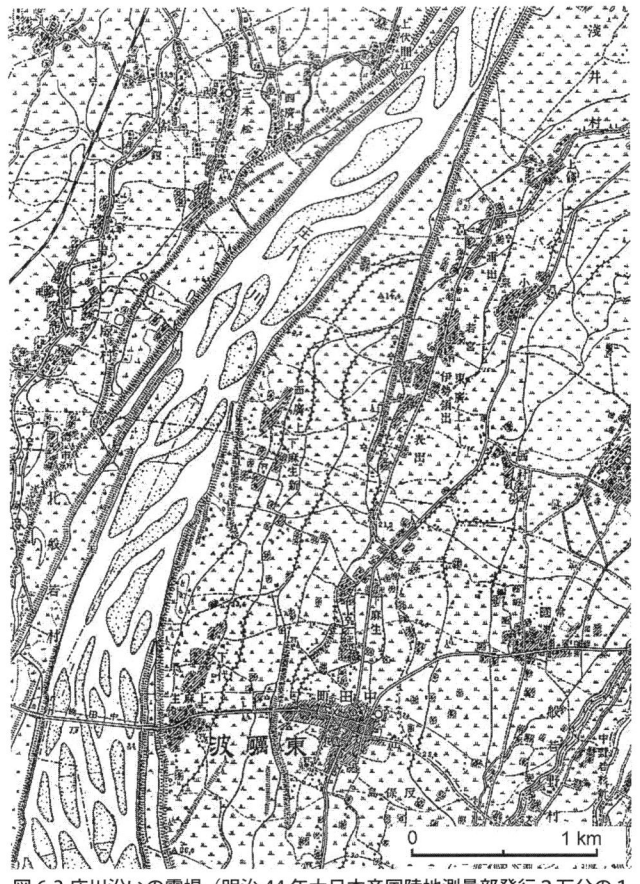

図 6-2 庄川沿いの霞堤（明治 44 年大日本帝国陸地測量部発行 2 万分の 1 地形図「小杉」図幅の一部）

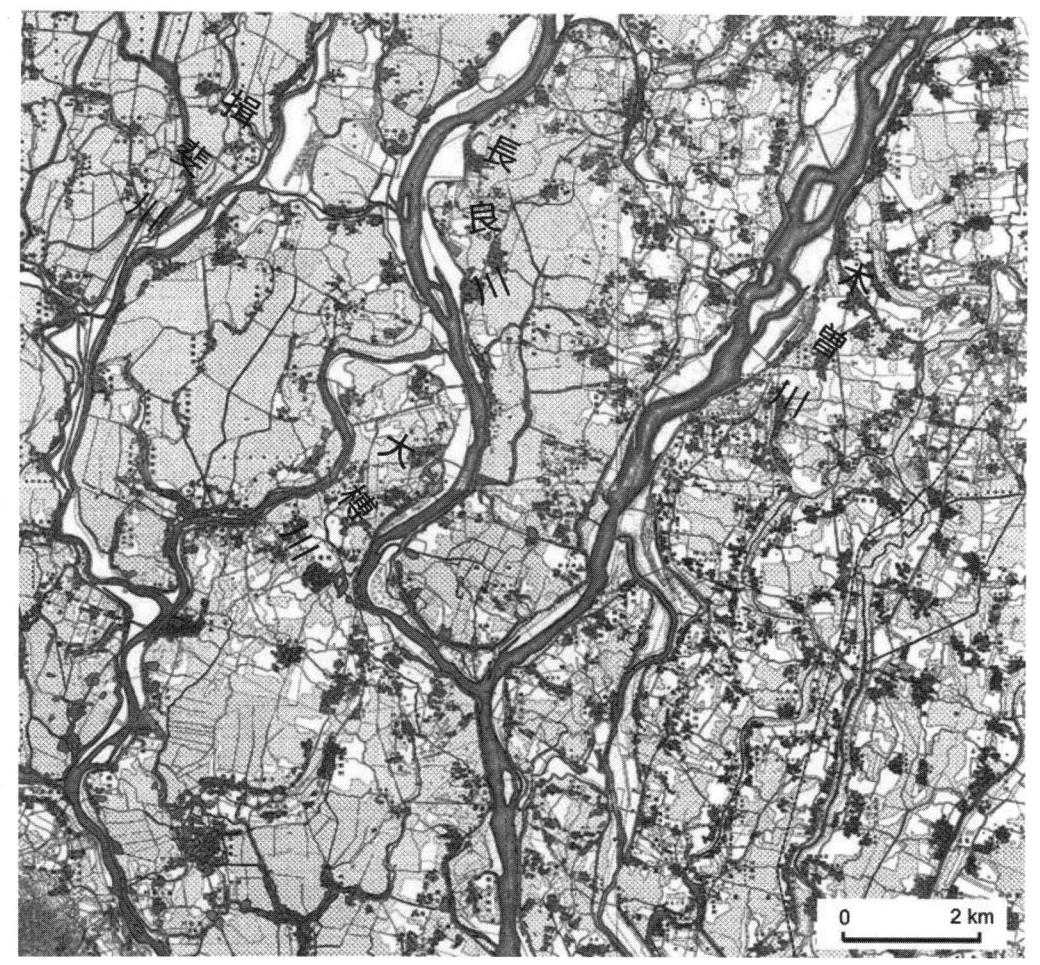

図 6-3 デレーケによる明治改修以前の木曽三川を示す地形図（明治 26 年大日本帝国陸地測量部発行 2 万分の 1 地形図「竹鼻町」・「稲沢町」・「船着村」・「高浜」図幅）

時間的・空間的な変化がみられたことを明らかにしている．

　なお，一般的に沖積低地における地形変化は地表に見られる地形と地下の堆積物の特徴や構成物質，混入物，年代値などから判断される．とくに，過去の地形変化に関しては堆積物の分析・検討にもとづくことが多いため，情報の多くは極めて断片的であり，過去の地形の空間的な広がりを知ることは困難である．従って，それらの変化が局地的な河道変遷などに伴う個別的な現象であるのか，より広域的に共通して見られる現象であるのかについて検討する必要がある．ただし，一般には埋没した微地形を広域的かつ直接的に把握することはかなり困難であり，そのような情報もなかなか得にくい．そのような状況の下で，一部のコントラストの強い白黒の空中写真では地下表層部の土壌水分の状態を反映した埋没した旧河道や自然堤防を判読できる場合があり（海津 1982；林 2010），過去の微地形の空間的広がりを把握する手がかりを提供してくれる．今後，衛星画像の解析などにもとづく土壌水分に関する情報から埋没した地形が復原されるといった技術の進歩があれば，過去の河川の動態や地形変化などをより詳しく検討することができるのではないかと考えられる．

6.3 沖積低地における治水の歴史

　歴史時代における沖積平野の地形変化は人間活動と深く関わっている．中でも河川の氾濫を防ぐための堤防の建設は堤外地における土砂堆積を促進し，扇状地や氾濫原において天井川を形成することがある．琵琶湖に注ぐ草津川の旧河道は典型的な天井川の例として知られており，出雲平野の斐伊川なども大規模な天井川の例として知られる．また，奈良盆地や琵琶湖の湖岸低地などでは条里制の施行にともなって耕地の区画が整備され，低地を流れる多くの小河川の流路も変更された．これらの河川には上流からの土砂が供給され，固定された河道には顕著な土砂堆積が進んで，極めて細長くしばしば直角に屈曲する堤防状の水路が現在でも各地に残存している．

　また，堤防の建設は河川の流れをコントロールする上で重要であり，大規模な建設技術を持たない時代には霞堤のような連続しないが洪水流をコントロールする堤防が建設された．甲府盆地の信玄堤がよく知られているが，同様の堤防は現在でも扇状地を中心として残されている場合も多く，比較的大きな平野では豊橋平野の豊川沿いや富山平野の庄川，常願寺川，松山平野東部の重信川などの霞堤が知られている．ただ，このように初期の堤防は河川水の流れに影響を与えて人々の生活の場に対する洪水の影響を最小限にしようとするもので大規模な連続堤は建設できなかった．濃尾平野では濃尾傾動地塊運動によって木曽川，長良川，揖斐川の木曽三川が平野西部に集まり，近世以前の時期にはそれらの流路が入り組んだ複雑な水系をなしていて，各河川の洪水が現在の岐阜県南部の地域に集中する傾向を持っていた．そのような中で，度重なる洪水・氾濫に苦しめられてきた人々は，初期の段階では洪水対策として河川の分流の部分に堤防を作り，堤防の背後の集落を守るという形の尻無堤を建設し，さらに発展した形で，集落や耕地の全体を取り囲む連続堤を建設し，住民の水防組織なども作られて輪中の形態が完成していった（安藤1988）．

　江戸時代後期に入ると大規模な治水工事が進行するようになり，複雑に絡み合う水路を整備して三川を分離することが大きな課題となっていた濃尾平野では，島津藩のお手伝い普請としていわゆる宝暦治水がおこなわれ，木曽川と長良川との間をつなぐ逆川洗堰および長良川と揖斐川との間をつなぐ大榑川洗堰の建設，長良・木曽川と揖斐川とを最下流部で分ける油島締切工事（食い違い堰の建設）がおこなわれた．その結果，木曽川・長良川・揖斐川の流路は一応の分離がおこなわれたが，洗堰の存在などのためにまだ完全なものではなく，本格的な三川分離がおこなわれるのは明治に入ってからのヨハネスデレーケによる大規模な治水事業によってであり，木曽川と長良川，長良川と揖斐川が背割堤によって分離されて現在に至っている（土木学会中部支部編1988）．

　一方，近世初頭の関東平野でも利根川が現在の古利根川の流路を流れ，当時の荒川である元荒川の流路などと合流して東京湾に注いでおり，当時の利根川下流域では水害が繰り返して発生して大きな

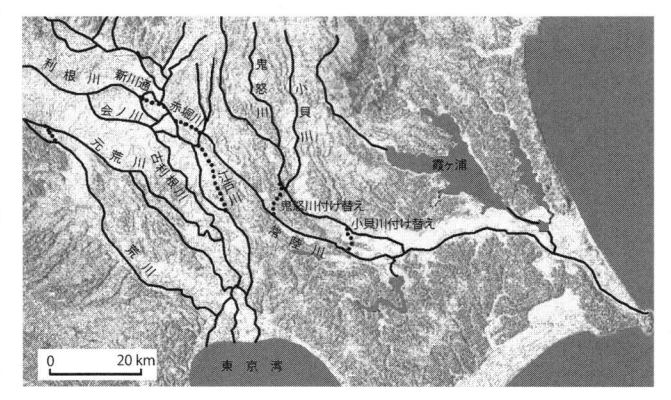

図6-4　関東平野の水系網と利根川の東遷（点線で示す新川通および赤堀川の開削によって利根川の流路が常陸川を通って銚子へと流れるようになった．）（大熊1981, 1983；小出1970にもとづく）

問題となっていた．このような下流部での水害軽減や内陸水運の安定的確保などを目的として利根川を東流させ極めて大規模な瀬替えが伊奈備前守忠次によっておこなわれた．工事は1621（元和七）年に始まり，1654（承応三）年に完工したが，その結果，利根川は新川通の開削で渡良瀬川と合流し，さらに常総台地を開削してつくられた赤堀川によって常陸川（広河）へと流れたあと，鬼怒川と合流した小貝川と合わせて香取方面から銚子へと流れて鹿島灘に注ぐ流路となった（大熊 1981, 1988）．また，同様の大規模な瀬替えは北上川の下流部においてもおこなわれ，1610（慶長十五）年以降，水運の確保と下流部の水害軽減のため北上川，迫川，江合川，追波川の流路が複雑に組み替えられて現在に至っている（小出 1970, 大熊 1988）．

一方，平野部の水害軽減にあたっては，河川の分流をおこない放水路を建設する例も多い．新潟平野では海岸部に砂丘が発達するために排水条件が極めて悪い状況が続いていて多くの沼地や潟が存在していた．このような中，阿賀野川の北側の地域では，福島潟から砂丘の背後に沿って流れていた加治川の良好な排水を目的として 1730（享保十五）年に松ヶ崎放水路が，1908（明治四十一）年〜1913（大正二）年加治川放水路が建設された．また，信濃川下流域では大河津分水が建設され，1922年に完成している．さらに，愛知県の庄内川（新川），大阪府の大和川，福岡県の遠賀川などをはじめとする多くの河川でも放水路の建設がおこなわれ，明治に入ってからも水害軽減と農地の排水不良地域対策を主目的とした放水路の建設が庄内平野の赤川放水路や伊豆の鹿野川放水路などで進められ，さらに，都市域やその背後の地域の水害対策を目的として東京低地の荒川・中川・江戸川放水路や淀川放水路，愛知県の豊川放水路，広島県の太田川放水路などが建設されている（小出 1970）．このほか，著しい蛇行がみられた石狩川では河道の屈曲を少なくするために多数の捷水路が建設され，明治以降流路延長が100km以上も減少するなど，河川や平野の自然環境は大きく形を変えられていった．

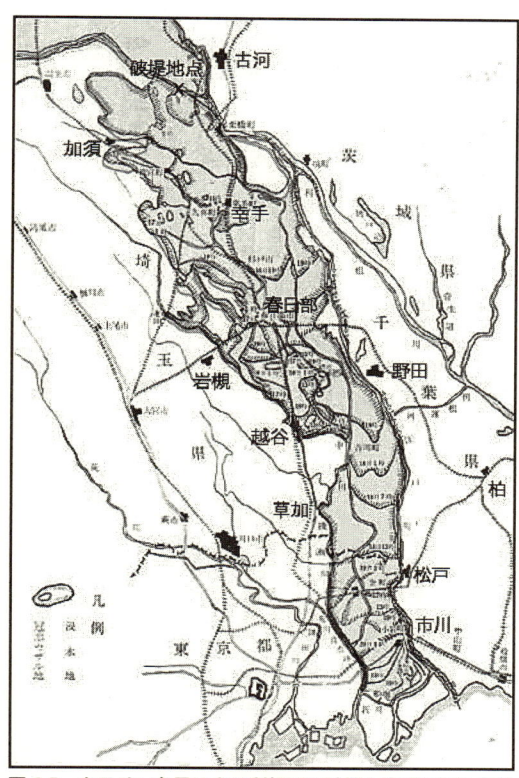

図 6-5 カスリン台風による利根川の破堤と東京下町へ向けての洪水流の広がり（科学技術庁資源局, 1956）

6.4 沖積低地のさまざまな水害

沖積低地では台風や活発な前線の活動などによって水害が繰り返し発生している．なかでも広大な沖積低地のかなりの部分を水没させるような大規模な水害としては，1947年9月のカスリーン台風による利根川堤防の決壊と，洪水流の東京低地への洪水流の流下，死者888名 行方不明381名を出した1958年9月の鹿野川台風，死者4697名 行方不明401名を出した1959年9月26-27日の伊勢湾台風，2000年9月11日の東海豪雨などをあげることができる．

1947年9月に襲来したカスリーン台風は，前線を刺激して関東平野北部に総雨量400 mmに及ぶ多

量の降雨をもたらし，短時間に利根川の流量を著しく増加させた．その結果，利根川は9月16日午前0時過ぎに埼玉県北埼玉郡東村新川通りなどにおいて破堤し，洪水流が瀬替えのおこなわれる以前の利根川下流域，すなわち埼玉県東部から東京低地に向けて流れ込んだ．科学技術庁資源局（1961）によると，洪水流に時速約5kmで南下し，午前4時頃に栗橋駅付近，8時過ぎに幸手町北部へと流れ込み，さらに南下し続けたが，この間，洪水は自然堤防に囲まれた凹地を順次満たしながら進み，凹地が満水になるまでは停滞して，満水後は次の凹地に一気にひろがるという形で進んだという．さらに下流側の幸手町久喜付近から粕壁町（現春日部市）に至る間では，洪水流は一定地点に停滞することなく，水量と氾濫区域の面積に応じて時速500〜700mのスピードで進み，粕壁町（現春日部市）付近には17日午前0時頃に達した．その後も洪水流はさらに下流に向けて進み，中川右岸の越谷市付近には18日午後に，中川左岸の吉川町付近は17日夜に達し，さらに19日昼頃には東京の金町付近に，夜には小岩付近に達し，20日夜には江東区船堀に達した．この間，粕壁以南の地域では洪水は地形的に著しい変化を認めない所で停滞したり，所々で急進したりしていて地形よりさらに細かい地物に支配された複雑な流れを示したとされる．また，湿地の部分では洪水が急進しているということも認められ，この点については，洪水の襲来以前に降雨のために地下水位が上昇していて湿地の一端に洪水が到達すると他端まで一気に洪水が広がったと考えられるとしている．このような数日間にも及ぶ洪水の拡大・伝播によって，利根川洪水域の浸水面積は約4万haにも及び，湛水期間は最大6日以上，最大浸水深は元和村において3.8mに達したとされる．

一方，狩野川水害を引き起こした狩野川台風は1958年9月26日から27日に伊豆半島から東京方面に向けて移動し，伊豆湯ヶ島で25日9時より26日24時までの間に748.6mmの著しい降雨を記録した．その結果，上流山地部ではおびただしい山崩れが発生し，狩野川下流の平野部では破堤・氾濫が引き起こされた．そのため，狩野川流域だけで死者671名，行方不明182名，家屋全壊・流失625戸，橋梁流失76ヶ所，堤防決壊58ヶ所に達し，水田面積の5分の1が流失・埋没した（科学技術庁資源局，1966）．狩野川の沖積低地は下流部において三島扇状地の発達により狭窄部が形成されていて，それより上流側は自然堤防が顕著に発達する氾濫原，海側の低地は砂州の発達する海岸平野の性格を持っている．狩野川台風によって甚大な被害を受けた地域はこの氾濫原の地域と山間部に連続する谷底平野の地域であり，鹿野川本流の蛇行部の攻撃斜面のほとんどの部分において堤防の決壊や越流が発生するとともに，河岸侵食や自然堤防の部分における比較的厚い砂泥の堆積が発生した．

その後，狩野川では1965年に放水路が完成して放流を開始したほか，全国的に総合治水計画などが進められ，各河川では連続堤のかさ上げなどが実施されるとともに，流域には数多くのダムが建設され，各所に遊水池がつくられるなどにより，大規模な水害は減少するようになったが，一方で，氾濫原における土地利用はスプロール化や顕著な都市化によって形を変え，地形のみならず水環境といった面でも大きな変化を受けて現在に至っている．

2000年9月11日には東海地方において集中豪雨が発生し，濃尾平野東部を中心とする愛知県，岐阜県などの各地で水害が発生して，およそ38万人の人々が影響を受けるに至った．東海豪雨とよばれるこの水害では，名古屋市と枇杷島町（当時）の境を流れる新川が決壊し，広い範囲が床上・床下浸水の被害を受けたほか，名古屋市内を流れる天白川の下流部でも氾濫が発生し，天白区野並地区では3mを超える浸水が発生した．この東海豪雨による洪水・氾濫はこれまでの多くの水害とは異なり，都市化の進んだ地域で大規模水害が発生した都市型水害である点が特徴である．従来，沖積低地では後背湿地の部分に水田が広がり，著しい降雨の際にも雨水が水田などに一時的に貯留されてきたが，都市化の進展にともなって宅地化が進み，水田の部分も盛土がおこなわれて地形の面でも変化した．また，地表面がアスファルト

や建物などでおおわれることによって地中への雨水の浸透が減少するなどの結果，多くの場所で内水氾濫が発生し，洪水の被害が拡大したといった点が注目される．さらに，天白川流域においてとくに被害の大きかった野並地区は天白川と支流の扇川とにはさまれた場所にあたっており，洪水流が楔形に配置される両者の堤防によって堰き止められた形で被害を大きくした．明治年間の地形図ではこの部分は一面の水田地帯で，集落は背後の丘陵の縁辺部に立地していたが，その後の都市化によって次第に人々の居住が進んだ．また，この部分と左岸上流側の谷底平野や丘陵との間に存在した堤防も暗渠化されたため，それらの地域から流下する雨水が一気に野並地区に集中することになってしまった（海津 2003）．このような状況に対して野並地区には排水機場が建設されていたが，水害の際に水没したため機能せず，被害を大きくしてしまった．

このように，近年の都市化は，本来の土地条件を著しく変化させてしまう形で進行しており，その結果としてこれまでとは違った形の水害を引き起こすこともしばしばである．ただ，その背景としての自然環境には深い所で本来の自然のシステムが生きており，自然の特性を無視した都市化の影響は思わぬところで現れる可能性がある．

なお，これらの比較的広い沖積低地に対して，狭小な沖積低地である谷底平野では毎年のように水害が発生している．最近の事例でも，由良川水害や円山川水害など顕著な水害が発生しており，大きな被害を出す場合も見られる．とくに，下流側に狭窄部を持つ河川では，潜在的に水害の発生しやすい地形条件を持っており，それらの地域を含めて沖積低地では河川の管理，洪水流のコントロールが引き続いて重要な課題となっている．

6.5 高潮

三角州や海岸平野に多大な被害を与える自然災害として高潮と津波をあげることができる．このうち高潮は低気圧の通過によって海面に対する気圧が低下し，通常より海面の高さが高くなる現象で，発達した低気圧や台風，ハリケーン，サイクロンなどの襲来によって顕著な海面の上昇がみられる．近年では 2005 年にアメリカ合衆国南部を襲ったハリケーン・カトリーナや 2007 年にインドやバングラデシュを襲ったサイクロン・シドル，2008 年にミャンマーのエーヤワディー川デルタを襲ったサイクロン・ナルギスなどが記憶に新しいが，1991 年にはサイクロンがバングラデシュの南東海岸地域を襲い，著しい高潮によって約 14 万人の犠牲者を出しているほか，1970 年には，サイクロン・ボーラによって約 50 万人もの人命が失われている．わが国でも 1959 年の伊勢湾台風によって濃尾平野南部地域を中心として約 5,000 人の犠牲者を出す被害を受けているが，濃尾平野南部の地域ではそれまでにも，1896（明治 29）年，1912（大正元）年など高潮による被害を繰り返し受けており，必ずしも伊勢湾台風が特異な出来事ではなかったことがわかる（総理府資源調査会事務局 1956）．

台風やハリケーン，サイクロンによって引き起こされる高潮は通常の海面の高さに比べて数メートル以上も高くなることがあり，海面の上昇に加えて強い風によって吹き寄せられる高波が海岸堤防を破壊して臨海部の低地を水没させる．1959 年 9 月 26 日から 27 日にかけて日本列島を縦断した伊勢湾台風の際には伊勢湾に面した海岸堤防が著しく破壊され，高潮による海水が内陸に向けて一気に侵入した．その結果海抜 0 m 以下である平野南部のデルタ地帯はほぼ全域が水面下となり，多くの地域が 2～3 m の深さで水没した．本来，高潮災害を受けた濃尾平野南部の地域は海抜 0m 前後の地盤高しかない三角州の地域であるが，この地域ではさらに地下水のくみ上げによる地盤沈下が顕著に進行していたため，地盤高が—

1～−2mに及ぶような場所も広く分布していた．このような地域に台風が襲来し，高潮・高波によって海岸堤防が破壊されてしまったため，台風の通過後も海水が引かない状態が長く続き，かなりの地域は1ヶ月以上水没したままとなった．とくに，木曽川河口左岸に造成され，初めての収穫を迎える直前であった鍋田干拓地では4ヶ月も水が引かない状況が続いた（科学技術庁資源調査会1960）．

一方，1991年4月29日の深夜から30日の未明にかけてバングラデシュの南東部を襲ったサイクロンでは高潮の高さは7mにもおよび，堅固な海岸堤防が整備されていないベンガル湾沿岸の地域では樹木や建物などのほとんどすべてが洗い流されてしまった．また，2007年のサイクロン・シドルの襲来の際にも顕著な高潮によって大きな被害を受けた．この地域ではメグナ川（ガンジス＝ブラマプトラ川）の河口に形成された海面すれすれの高さの河口州に多数の人々が生活しているが，それらの島々では1991年のサイクロンによる高潮の際には全体が数メートルの高潮によって洗われた．この地域には毎年の雨季の洪水によって多量の土砂が供給されて河口州が成長しているが，河口から排出されたシルト質堆積物は未固結で軟弱なため，極めて不安定で破壊されやすい．そのため，河口から排出される土砂の堆積によって新たな土地が活発に形成される一方，波浪や潮流によって消失する部分も多く，とくにサイクロンの襲来にともなう高潮の発生は三角州の末端や河口付近に点在する島（州）の形を海岸侵食によって大きく変化させ，集落もろとも人々の命を失ってしまった（海津1991；Umitsu 1997）（写真6-3カラー頁）．

また，アメリカ合衆国南部のミシシッピデルタでは河道沿いに自然堤防が延長して顕著な鳥趾状デルタの地形が発達しているが，自然堤防の背後は土地が低く，極めて軟弱な地盤が拡がっている．そのような場所にハリケーンが襲来し，高潮を発生させると，ひとたび海岸や河岸の堤防が破壊された場合には地盤高の低い土地は著しく水没する．2005年のハリケーン・カトリーナの襲来の際には3～7mの高潮が発生した．カトリーナはちょうどミシシッピデルタを直撃する形でデルタの中央部を南から北に向けて進み，堤防の破壊によって海岸線沿いの地域における建物の破壊やさらに内陸側の地域への浸水が発生して大きな被害を引き起こしている（高橋ほか，2006）．

高潮災害は広大な平野ばかりではなく，小規模な海岸平野においても発生することがあり，1999年9月24日には台風18号の通過にともなって有明海北岸の熊本県不知火町において高潮が発生し，12名の犠牲者を出している．また，台風の通過の際ばかりではなく，春や秋の大潮の際にも高潮が発生することがあり，低気圧の通過が重なると，顕著な被害を引き起こすこともある．わが国の海岸地域では一般に海岸堤防が整備されていて通常は高潮の被害を受けにくいが，港湾地域などの海岸堤防のない場所や堤防の切れ目などから海水が低地に流れ込むこともあり，また，高潮によって海水が河川を遡上することもある．

写真 1-3　津波の引き波（戻り流れ）を示す地表に倒れた植物

写真 1-2　ガンジスデルタでのボーリング調査

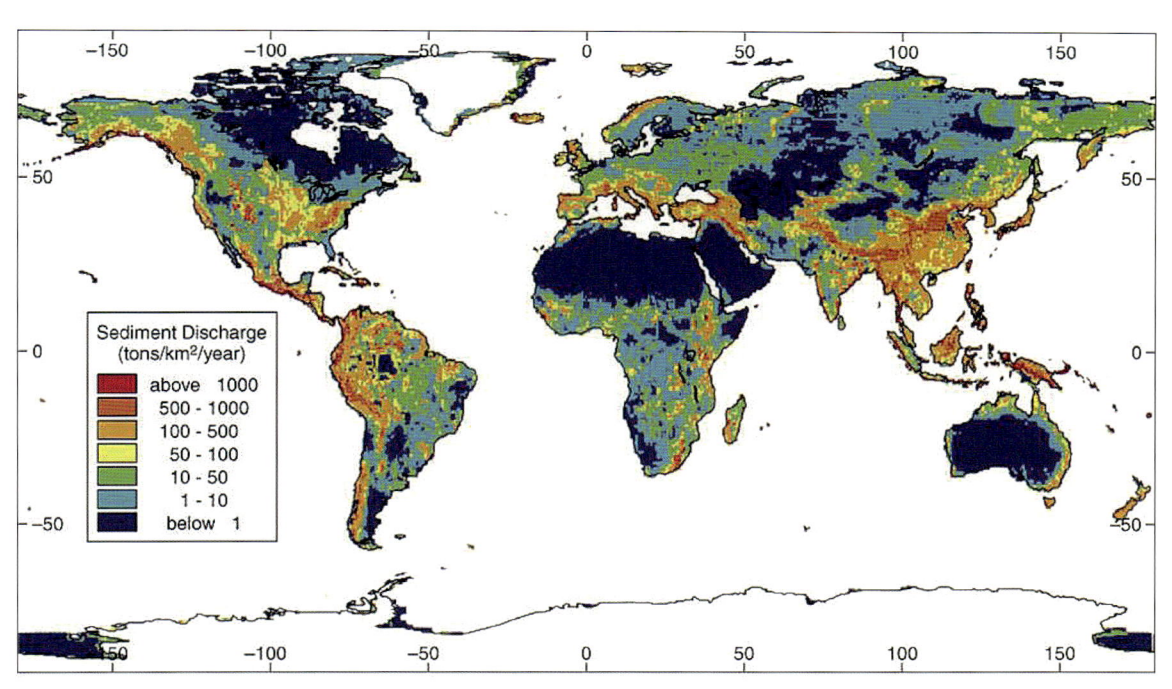

図 2-1　世界の土砂流出速度分布（Skinner, Porter and Park 2004）

写真 6-1 雨季のガンジスデルタ（自然堤防の頂部を残してほとんどの場所が水面下となっている）（海津撮影）

写真 6-2 ガンジスデルタの自然堤防と後背湿地（樹木に覆われた自然堤防の部分とその背後の後背湿地のコントラストが明瞭．乾季初期のため後背湿地の一部には湿地が残っている．）（海津撮影）

写真 6-3 新興住宅地の水害（スプロール化にともなって後背湿地に拡大した宅地では水害のリスクが高い）（2002年大垣市にて 2002 年 7 月 11 日海津撮影）

写真 6-4 サイクロンによる高潮で集落が流され，海岸侵食が発生したベンガル湾のサンドウイップ島東岸（1991 年 5 月 26 日海津撮影）

写真 7-1　地盤沈下によって沈水した東松山市の水田（水域の部分は以前の水田．仙石線東名駅付近より南東方向を臨む）（2011年4月21日海津撮影）

写真 7-3　津波によって転倒したビル（2011年4月24日海津撮影）

写真 7-4　遺跡発掘現場で出現した噴砂痕（愛知県一色青海遺跡）

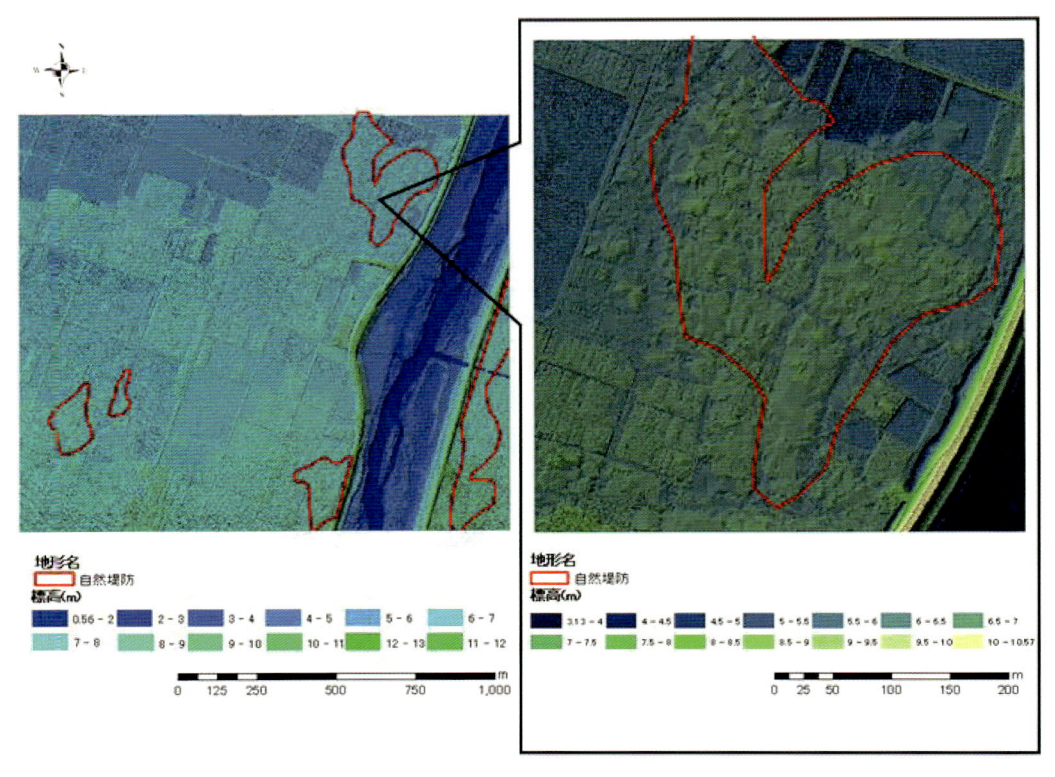

図 8-2　自然堤防の地盤高図

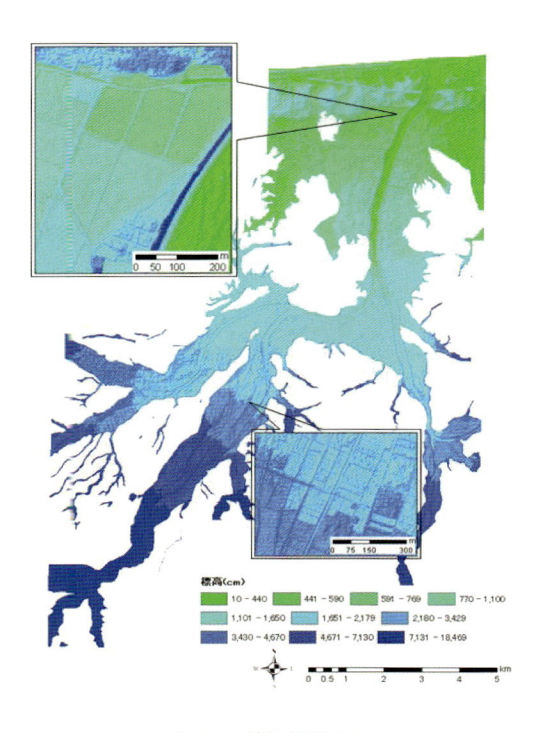

図 8-4　地盤高階級図

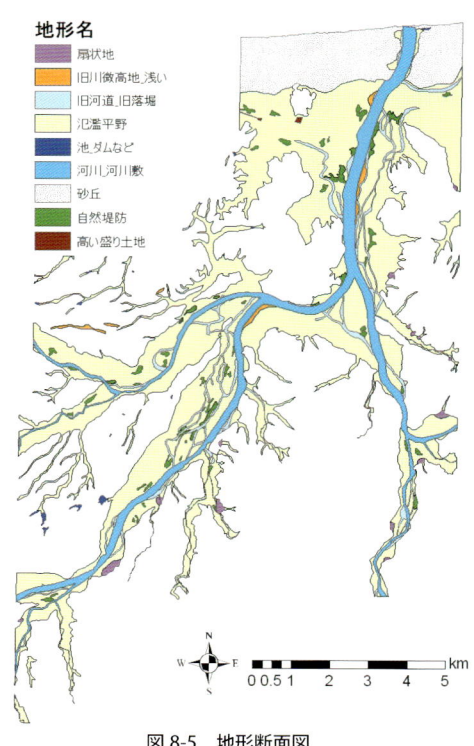

図 8-5　地形断面図

図 8-6　土地利用図

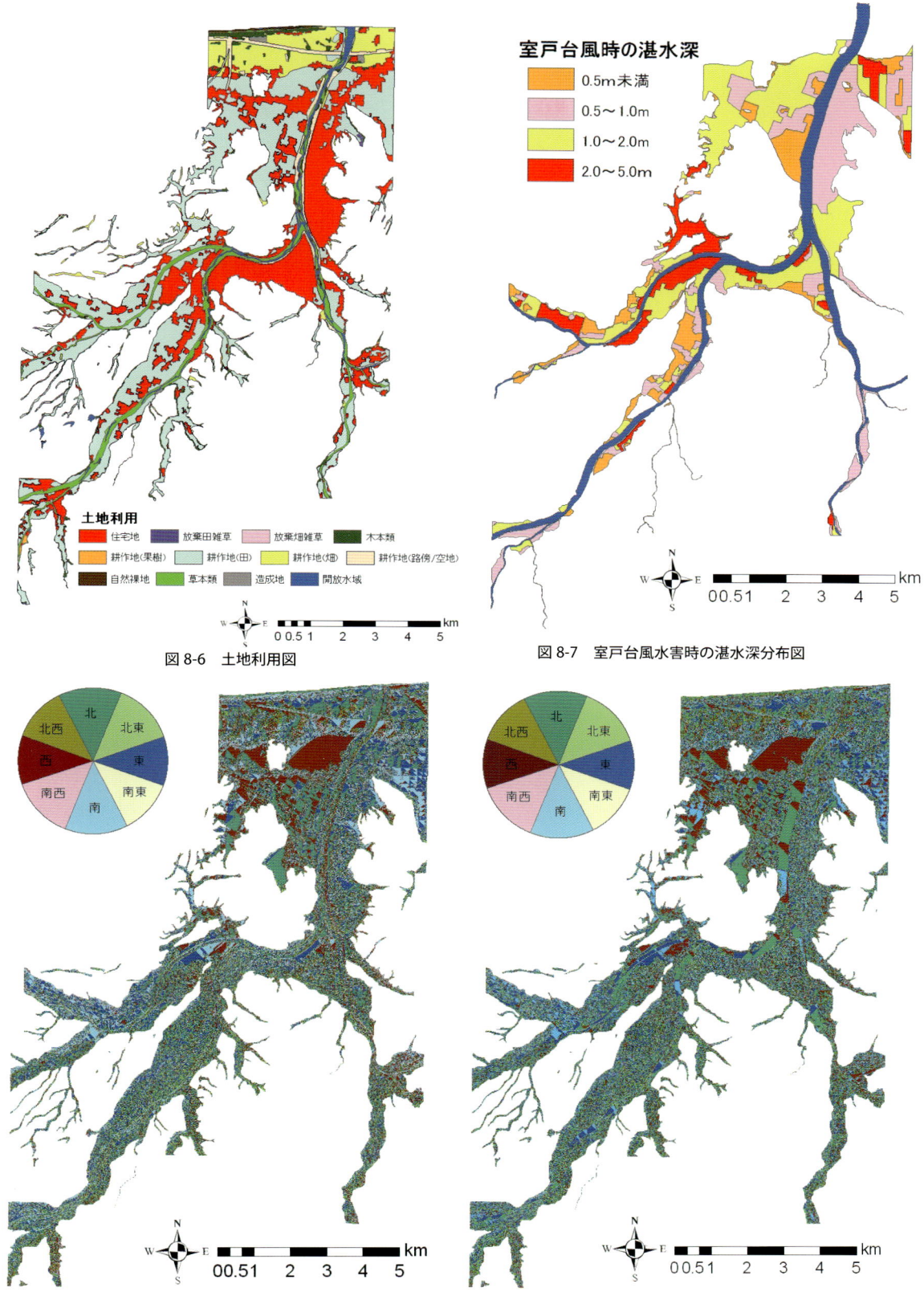

図 8-7　室戸台風水害時の湛水深分布図

図 8-9　流向ラスタの分布図（DEM ベース）

図 8-10　流向ラスタの分布図（DSM ベース）

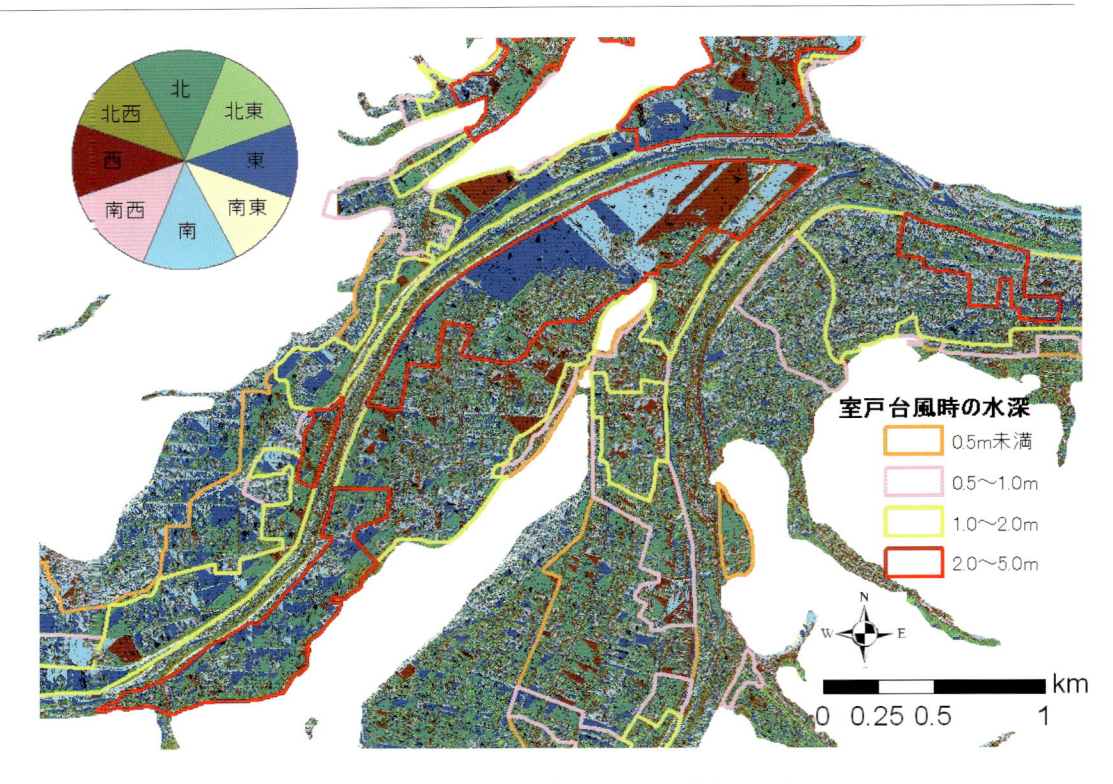

図 8-11 流向ラスタと室戸台風時における湛水深の分布

図 15-5 木部新保・辻遺跡で検出された噴砂痕

写真 17-1 ハンドボーリングによって掘削された泥炭層

写真 16-1　津波によって破壊されたバンダアチェ平野海岸付近の集落（2005年8月30日海津撮影）

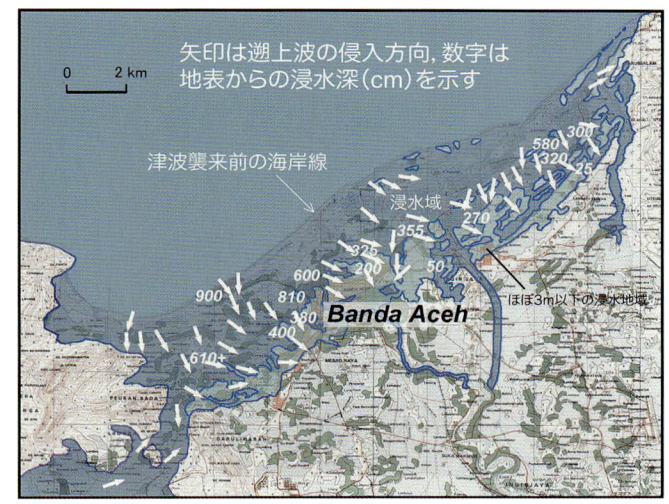

図 16-4　バンダアチェ海岸平野における津波遡上波の侵入方向と最大浸水深（cm）

図 16-8　仙台平野中央部における引き波（戻り流れ）の流向．
数字は地盤高（m）地盤高データは地震後の計測による．5mDEMを使用

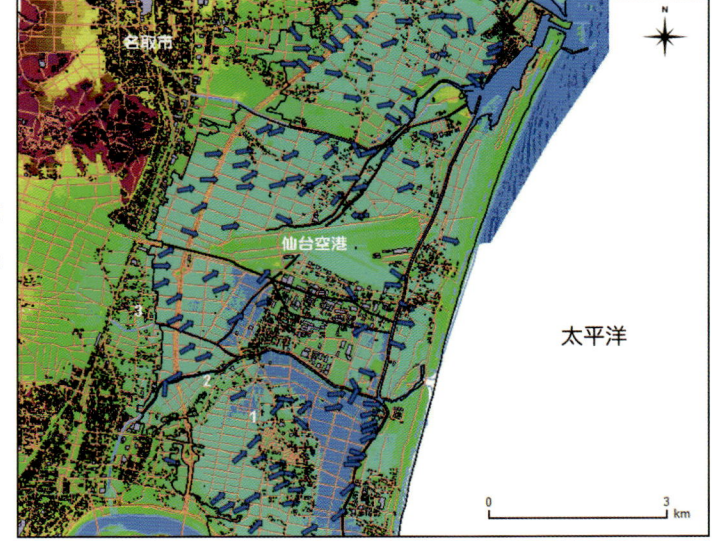

図 18-1　チャオプラヤ川の氾濫と水田（ピサヌロック県）

図 18-4　時系列湛水域分布図

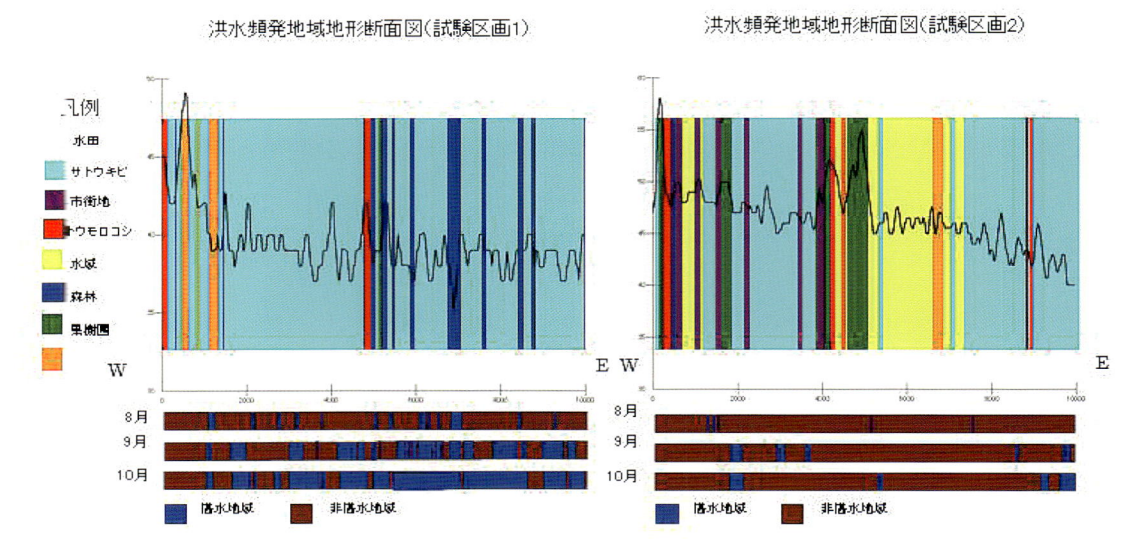

洪水頻発地域地形断面図（試験区画1）　　　洪水頻発地域地形断面図（試験区画2）

図 18-6　地形断面図と湛水域の変化

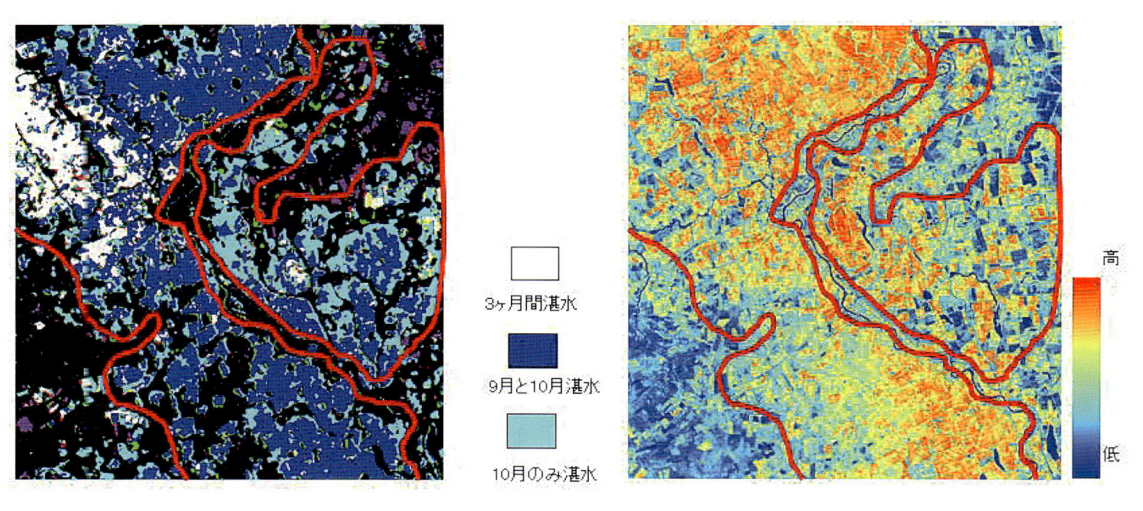

図 18-8　洪水範囲（洪水頻発地域 試験区画1）　　　図 18-9　洪水3ヵ月後の植物活性状況（NDVI）

7
沖積低地と地震

海津正倫

7.1 沖積低地に対する地震の影響

　わが国はユーラシアプレート，太平洋プレート，フィリピン海プレート，北米プレート，の4つのプレートがぶつかり合う場所に位置していて，それらの運動による地震がこれまでも数多く発生してきた．2011年3月11日に発生した東北地方太平洋沖地震はそのようなプレートの運動によって発生した最も大きな地震の一つであるが，歴史時代には東北地方太平洋岸のみならず，相模トラフを震源とする1923年の関東地震や元禄地震，さらに，フィリピン海プレートと太平洋プレートとのぶつかり合う南海トラフ付近を震源とする1498年9月11日の明応地震，1605年2月3日の慶長地震，1707年10月28日の宝永地震，1854年12月23日の安政東海地震，同24日の安政南海地震，1944年12月7日の東南海地震，1946年12月21日の南海地震などがくり返し発生しており，近い将来東海・東南海・南海地震やそれらの連動する地震も想定されている．

　一般に，地震による地表の揺れの強さは，地震の規模，震源からの距離，震源からの地震波の伝播特性のほか，それぞれの場所の地盤の特性によって異なるとされている．これらのうち，最後の地盤特性は比較的狭い地域においても場所によって異なることが多く，たとえば地域全体として同じ強さの揺れが到達した場合でも，それぞれの地点では地盤特性によって地表で感じる実際の揺れに違いが生じている．このような地盤特性はそれぞれの場所の土地の生い立ちと密接な関わりを持っており，内閣府が公表している「表層地盤の揺れやすさ全国マップ」（図7-1）でも顕著な地域性が認められる．この図では表層の地質が主として古生界や中生界などの岩盤からなる西南日本内帯および外帯の山地部や関東山地の一部，阿武隈山地，北上山地，北海道の日高山地などが揺れにくい土地として示されているのに対し，関東平野の沖積低地，濃尾平野，新潟平野，石狩平野，秋田平野，仙台平野，岡山平野，徳島平野，筑紫平野などがとくに揺れやすい土地として示されている．これらのとくに揺れやすい地域はいうまでもなく沖積低地が広い面積をしめる土地であり，表層地盤が軟弱な地域であるとともに，多くの人々が居住・生活している地域であり，1923年の関東大震災，1948年の福井地震，1995年の阪神淡路大震災でも大きな被害を受けた地域である．

　沖積低地における地盤の特性を把握するためにはボーリング調査がおこなわれる．ボーリング調査では地下の地層を掘り，地層を構成する堆積物を採取してその特性を調べるが，同時に，63.5kgの重りを76cmの高さから落下させてボーリングの先端が30 cm低下するのに要する回数（N値）を求める標準貫入試験によって地盤の固さやしまり具合を示す．一般に，平野を構成する堆積物は砂礫が堆積している扇状地などを除くと，洪積台地で30～50以上，沖積低地で20～30以下となる場合が多いが，沖積低地の臨海部では5以下，場合によっては自沈するN値0となるような地層も存在する．

このような軟弱な地層がどのような場所に見られるかはその土地の生い立ちと深く関わっている．なかでも後氷期の海水準上昇にともなって拡大した内湾に堆積した厚いシルト・粘土層は沖積低地の臨海部から内陸に向けた地域に広く分布しており，東京下町低地や濃尾平野，大阪平野などでは現在の海岸線から 10～20 km 内陸の地域まで，沖積層最上部の 5～10m の厚さを持って発達する砂層の下位に N 値 0～3 程度の泥層が 10～20m 程度の層厚で顕著に発達している．このような泥層は太平洋岸の沖積低地のみならず，日本海に面して発達する新潟平野や庄内平野，石狩平野や福井平野などでも顕著に発達している．

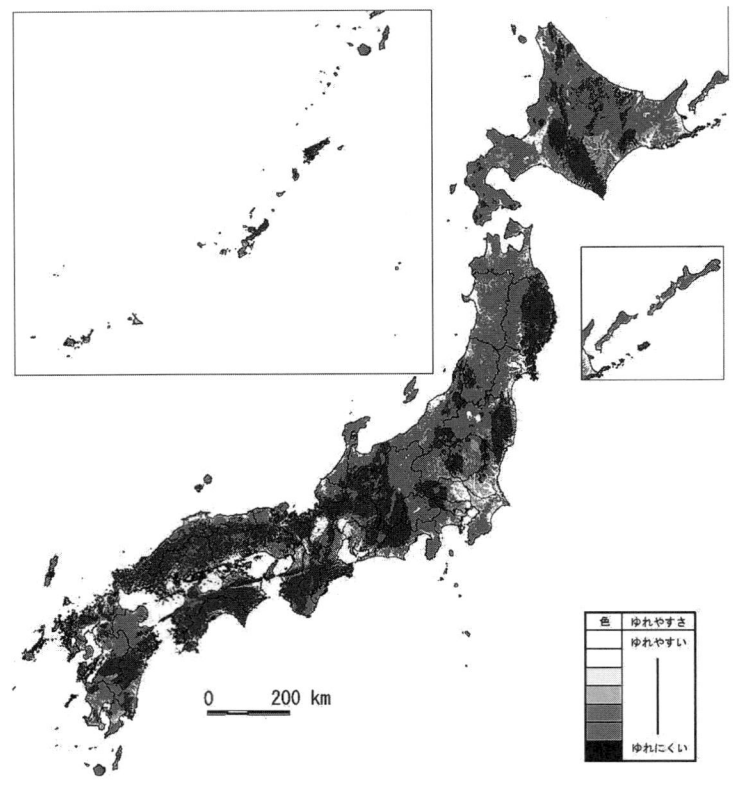

図 7-1　表層地盤のゆれやすさ　（内閣府 (2005)「表層地盤のゆれやすさ全国マップ」を一部改変）

すでにのべたように，比較的大きな平野では縄文海進時に拡大した内湾を埋積しながら三角州が拡大して現在に至っており，表層には三角州の前置層として堆積した砂層が発達している．しかしながら，中小の河川で，上流からの物質供給が顕著でない場合には厚い泥質層の上に乗る砂層が極めて薄い場合や砂層がほとんど発達しない場合もある．また，砂質堆積物を多く供給する本流との合流部で，本流の堆積物によって下流部が閉塞されてしまった形となっている中小河川もみられる．多摩川低地と連続する形で沖積低地を形成する鶴見川の下流部では多摩川の運ぶ土砂によって鶴見川が閉塞された形となって水はけの悪い環境となり，厚い軟弱な地層を堆積している．また，静岡県の太田川も砂礫の供給量が少ないことに加えて，天竜川の排出する堆積物などからなる砂州や砂丘によって下流部が閉塞された状態となっていて，表層部の砂層の厚さは薄く，厚い泥質層が沖積層を構成している．そのため，1944 年の東南海地震の際には周囲に比べて家屋の倒壊率が著しく高くなっている．

一方，東京や横浜では台地を刻む谷が良好に発達している．これらの谷の末端部も縄文海進時には入り江となっており，その後の海退にともなって次第に陸化してきた．多くの谷は流域面積が小さく，武蔵野台地の湧泉などを起源とし，土砂による埋積は緩やかで，多くの人達が居住するようになるまでは湿地の状態が長く続いていた．陸化の過程で堆積した堆積物は軟弱な泥層からなり，湿地の植物が未分解のまま堆積して形成された泥炭層もみられる．東京の溜池付近や不忍池が残る不忍川の谷，横浜の大岡川の谷などは比較的遅くまで入り江の状態が続いていた所であり，関東地震後の復興局の報告（復興局建築部 1929）でもそのような谷が以前の入り江であったことが示されている（図 7-1）．東京の日比谷公園が立

地している場所も，江戸城が造られる頃までは日比谷入り江という東京湾の入り江の一部であり，これらの土地はいずれも1923年の関東大震災の際に建物の倒壊が顕著な場所であった．武村（2003）は関東地震の際の震度を復原しているが，それらの谷の部分では周囲に比べて揺れが一段階大きくなっていることが示されている．

ところで，沖積低地の地表付近では現在の微地形や過去の地形変化を反映して表層地質に地域的な違いが見られる．なかでも，最も広く泥質堆積物が堆積しているのは後背湿地の部分で，以前は水はけが悪く，洪水時に湛水しやすいために主として水田などに利用されてきたが，都市化の進行にともなって住宅地化が進行し，大都市やその近郊地域では多くの人達が住む場所となっている．このような場所では水田として利用されていた土地に盛土をして住宅地化している場所が多く，本来の微高地である自然堤防の部分との高さの差が無くなっている所も多いが，盛土の下には泥質層が堆積していて，地下水位も浅いため，地震時の揺れは近隣の自然堤防の部分に比べて大きくなる可能性がある．また，沖積平野の地形は河川の洪水氾濫の繰り返しによってつくられてきたが，その過程では河川の流路変遷もしばしば発生し，その結果として放棄された旧河道も各地に認められる．これらの旧河道はその後徐々に埋積されていくが，河道を埋積する充填物は主として泥質堆積物からなる．阪神淡路大震災の時には新幹線の橋脚の被害が旧河道の部分でとくに顕著であったという報告もあり（高橋 1996），また，河道の部分は平野面を掘り込んだ形となっているため，旧河道の泥質堆積物は周囲に比べて厚く，比較的遅くまで沼などの水域や水田などとして残されている場合も多い．そのような所では地表部の盛土の下位に泥質層が厚く堆積している場合が多いため，とくに地震時の揺れが大きくなったり後述するように液状化が発生したりする．

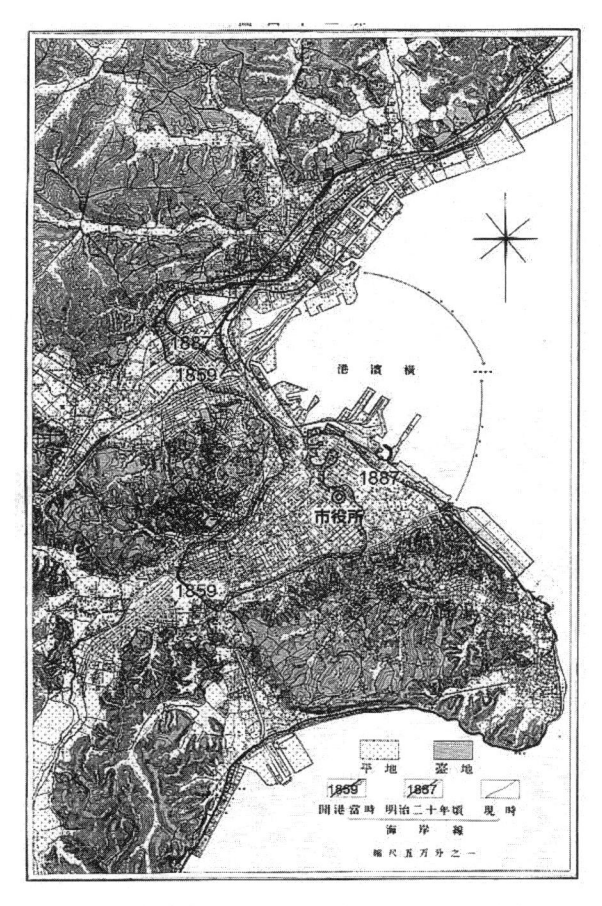

図7-2　復興局報告書に示された横浜市中心部の旧海岸線（復興局建築部，1929に一部加筆）

一方，地震に伴って地殻変動が発生することもある．東日本大震災の際には岩手県や宮城県の沿岸部などで顕著な地盤沈下が報告されており（水藤ほか 2011），石巻市や東松島市の海岸域では広い範囲にわたって水田が水没したり，満潮時に海水におおわれる状態が続いている（写真 7-1 カラー頁）．このような現象がとくに注目されたのは南海地震の際の高知平野においてであり，高知平野の臨海部では広い範囲にわたって 1m 以上も地盤沈下が発生した．このような特徴を持つ地域は将来的にも地震に伴う地盤沈下がくり返し発生することが考えられ，それなりの対策を立てておくことが望まれる．

7.2 津波

　海底で大規模な地殻変動があり，海底が隆起あるいは沈降するとその上にのっている海水が持ち上がったり落ち込んだりして波が発生し，その波が周囲に伝播する．この現象が津波である．津波は波として伝わり，その伝播速度は $V=\sqrt{9.8D}$ で求められる．なお，V は津波の秒速，D は水深（m）で，水深が5,000 m の海では津波の速度はジェット飛行機の速さとほぼ同じ時速800 km にも達する．また，水深500 m，100 m，10 m の場所での津波の伝播速度はそれぞれおよそ250 km/h，110 km/h，36 km/h となり，陸に近い海岸では速度が遅くなる一方，海底との摩擦によって後方の海水が前方の海水に乗り上げる形になって波の高さが高くなる．東日本大震災やインド洋大津波の際に撮影された映像で津波が壁のようにせり立って海岸に迫っている様子が示されたが，そのようなそびえ立つように迫る津波の壁はこのような現象による．

　海岸部に襲来する津波の波動や波高に関しては海底地形を反映したモデルによって解析されるが，陸域に近づいた津波の流動に関しては，それぞれの場所における海底地形やそのほかのさまざまな条件が影響するため，襲来が予想される津波の遡上高を個別の地点について厳密に求めたり，陸域に遡上した津波の流動を推定することはかなり困難である．

　一般には，海岸部における地形的な障壁や人工構造物の存在が津波の内陸への侵入を阻害する要因となり，海岸線に沿って形成された砂堆や砂丘の存在によって津波の内陸への遡上が弱められたり止められたりすることが多い．逆に海岸域に干潟やそれを干拓して形成された干拓地が拡がる場合などには海岸にまで達した津波はそのエネルギーを余り減衰することなく内陸まで侵入する．インド洋大津波による大きな被害を受けたインドネシア共和国のバンダアチェ市の立地する海岸平野では東部に砂堆列が分布し，中央部から西部にかけて潮汐平野起源の低平地が広く分布していたが，津波の侵入は東部と中央・西部とにおいて大きな違いを見せ，海岸線から約2km地点において津波の高さが前者では3mから数十センチ程度であるのに対し，中央部・西部では6〜8 m にも達した（Umitstu *et al.* 2007）．また，東日本大震災で著しい津波の被害を受けた石巻平野では，石巻市市街地の南部にある日和山の両側の建物が密集している地域において海岸線から内陸に向かうに従って津波高が急激に減衰する一方，平野中央部の水田が広く拡がる地域では，海岸部の砂堆を超えた津波が絶対的な高さをあまり変えることなく内陸にまで侵入しており，建物の存在が津波のエネルギーの減少に大きく関わっていることが明らかである（石黒ほか 2011）（図16-9）．

　一方，海岸部に形成された堤防などの人工構造物は津波のエネルギーを減衰させる役割を持ち，津波の規模が比較的小さい場合には津波の陸上への侵入を阻止することも多い．ただ，津波の規模が極めて大きい場合にはそれらの効果は十分でなく，また，構造物自体が破壊されてしまうこともある（写真7-2）．

　また，海岸に面した建物の存在も津波のエネルギーを減衰させる効果を持つ．インド洋大津波の際のタイ王国プーケットの海岸では，海岸には顕著な海岸堤防が建設されなかったにもかかわらず，海岸に面してホテルや観光施設などの建物がぎっしり建っていたため，海に直接面した建物の被害は大きかったが，その背後の地域では建物の破壊による被害は比較的小さく，浸水による被害の方が顕著であった．ただ，建物の存在も，堅固な建造物でかつ密集している場合にその効果が顕著であるが，点在している場合にはそれらが津波のエネルギーを減少させる効果は限定的である．さらに，東日本大震災の際の女川町の海岸部におけるように5階建ての鉄筋・鉄骨造りの建物が地震に伴う液状化によって基礎が抜けて倒れると

いうようなこともあり，構造物自体の堅牢さに加えてその基礎がしっかりしているということも重要である（写真7-3 カラー頁）．

7.3 液状化

地下水位が浅い砂質堆積物からなるような土地では地震に伴って液状化が発生することがある．液状化は，堆積物の間隙が地下水によって満たされた地層において，地震の揺れにともなって堆積物を構成する粒子が流動し，粒子の流動によって粒子間の隙間がより締まった状態となって地盤の不同沈下や亀裂の発生などがひきおこされる現象である．

写真7-2　津波で破壊された宮城県宮古市田老町の海岸堤防（2012年4月22日海津撮影）

液状化が地盤工学的に注目されるようになったのは1964年3月に発生したアラスカ地震と同年6月に発生した新潟地震においてであった（Seed et al. 2001）．このうち，アラスカ地震においては地盤の液状化に伴って引き起こされた大規模な地すべりによってアンカレッジに近いバルデーズ市の臨海部が海中に没するといった現象がおこり，Seedらの液状化に関する研究が進められた（Seed and Wilson 1967；Seed 1968）．また，わが国では新潟地震の際に4階建ての集合住宅が大きく傾き，液状化の問題がクローズアップされて以来注目されるようになり，日本海中部地震や阪神淡路大震災などその後のいくつかの地震でもその発生が報告されている．最近では2011年2月22日に発生したニュージーランドのクライストチャーチ付近における地震において顕著な液状化が発生したことや2011年3月11日に発生した東北地方太平洋沖地震の際に千葉県の浦安地域などにおいて顕著な液状化が発生したことが記憶に新しい．

液状化にともなう地変としては，噴砂（ボイリング），亀裂，流動などがみられる．このうち噴砂は堆積物の粒子が緊密化することにより行き場の無くなった地下水が地中の亀裂などの弱い部分を伝って水とともに砂や泥を噴出したもので，クレーター状の噴出孔のまわりに円錐状の高まりをつくるものである．直径は数十センチメートルから数メートルに及ぶものもあり，遺跡の発掘時にトレンチの壁面にほぼ直立する砂脈が見られることもある（寒川1992）．また，地表面がわずかに傾斜していたり，斜面に近い場所，舗装のつなぎ目などでは地表面に亀裂が発生することもあり，亀裂から線状に連続した噴砂が見られる場合もある．さらに緩い傾斜地などでは液状化にともなって地盤が傾斜方向にずれて移動することがある．1964年のアラスカ地震の際に発生した大規模な地すべりはそのような現象に伴って引き起こされたものである．

わが国ではこれまで数多くの液状化が報告されており，さまざまな地震の記録に液状化に関連した記述がみられる．渡辺（1998）によると1707年10月28日の宝永地震の際には，名古屋では城中所々破損，地割れがあり，海岸では泥を噴出，1804年7月10日の象潟地震の際に酒田では地割れ多く，井戸水が1丈（約3m）噴出，といったことが記録されている．そのほかにも1257年10月9日の関東南部の地震や1762年10月31日の新潟県沖地震，1810年9月25日の男鹿半島沿岸地震，1833年12月7日の山形県沖地震など，地割れや水の吹き出しといった記述が見られる地震も多い．『日本の液状化履歴マップ』（若松2011）によると，西暦416年から2008年の間に液状化と考えられる現象が確認された地震の数は，1884年以前の歴史地震において60地震，1885年以降2008年までの地震において90地震あり，

これは調査対象とした 1,000 の被害地震の 15% にあたるという．なお，1586 年 1 月 13 日の天正地震の際には濃尾平野の木曽三川河口付近に発達する河口州が地震に伴って消失したとされるが（飯田 1987），これも液状化によるものと思われる．

液状化の発生は地震の揺れと発生場所の土地条件とが大きく影響するが，土地条件には表層地質と地下水の状態が関係し，地下水位の極めて浅い沖積平野や海岸平野などでは表層地質とそれに関連する地形の違いが液状化の発生に大きく関わっている．沖積低地における液状化と地形や表層地質との関係に関しては若松の一連の研究があり（若松 1991a, b, c, 1993 など），若松（2011）によると大局的には地盤が人工的に改変された土地，川筋の変動や氾濫によって新しく土砂が堆積した場所，風で運ばれた砂が堆積している土地（砂丘地帯）のうち地下水が浅い場所にあたるとされている．

このような条件を持つ地形としては，沖積平野においては主として砂質堆積物からなる自然堤防，砂丘，浜堤などをあげることができ，1983 年の日本海中部地震の際に，顕著な液状化現象が発生した津軽平野では五所川原以北のデルタ性低地に現在の岩木川に沿う顕著な自然堤防が発達しているが（海津 1976），液状化はこの自然堤防に沿う部分や砂丘地にみられ，それらとの顕著な対応関係を示している（若松 1993）．また，砂質堆積物によって充填された旧河道や砂質堆積物からなる堤間低地，蛇行跡（旧河道）である埋積された三日月湖なども地下水位は浅く，液状化が発生しやすい条件を満たしている．過去の液状化発生地点と低地の地形とを重ね合わせてみると，その対応は極めて良好であることがわかる．2011 年 3 月 11 日の東日本大震災の際には，千葉県我孫子市布佐や千葉県香取市石納，茨城県稲敷市結佐，同六角地区など，沖積低地の特定の地点で顕著な液状化が発生したことが注目された．空中写真や旧版地形図などでの確認すると，これらの場所は以前の河道を埋め立てられた場所にあたっていたことが明らかである（小荒井ほか 2011）．また，林（2010）は一般的には泥質堆積物によって構成されている後背湿地の部分でも液状化が見られることがあることを指摘し，それらが地表下に埋没した自然堤防や旧河道などの埋没微地形の存在と深く関わっていることを明らかにしている．

一方，液状化は埋め立て地においても数多く発生している．阪神淡路大震災の際には六甲アイランドやポートアイランドなどの神戸市及び周辺地域における埋め立て地において顕著な液状化が発生し，埋め立

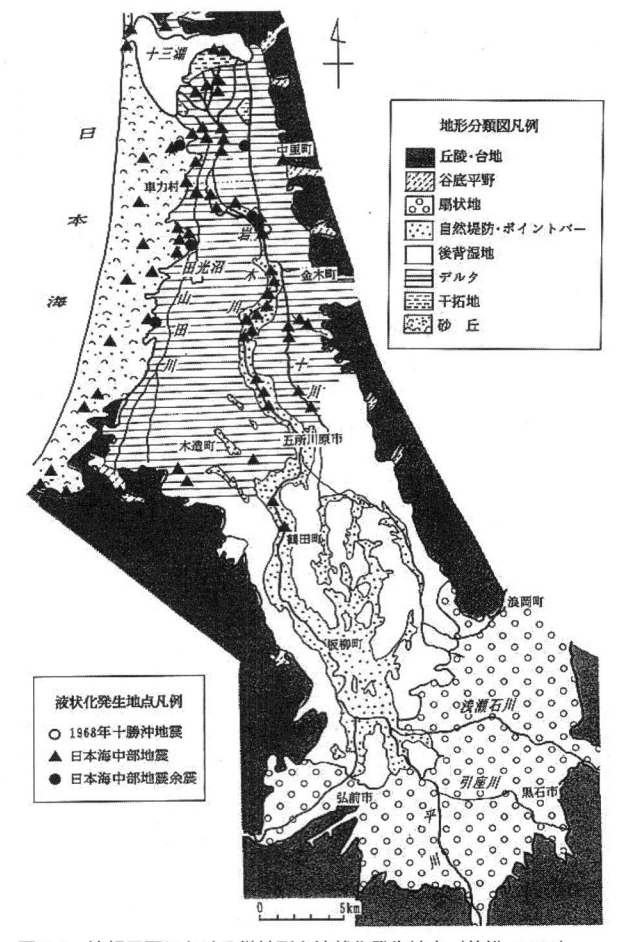

図 7-3　津軽平野における微地形と液状化発生地点（若松，1993）

て地の各所で砂とともに泥水が吹き出した（『アーバンクボタ』40）．また，東日本大震災の際には千葉県浦安地区において顕著な液状化が発生している．これらの埋め立て地は臨海部の干潟や海底に海底や陸上から供給された砂などを盛り土してつくられており，地下水位の浅い所では液状化によって土地の沈下や建物の陥没，マンホールの抜け上がりなどが発生している．なお，埋め立て地における液状化の発生に関しては，埋め立て年代との関係があることが指摘されており，比較的新しい埋め立て地において液状化が発生しやすい傾向がある（若松 1991b）．

写真7-5　東日本大震災における浦安市の液状化によって沈下した路面（2011年5月27日海津撮影）

　千葉県では東日本大震災の際に浦安地域などにおいて著しい液状化が発生したが，浦安市美浜地区や同じ東京湾沿岸の千葉市美浜区高浜などの埋立地や，利根川下流部の香取市，九十九里浜平野の旭市などでは1987年12月17日の千葉県東方沖地震の際にも液状化が発生していたことが知られており（山田2011），さらに，1923年の関東地震の際にも液状化していた場所もある．このような現象は再液状化現象として指摘されており，土地条件に変化がなければ地震のたびに液状化現象が再発する可能性を示している．

8 航空機レーザ計測データと沖積低地の地形環境

長澤良太

8.1 はじめに

　沖積低地は，先史時代より人間の生産活動の舞台となり，文明発展の歴史を記録してきた．かつて日下は，人文地理学と自然地理学の狭間から沖積低地の地形研究に「地形環境」という概念を導入し，低地の地形変化，発達の解明には少なからず人為の影響というものを考える視点が重要であることを説いた（日下 1973）．日下の地形環境研究における主たる関心事は，原始・歴史時代における人間の生活舞台となる平野の景観・環境復原であったが，同時に歴史時代における人間と自然との関係は，現代のそれと比較対照することによって明確に位置づけられるとし，現代の低地の水害や土地利用計画などの応用的側面にも同様な立場から言及している．

　さて，地理学・地形学の応用面における最大の成果として，地形分類の重要性はしばしば論じられてきた（大矢 1993, 大矢ほか 1998 など）．地形分類は地形の生い立ちや構造を解析する地形学にとっては基礎的な作業である一方，現代社会における土地に係るさまざまなニーズに対応する応用科学的な側面も持ち合わせている．とくに沖積低地の場合，その形成年代が新しく，現在もなお形成がアクティブであるが故に，自然の地形形成メカニズムが人間にとって災害となって現れるケースが多い．わが国の場合，沖積低地は人間にとって主たる生活・生産空間の場となっており，地形分類が土地資源管理や防災計画の基図として果たす役割は大きい．しかしながら，沖積低地では地形要素間での比高が小さく，視覚的に明瞭な空間を捉えるのが困難な場合が多い．このため，低地の地形分類は地形学者や経験豊かな技術者による空中写真の目視判読によって作成されるのが一般的であった．

　近年，測量技術の急速な技術革新によって，航空機レーザ計測による高精度で高密度な地形データが取得できるようになり，さまざまな分野での利用が広がってきている．土木，建築などの工学的分野では航空機レーザ計測データの利活用はかなり一般的になってきているが，地形学的な研究でレーザ計測データを積極的に活用している事例は未だ少ない．とくに，沖積低地の場合，元来地形の高低差が小さいので航空機レーザによる詳細な地形データは極めて有効な情報になると考える．そこで，本章では応用地形学的な側面から航空機レーザ計測データを用いて沖積低地の地形環境を定量的に捉える手法とその応用事例について紹介する．

8.2 航空機レーザデータの活用

8.2.1 航空機レーザ測量の概要

　航空機レーザ測量のデータ取得システムやデータ処理手順の詳細については，本書の目的とするところではないので，測量学・リモートセンシング関連の専門書を参照されたい（たとえば，日本写真測量学会

2002，斉藤 2009)．ここでは，レーザ計測システムの概要について簡単に触れ，エンドユーザの立場から地形解析，とくに沖積低地の微地形を航空機レーザデータを用いて解析する留意点などについて解説する．

　航空機レーザ測量は，航空機（飛行機・ヘリコプター）に搭載したレーザスキャナから地上に向けて多数のレーザパルスを発射し，地表面や地物から反射して戻ってきたパルス信号を解析処理することにより，高精度・高密度な三次元デジタルデータを取得する新しい測量技術である．レーザは英語の LASER（Light Amplification by Stimulated Emission of Radiation）の略語で 1960 年代に開発が進められ，今後は航空測量の中軸になっていくものと期待されている．航空機レーザ計測のシステムは，大きく 3 つの技術要素から構成されている．一つめは，航空機に搭載されたレーザ測距装置で，レーザ光を地表に照射し，反射にて戻っている時間差を測って距離を求める装置である．二つめは，GPS（Global Positioning System）装置で，航空時の空間的な位置（x，y，z）を衛星と地上の電子基準点を用いてキネマティク測量を行って正確に割り出す技術である．三つめは，IMU（Inertial Measurement Unit）と呼ばれる慣性姿勢計測装置で，飛行機の姿勢を正確に測りレーザ光が発射された方向を正確に補正するものである．従来の空中写真測量との大きな違いは，空中写真測量では写真という中間媒体を介して間接的に対象物を測る技術であったのに対し，レーザを用いてランダムで直接的に対象地域の地形データを取得する．このため，測定（観測）時やその後のデータ処理における誤差の発生要因が少なくなり，これまでに比べてより精度の高い地形データを作成することができるのが最大の特徴である．通常，レーザによる計測と同時に，航空機デジタルカメラで同じ範囲を撮影するので，高解像度（地上分解能 20cm 程度）の画像が利用できるのも特徴的である．

　航空機レーザ測量で計測される三次元ランダムデータは実際の地表面の高さ（地盤高）でなく，地表面を被覆する植生や構造物の表面高である．この表面データを DSM（Digital Surface Model）と呼ぶ．地表面（地盤高）を得るためには，DSM から被覆物をすべて取り除くフィルタリングという処理が必要であり，その成果として DEM(Digital Elevation Model) が作成される．フィルタリング処理では，地形形状と植生繁茂状況をパラメータ化して樹木や建物などを抽出除去している．こうしたフィルタリング処理は通常一般のエンドユーザレベルで行えるものではなく，レーザ計測を行ったシステムに依存しているのが現状である．概ね 10cm 〜数 10cm の精度は確保されているが，樹木の繁茂状況や建物密度等によって変化する．フィルタリング処理を行うアルゴリズムの精度を向上させるためには，現地の情報をより融合させて目的とするデータだけを効果的に抽出する手法の確立が必要である．すなわち，航空機レーザ計測では，このフィルタリング処理の精度向上が最大の課題であると言われている（斉藤 2009）．

8.2.2　航空機レーザデータの精度

　航空機レーザによる計測にはさまざまな技術要素（レーザ測距，GPS，IMU）が含まれており，さらに計測後のフィルタリング処理が地表の被覆状況の如何によってアルゴリズムが一定でないことから，既往の測量技術のように精度評価を基準化することが困難であるのが実情である．現在，わが国において航空機レーザ計測を行っているのは大手の航空写真測量会社であり，計測に用いるハードウェア，ソフトウェアシステムもそれぞれに異なるものである．各システムのカタログ上での仕様では，水平精度では±30cm 〜 1m（最大標準偏差 1.46m），垂直精度については± 15 〜 20cm（最大標準偏差約 10 〜 30cm）と報告されており（Masaharu et al. 2001），一般的に航空機レーザ計測の場合，水平方向の精度は垂直方向のそれと比較して劣ると言われている（山後 2003）．この精度は縮尺 1：2,500 の地形図にほぼ相当している．ただし，既往の紙地図では縮尺 1：2,500 の場合でも等高線間隔は 1m で独立標高点の数もあま

り多くない．それに比べて，航空機レーザ計測による DEM では空間解像度が 1 〜 5m 程度で加工されているので，低地の地形表現もはるかに豊かになる．また，データはランダムポイントやメッシュの形式で提供されるので，GIS を用いて等高線を発生させることも可能である．

　航空機レーザ計測による地形データ（DEM）の信頼性は，如何に多くの計測点（レーザによる照射ポイント）から地形が表現されているかによって大きく異なる．したがって，エンドユーザの立場からレーザデータの精度を議論する場合，計測システムによる計測時の精度よりはむしろ，計測後のフィルタリング処理の段階で如何に的確に地形表現が再現されているか，という点を意識することが重要である．

8.2.3 航空機レーザデータの入手方法

　航空機レーザ計測は，レーザ計測機器を搭載した航空機を使用し，フィルタリング処理等の後処理にも多くの時間を要するために，データの整備はかなり高価格となるのが通常である．公共測量や土木事業など国や地方自治体のプロジェクトでは，近年一般的におこなわれるようになってきたが，地形研究などの科学研究プロジェクトでは一部の事例を除いて容易に利活用できるものではないのが現状である．

　現在，わが国では国土地理院の Web サイトより国土の基盤地図情報の閲覧・ダウンロードが可能になっている（http://www.gsi.go.jp/kiban/etsuran.html）．このなかには，数値標高モデルも含まれており，10m メッシュと 5m メッシュの標高データをダウンロードして GIS で利用することができる．このうち前者の 10m メッシュ標高は全国整備されているが，既存の 1：25,000 地形図をベースとするもので，レーザ取得されたものではない．一方，後者の 5m 標高データは航空機レーザ計測によって取得したデータから被覆物をフィルタリング処理により除去し，5m 間隔に内挿補間して作成された DEM データである．全国整備には至っていないが，主要な都市圏，河川流域において整備，提供がおこなわれている．

　財団法人日本測量調査技術協会（http://www.sokugikyo.or.jp/laser/search.html）では，わが国で取得された航空機レーザ測量アーカイブデータのポータルサイトを公開している．大手の民間航空測量会社を中心にこれまでに取得されたデータの一覧が検索できるようになっており，直接，各社に問い合わせることによって一部のデータは購入することも可能である．さらに，近年では河川，砂防関連の公共事業に関連して，主要河川沿いに航空機レーザ測量が実施され DEM や DSM の整備が進んでいる．このようなデータは地方整備局や県の河川関連担当部局で管理されており，基本的には非公開であるが研究者が研究目的で使用することを前提条件として貸与することも可能である．上述のポータルサイトでアーカイブされているデータの所在が確認できたらば問い合わせてみると良い．

8.3　航空機レーザデータで捉えた平野の地形環境

8.3.1 対象地域の概要と洪水履歴

　ここでは，航空機レーザデータの実際の活用事例として，鳥取県中部に位置する天神川流域の沖積低地の地形環境と洪水特性について解説する．沖積低地の応用地形学的研究としては，伝統的な分析手法である治水地形分類による洪水危険度の評価をベースに，レーザデータによる DEM 解析の手法を用いて沖積低地の地形環境と洪水危険度の連関性について検討する．

　天神川は，鳥取県東伯郡三朝町の津黒山（標高 1,118m）に源を発し，三朝町内で幾つかの支川を合わせて北流し，倉吉市において小鴨川と合流してからは谷底の幅もやや広がり，湯梨浜町，北栄町にて日本海に注いでいる（図 8-1）．幹川流路延長は約 32km，流域面積は約 490km^2 の一級河川であるが，中

国地方において日本海に流入する他の一級河川（千代川，日野川等）と比べてかなり小規模で急勾配であるのが特徴的である．流域は，支川の小鴨川と本川の天神川がほぼ同じ流域面積で鳥の羽を広げたようなかたちをしている．このため，こうした流域の形状から大雨が降ると流出が重なり，両河川の合流点とその下流ではピーク時の流量が降雨と比較して大きな値を記録することがある．流域の土地利用は山地が約 89％ と大半を占め，水田や畑地などの農地が約 8％，宅地などの市街地が約 3％ となっている．

図 8-1　地域概念図（鳥取県中部の天神川流域）

　小鴨川と天神川の合流点が倉吉市の中心部に位置するということから，倉吉市では古くから繰り返される水害に悩まされてきた．過去の主な水害としては，小鴨川の堤防が多くの個所で決壊した昭和 9 年の室戸台風洪水，戦後最大流量を観測し多くの橋梁（当時は大半が木橋であった）が流出した昭和 34 年の伊勢湾台風洪水，さらに近年では平成 10 年 10 月の台風により倉吉市内で内水氾濫が多発した災害履歴がある．こうしたことから，倉吉市街地を守るために築堤や支川の改修がおこなわれてきた．近代における天神川の治水事業は，室戸台風洪水が直接的経緯となって開始され，無堤地区における堤防の整備，既存堤防の拡幅や嵩上げ，河川断面を増加させるための河床掘削，護岸工事や洗掘対策工事などが継続的におこなわれてきている．

8.3.2　治水地形分類図とレーザ計測データ

　沖積低地の微地形は，地盤高が低く比高も数 m あるいはそれ以下であることから，たとえ大縮尺の地形図を入手しても紙地図のみからその分布を明瞭に図化することは困難である場合が多い．このため，沖積低地の微地形分類を行うには地形学に熟知した専門家が空中写真の目視判読するのが通常で，そのプロセスは定性的で成果品も定量的な表現が難しいとされてきた．

　治水地形分類図は，治水と関連する地形を分類して図化し，洪水時の被害の危険性を予測するなど流域全体の地盤情報を定性的に把握することを目的に国土地理院が作成したものである．昭和 51 ～ 53 年度にかけて，全国 104 の一級河川水系の平野部を対象に縮尺 1：25,000 地形図をベースに計 854 図葉の治水地形分類図が整備された．また，平成 17 年度から一般への公開が開始され，平成 20 年度からはインターネットでの閲覧も可能になっている（http://www1.gsi.go.jp/geowww/lcmfc/lcmfc.html）．

　沖積低地の微地形分類の応用を考える場合，洪水や浸水危険度の評価と対策を講じる際に用いられることが多く，河川工学的な評価が求められる．氾濫・湛水範囲のシミュレーションの入力データとして用いる場合でも数値的な取扱いが必要である．ここでは，従来の定性的な地形分類に代わって航空機レーザ計測から得られる地盤高（標高）データを用い，沖積低地の微地形の把握，地盤高と湛水域の関係性など検討した事例を紹介する．使用したレーザ計測データは，河川・砂防関連の公共事業で一般的に採用される仕様である．通常，レーザ計測のデータは DEM のかたちで最終成果が提供される場合が多いが，本来計測された生のデータはランダムな点群（ポイント）データである．前者はラスタデータであるので，データの構造が単純でエンドユーザでも容易に加工して利用することができる．しかしながら，沖積低地のように地形の起伏が小さい場所で地形の微細な表現を行おうとする場合には，元来の点群データを用いて

TIN（Triangulated Irregular Network）モデルを用いるほうが良い．TIN とは地表面の物理的形状を x, y, z の三次元情報を持った点と線が重複のない三角形の集合体によって表現するモデルで，三次元データを扱うことのできる多くの GIS ソフトウェアでサポートされている．DEM と比較して TIN の有利点は，ランダムな点群をそのまま利用することができるため，より正確で微細な地形モデルを構築できるうえに，二次元の配列データである DEM よりもデータ容量を小さくすることができる．

一例を紹介すると，図 8-2（カラー頁参照）は天神川最下流部の左岸側に発達した自然堤防の地盤高であり，図中赤線で画した範囲が治水地形分類図に描かれた自然堤防である．実際の自然堤防上には集落が立地し家屋が密集するが，ここではフィルタリング処理によって地物や被覆物をすべて除去した地表面を表す点群を抽出し，そこから TIN を構成し表現している．GIS のプロファイル作成ツールを用いて氾濫平野から自然堤防，現河道に至る地形断面図を作成してみると，自然堤防の地盤高は周囲の低地一般面に比べて約 _m 程度高いことがわかる（図 8-3）．中縮尺図である治水地形分類図の精度からすれば地図表現の限界を超えているのであるが，実際の地盤高分布と地形分類境界には位置的なズレが生じている．このような事例から，超高分解能のレーザ計測のデータを用いて定性的な地形分類図を修正・編集することも可能であり，定量的な解析や三次元表示を行うこともできるようになる．

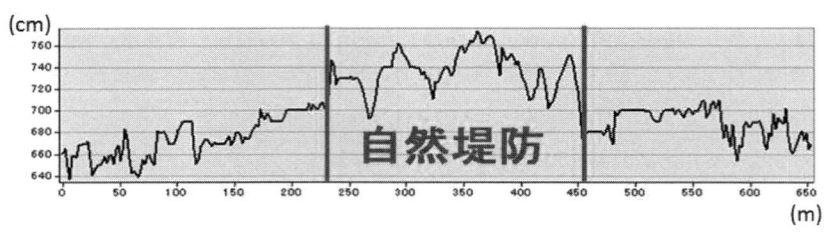

図 8-3　LiDAR DEM による地形断面図

8.3.3　GIS を用いた沖積低地の地形環境解析

GIS は多種多様な地理情報を統合化して，各主題情報間の空間的な解析を可能にする．ここでは，航空機レーザデータをリモートセンシング画像，地形分類，土地利用，過去の洪水実績図などの地図情報とともにデータベース化して沖積低地の地形環境特性や土地の洪水・浸水に対する脆弱性，危険度を GIS の空間解析機能を用いて解析した事例を紹介する．洪水に対する土地の脆弱性，危険度は，第一義的に地盤高が重要な要因である．したがって，地盤高に関するデータの精度や解像度が十分に高ければ，それだけ詳細な解析・評価を行うことができる．この点で，航空機レーザ計測によるデータの利用は有効であり，GIS データベースの中に取り込んで他の主題データと統合化し，オーバレイ解析や三次元的な解析に供することができる．

鳥取県中部の天神川流域に発達する沖積低地は，幅 2～3km ほどの小規模な谷底平野状の低地である．図 8-4（カラー頁参照）は，レーザ計測データから 2m 空間分解能の DEM を作成し，低地の地盤高を階級的に図化したものである．レーザ DEM では垂直方向の精度が数 10cm 程度に保たれているので，ここでは地形表現を 10cm の単位で図化している．倉吉市の市街地が立地する中流域では，地表面は広く人工的に平坦化されており微起伏は見られないが，支川小鴨川の谷底低地内では地形分類図の旧河道や自然堤防に対応する縞状の凹凸が地形表現されているのがわかる．レーザ DEM データで確認してみると，旧河道と自然堤防の比高は最大 2m 程度の高低差があった．旧河道については，低地の一般面よりもさらに約 50cm 程度低い凹地として表わされている．このように従来の紙地図ではなかなか表現できなかった沖積

低地の微地形もレーザデータを用いることによって定量的に把握できることが明らかになった．

　天神川の河口部には日本海に沿って北条砂丘が幅 2km 程で発達しており，谷底平野の出口を閉塞している．砂丘の頂面は標高 15～20m に達しており，その背後に広がる後背湿地（氾濫平野）の標高は 5m 程度で，両者の境界には明瞭な遷急線が表現されている（図 8-4）．最下流部の低地面には格子状の複雑な微起伏が多数表現されているが，これらは水田の畔であって自然の微地形ではない．図 8-5（カラー頁参照）の治水地形分類図に描かれている自然堤防などの微地形は，現在までにおこなわれた圃場整備に伴って現景観からは完全に消失してしまっている．

　低地の土地利用は，環境省生物多様性センターが Web 公開している第 6，7 回自然環境保全基礎調査の現存植生図（GIS データ）をベースに最新の ALOS Avnir-2 Prism パンシャープン画像（空間分解能 2.5m）を判読して更新・編集し，沖積低地の部分のみを切り出して作成した（図 8-6 カラー頁参照）．沖積低地では土地条件に応じて集約的な土地利用がおこなわれているので，低地の地形環境を考慮する一属性として土地利用は重要な要因である．小鴨川の谷底や北条砂丘背後の後背低地（氾濫平野）は広く水田化されているが，自然堤防などの微高地には集落が立地する．しかしながら，中流域は倉吉市中心部にあって，氾濫平野の大半が現在の河道に接する箇所まで市街地化している．GIS の重ね合わせ機能を用いて地形分類と土地利用について関係をみると，自然堤防では 92％ が住宅地として土地利用されており，とくに古くからの集落は大半は自然堤防上に立地している．しかしながら，氾濫平野で 38％，旧河道・旧越堀で 51％ の範囲が住宅地として利用されており，洪水・浸水害に対して比較的に脆弱な箇所にまで宅地化が進行しているのがわかった．実際に，過去最大の浸水氾濫が起きた昭和 9 年室戸台風時における湛水深分布図（図 8-7 カラー頁参照）と重ね合わせてみると，現在の住宅地の約 70％ が浸水しており，このうち湛水深 2m 以上の個所が 7％，1m 以上の個所が 26％ と非常に危険度の高い地域に住宅地として土地利用されている．

　次に，治水地形分類図の地形型ごとに湛水深の分布の特徴をみると，自然堤防では湛水深 1m 以上の浸水域が占める面積割合が 17％ であるのに対して，氾濫平野では 35％，旧河道では 28％ となり，浸水した際の湛水深は相対的に大きくなっている．昭和 9 年の大洪水時には自然堤防上であっても浸水したが，その湛水深は 50cm 以下の範囲が約 38％，50～100cm 以下の範囲が 29％ で，低地の一般面（氾濫平野）に比べて浅い湛水深にとどまっていた（図 8-8）．このように，治水地形分類図の手法によって洪水・浸水害に対する土地の脆弱性を予測することは可能であり，それを地図上に表示できる点で低地の防災対策においては重要なベースマップになることは明らかである．こうした理解のうえで，洪水氾濫，高潮，津波など低地の浸水害に対する危険度をより高精度でシステマティクに解析，評価していくために，航空機レーザデータの活用が期待される．

　最後に，DEM の三次元地形解析から洪水時における浸水の危険地域を抽出してみよう．ここでは，ArcGIS ver.10 の Spatial Analyst を解析ツールとして用い，流向ラスタの作成（Flow Direction）処理を行った．最初に，DEM のピクセル値から最も急な降下傾斜

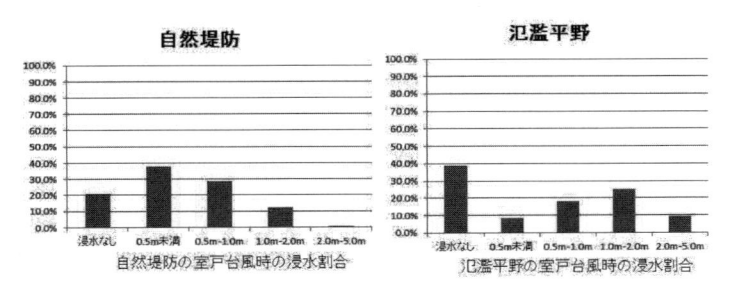

図 8-8　自然堤防，氾濫平野と湛水深の関係

となる近傍ピクセルへの流向を8方向で計算する．この際，2つのピクセルのフローが互いに向き合っているとシンク（窪地）として認識され，流向を決定することができない．そこで流向解析に先立ってシンク抽出ツールを用いてシンクを抽出し，サーフェスの平滑化を行って陥没のないDEMデータセットを作成する必要がある．これよって，氾濫した越流水が地表面をどの方向に向かって流れ，湛水がどの箇所に集中するかを地形の特性から推定することができる．ここでは，DEMとDSMの両者をベースとして処理し，双方の比較を行った（図8-9，8-10カラー頁参照）．DEMによる流向ラスタは，DSMによるそれと比較して総じてより大きな集水域を捉えていることがわかる．実際に，洪水流は地表面上の構造物の配置に規定されることが想定されるが，より大局的な視点からみればDEMによる流向ラスタは低地内の各所における地形的特徴に応じた地盤高の空間分布により水の流れの概略を示すものと考えられる．

比較的広い集水域を示した箇所は，倉吉市中心部の三朝川と小鴨川の合流点付近，さらにその上流の小鴨川，国府川の合流点付近で，いずれも東向き，あるいは南向きの集水域ラスタが抽出された．最大の集水域ラスタは最下流部の北条砂丘背後の後背低地（天神川左岸）に見られ，天神川現河道とは反対向きの西に向かった集水の流れが確認できる．逆に明瞭な集水域ラスタを示さない多くの箇所では，越流水は一定方向に集水することなく，分散することが想定される．このようなレーザDEMから推定される集水域ラスタと室戸台風時の洪水氾濫で記録された湛水深分布とを重ね合せ，両者の空間的な関係を解析してみると，集水域ラスタの広い地域は室戸台風水害時の湛水深が最も大きかった箇所に対応しているのがわかる（図8-11カラー頁参照）．とくに，広域的な集水域ラスタが相互に接する箇所は水が集中してくることが危惧され，重点的な対策等が考慮されなければならないだろう．

以上のように，従来の治水地形分類図にDEMやDSM，さらには最新の土地利用データ等を統合してデータベースを構築し，ハザードマップの作製や防災対策を実施していくことが重要であると考える．レーザ計測によって入手されるDEMやDSMは，比高の僅かな沖積低地の地形的特徴の抽出やその可視化，さらには応用地形学的に定量的な地形解析を行うことによって，沖積低地の防災計画の立案等に資する情報を提供することができるものと考える．

9
世界のデルタ

堀　和明

9.1　はじめに

　デルタ（三角州）は河川によって運ばれた土砂が河口付近に堆積し，海岸線の前進によって形成される堆積地形である．海岸線の前進とある通り，これは海退期の堆積システムである（図 3-3 参照）．

　低平な形態をもつデルタは洪水の影響を常時受けてきたものの，洪水がもたらす細粒な堆積物はデルタに分布する肥沃な土壌の形成に寄与してきた．また，デルタ上にみられる湿地・森林やラグーンをはじめとする水域は，野生生物や魚類などの生息場となっている．そのためデルタは古くから人間によって狩猟や農耕，居住の場として利用されてきた．

　デルタが世界の陸地に占める割合は 5% 程度であるが，現在，デルタあるいはその近辺で生活を営んでいる人口は約 5 億人にも達する（Syvitski *et al.* 2009）．人口密度は 1 km^2 あたり約 500 人と推定されており，世界の人口密度（1 km^2 あたり 45 人）に比べて大きい（Overeem and Syvitski 2009）．

　世界を代表する大きな土砂供給量をもつ河川（図 9-1）は河口部に大規模かつ低平なデルタ（これらはメガデルタとも呼ばれる）を形成しており，背後に大きな流域を抱えている．しかし，最近，このようなデルタの多くで，流域から供給される土砂量が減少している．また，デルタ下に存在する天然資源の採掘によって，急激な沈降が生じているデルタも認められている．さらに海水の熱膨張や氷河の融解による海水準上昇も懸念されていることから，近年，デルタの脆弱性に関する議論が活発になってきている．

　本稿では土砂供給量の大きい河川によって形成される大規模デルタを例にして形態や堆積物の特徴（堀・斎藤 2003；Hori and Saito 2008）を述べた後，デルタの脆弱性を検討している最近の研究を概観する．

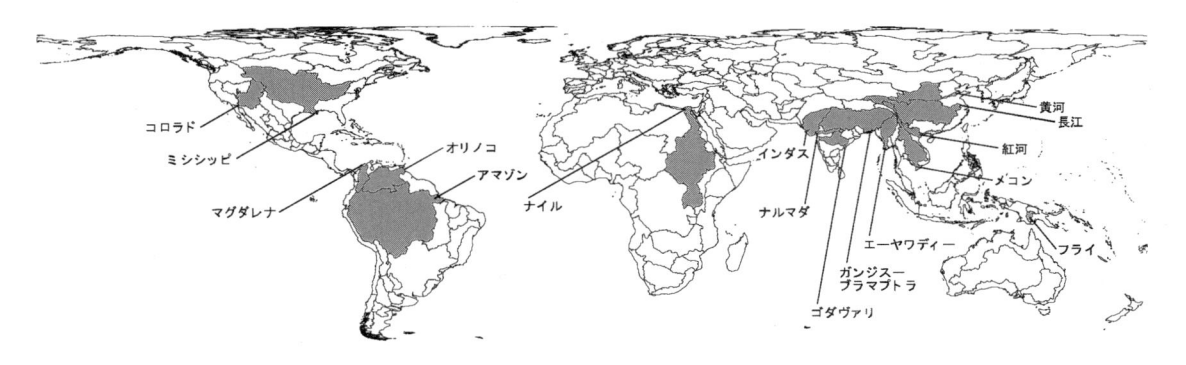

図 9-1　土砂供給量の大きな河川とその流域
（http://www.fao.org/geonetwork/srv/en/metadata.show?id=38047）

9.2 デルタの区分

デルタでは堆積環境や堆積相にもとづいた区分がなされている（図9-2）．一般的には，海面との位置関係から，低潮線より陸側を陸上デルタ（subaerial delta），低潮線より海側を水中デルタ（subaqueous delta）に区分する．さらに前者を潮汐の影響が及ぶ下部デルタプレイン（lower delta plain）とその影響がない上部デルタプレイン（upper delta plain），後者をデルタフロント（delta front）とその沖側のプロデルタ（prodelta）に細分する（Wright 1982）．水中デルタの縦断形の傾斜変化を考慮して，デルタフロントを陸側の傾斜の小さなデルタフロントプラットフォーム（delta front platform）（Allen 1965）と海側の傾斜の大きいデルタフロントスロープ（delta front slope）と呼ぶこともある．

河川からデルタに供給される堆積物はデルタフロントに最も活発に堆積し，とくに分流路の末端には分流河口州（distributary mouth bar）と呼ばれる砂州を形成する．デルタフロントの堆積物の一部は掃流で運ばれ，プロデルタに比べて堆積物の粒度は大きい．一方，プロデルタはデルタフロントの沖側に位置するため，堆積物のほとんどは浮流により運搬された細粒シルトや粘土からなる（Wright 1982）．

日本では，頂置層（topset bed），前置層（foreset bed），底置層（bottomset bed）という区分もよく用いられているが，これは水中斜面の傾斜が大きく，縦断方向の地形傾斜変化が明瞭な米国のBonneville湖の更新統ファンデルタの研究（Gilbert 1890）（ギルバード型デルタ：Gilbert-type deltaという）が元になっている．

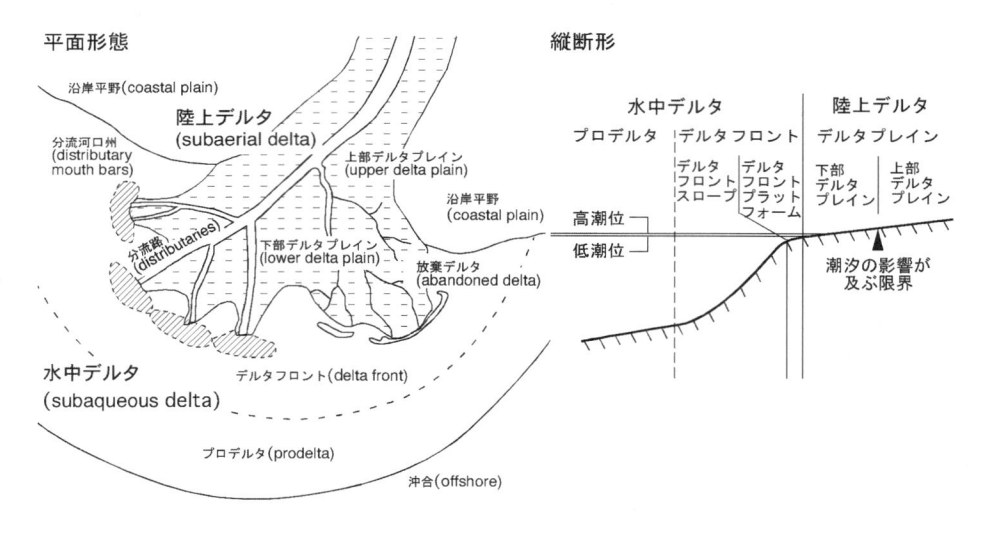

図9-2 デルタの平面形態（堀・斎藤，2003を改変）

9.3 デルタの分類

デルタの平面形態は，土砂の主要な供給源である河川のみでなく，デルタが形成される海域の波浪や潮汐などにも影響を受ける（Fisher 1969）．Gallowayはデルタフロントにおいて卓越する営力にもとづき，

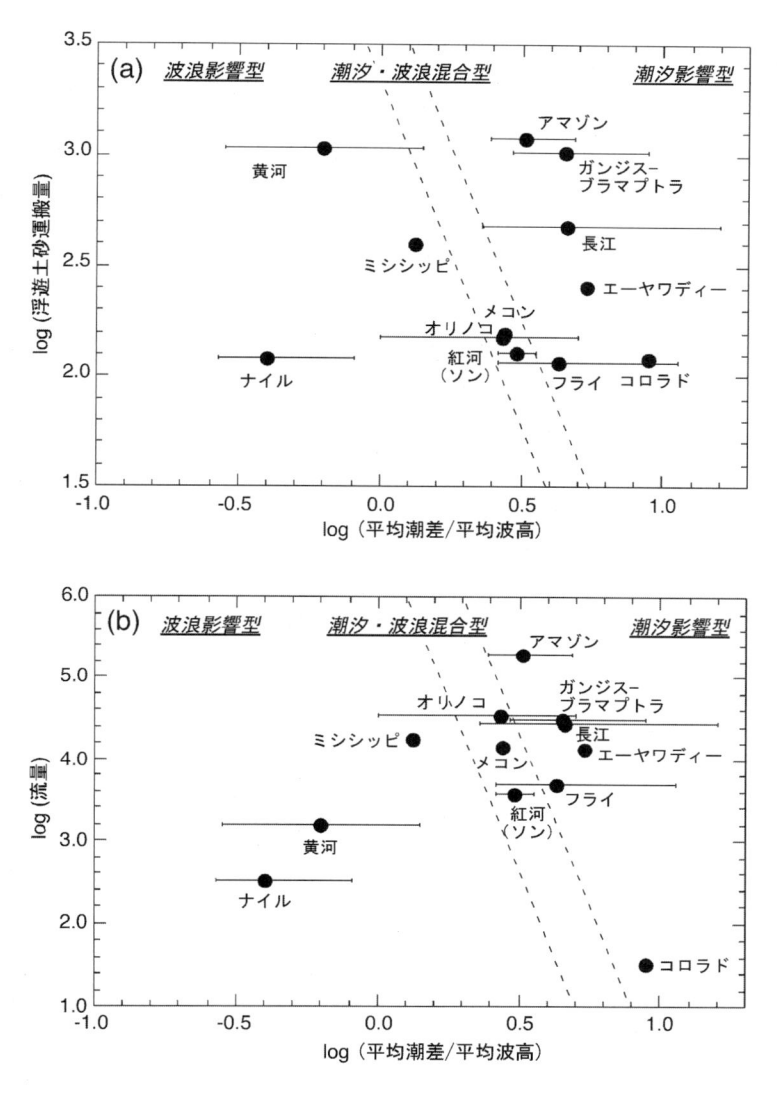

図9-3 主要大河川デルタの沿岸環境．(a) 浮遊土砂運搬量と平均潮差／平均波高，(b) 流量と平均潮差／平均波高の関係．なお，3つのグループ（波浪影響型，波浪・潮汐混合型，潮汐影響型）を分ける点線は便宜的に引いたものである．

デルタを河川，潮汐，波浪卓越型の3種類に分類し，河川営力が強い場合は鳥趾状デルタ，波浪の影響が強ければカスプ状デルタ，潮汐の影響が強ければ河口部が海側に開くエスチュアリーのような形態を示すデルタが発達するとした三角ダイアグラムを提案した（Galloway 1975）．さらにデルタを構成する堆積物の粒度についても考慮し，泥質から礫質までのデルタの分類がおこなわれた（Orton and Reading 1993）．これはデルタに働く主要な営力を明確にし，形状と堆積相を同時に理解できる優れた分類である．

図9-3は浮遊土砂運搬量，流量，平均潮差，平均波高にもとづき，土砂供給量の大きな河川が形成する大規模デルタを分類したものである（Hori and Saito 2008）．横軸には各デルタにおける平均潮差を平均波高で割った値の対数，縦軸には浮遊土砂運搬量および流量の対数が取られている．すべてのデルタは河川の流量および土砂供給量に強く影響を受けているため，この分類では三角ダイアグラムで用いられてい

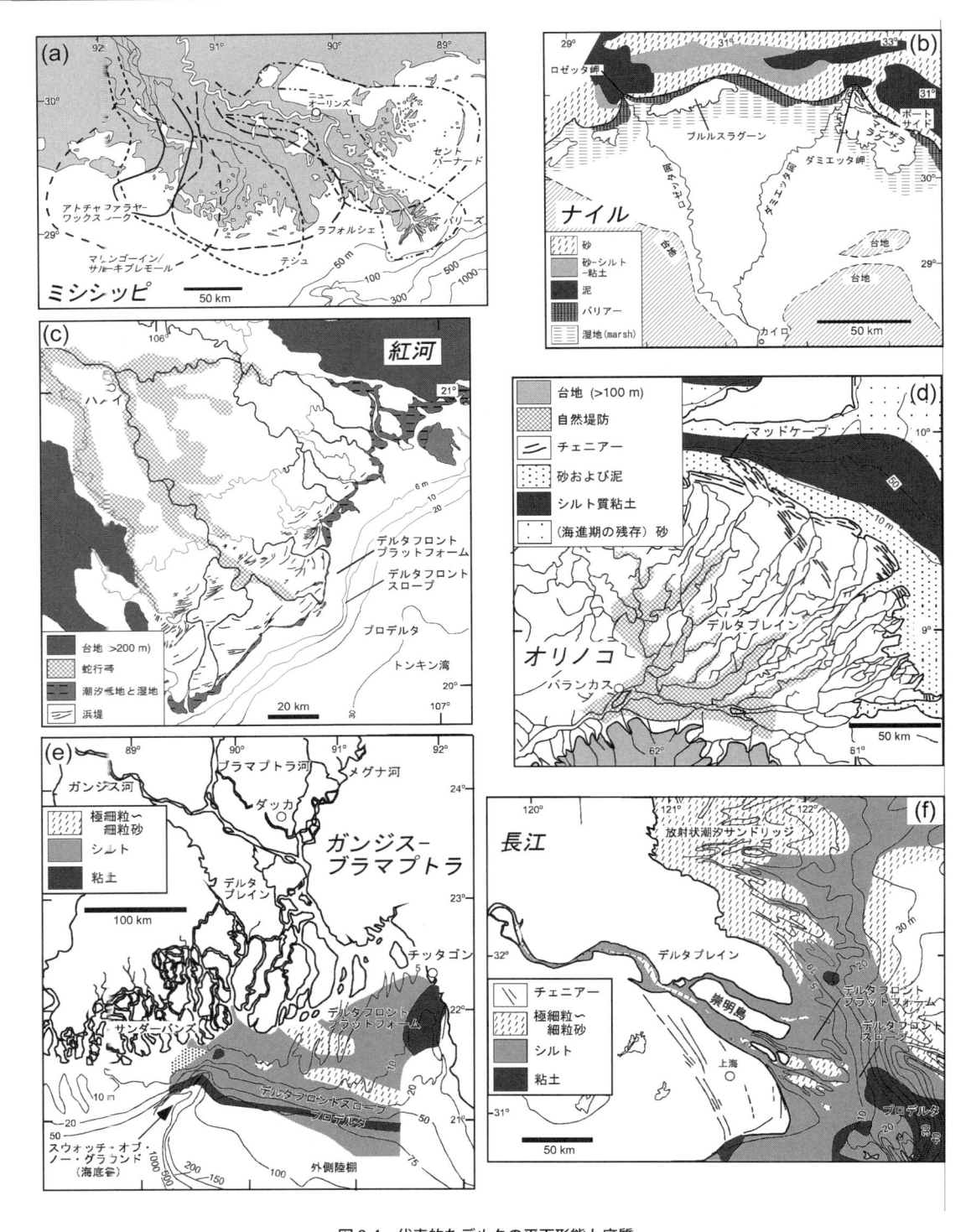

図9-4 代表的なデルタの平面形態と底質.
(a) ミシシッピ, (b) ナイル, (c) 紅河, (d) オリノコ, (e) ガンジス—ブラマプトラ, (f) 長江. 堀・斎藤 (2003) を改変.

る河川卓越型デルタを採用せず，波浪影響型，波浪・潮汐混合型，潮汐影響型に分けた．

この図から土砂供給量の大きい河川の多くは潮汐の影響を強く受けていることがわかる．一方，波浪の影響が潮汐の影響よりも顕著なのは，黄河，ミシシッピ，ナイルである．また，河川の寄与は図の上部に位置するものほど大きい．

9.4 各タイプの平面形態と地形

先ほど紹介した波浪影響型，波浪・潮汐混合型デルタの平面形態には以下の特徴がある．

波浪影響型のデルタは本流および分流路が海に入るところで海岸線が海側に突出する（図9-4a, b）．しかし，周辺部では波浪が卓越し，河川が搬出した土砂は波により再移動するため，海岸線は円弧状あるいは平滑な形態となりやすい．

ミシシッピデルタでは，流路変更により放棄されたデルタは沿岸侵食および相対的海水準上昇により，バリアーやバリアー島に変化し，最後は浅瀬になる．また，ナイルデルタにおいては，この地域の現在の海水準が後氷期以降もっとも高いため，分流路間にはバリアーやラグーンが発達する．

潮汐・波浪混合型のデルタは，デルタの頂点付近から始まる河道の分岐や，海岸線付近にみられる伸びの方向が異なる数群の浜堤列やチェニアー（Nguyen et al. 2000；Warne et al. 2002）で特徴づけられる（図9-4c, d）．メコンデルタでは，デルタプレインの陸側には浜堤列がみられないが，海側には幾重にも浜堤列が発達している（Nguyen et al. 2000）．紅河（ホン河）デルタやオリノコデルタでも，同様の特徴がみられる．これはデルタの前進にともなって，沿岸環境がより波浪の影響を受けるようになったことを反映する（Ta et al. 2002；Tanabe et al. 2003）．

ただし，潮汐・波浪混合型の場合，海岸線沿いすべてにわたって浜堤列が発達するわけではない．たとえば，オリノコ河では，河川および潮汐の影響の強い東部がエスチュアリー状を呈するのに対し，北西に向かう沿岸流の影響の強い北部はチェニアーやマッドケープで特徴づけられる（Warne et al. 2002）．マッドケープは泥質堆積物からなる丸みを帯びた細長い岬状の堆積地形で，5-10kmの幅，100kmぐらいの長さをもつ．また，紅河においても北東端では，潮汐低地の発達が良好となる．

潮汐影響型のデルタは，河口が海側に開き，エスチュアリーのような形態を示す（図9-4e, f）．デルタフロントプラットフォームの幅は他のタイプに比べて大きい（Nittrouer et al. 1986）．河口には数本の分流路と流路に平行な島がみられる．さらに，分流路の海側末端には，分流路と平行に伸長する，砂質な堆積物からなる分流河口州が形成される場合がある．これは潮汐リッジ（tidal ridge）とも呼ばれる（Dalrymple 1992）．

また，潮差が大きいため，海岸線に沿って泥質干潟が発達する．たとえば，ガンジス—ブラマプトラデルタの海岸線付近西部にはサンダーバンズ（Sunderbans）と呼ばれる，澪筋の発達が著しいマングローブ湿地が広がる．

9.5 堆積物と堆積速度

大陸の大河川が運搬する土砂は，8～9割が浮流によって運搬される細粒な堆積物，1～2割が掃流によって運搬される粗粒な（砂質）堆積物からなる．そのため日本の河川に比べて濁っており，デルタを構成する堆積物も細粒である．大規模デルタの場合，前述したように，プロデルタはシルト～粘土，デル

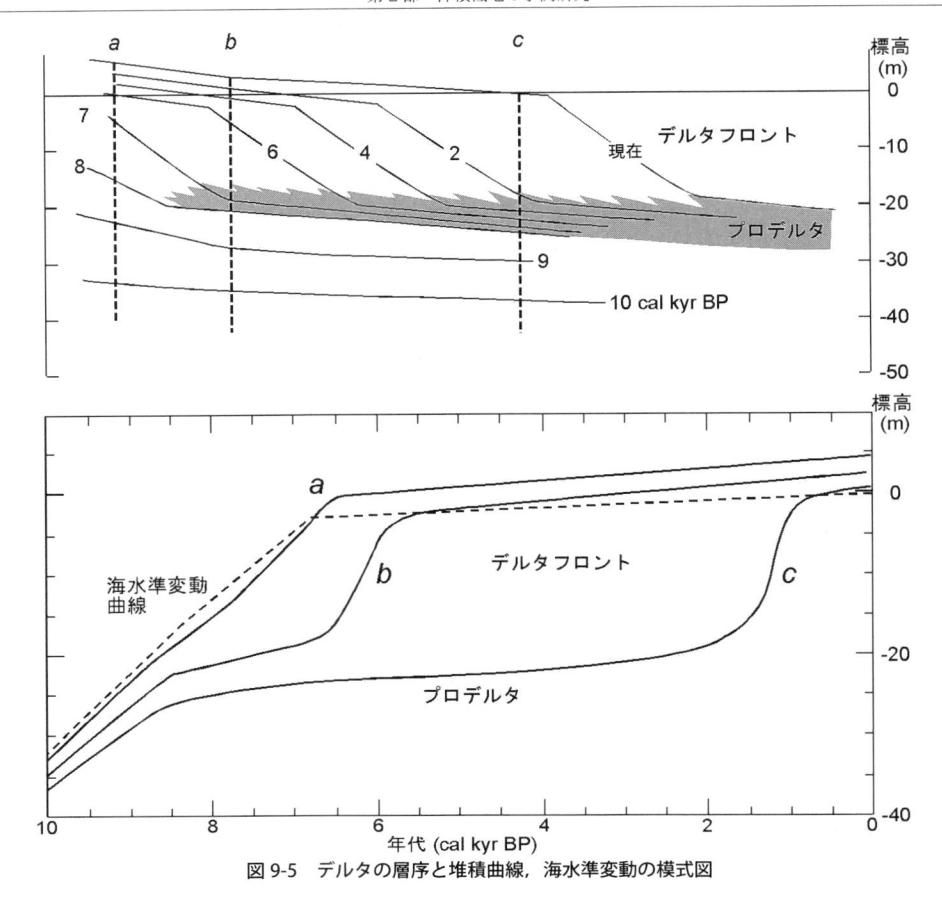

図9-5 デルタの層序と堆積曲線，海水準変動の模式図

タフロントおよびデルタプレインはシルト～砂で構成されることが多い．

　現在みられるデルタの形成は，氷床の融解にともなう海水準上昇の速度が低下した約 8 kyr BP 以降に始まっているが，デルタが海側に向かって前進すると，下位からプロデルタ，デルタフロント，デルタプレインと重なる典型的なサクセッションが形成される．一般的にはプロデルタからデルタフロントにかけては上方粗粒化のサクセッション，デルタフロント上部からデルタプレインでは上方細粒化のサクセッションを示す．堆積速度はプロデルタで小さく，地形勾配の大きなデルタフロントで急増する．1本のボーリング試料に多数の ^{14}C 年代値を入れて 1,000 年スケールでの堆積曲線（深度～年代曲線）を描いた場合，下に凸の形態をとりやすい（図9-5）．これは 1,000 年スケールのみでなく，10-100 年スケールでも成り立つ．

　しかし，完新世の海進時に海が広がった範囲には限界があるので，上流側に向かってプロデルタの泥は薄くなっていき，やがてそれを欠くようになる．プロデルタの泥を欠く場合，堆積曲線は下に凸ではなく，直線的な形状をとるようにみえ（図9-5），地層の累重様式が海側とは異なっていたことを示唆する．したがって，デルタ発生初期，つまり海進から海退に転じる前後の堆積システムの発達過程を考える上で，プロデルタの泥の分布限界よりも上流側における研究蓄積が望まれる．

9.6　デルタの脆弱性と持続可能性

　海水準付近に広がるデルタの環境は，海水の熱膨張や氷床の融解によって生じる汎世界的な海水準上昇

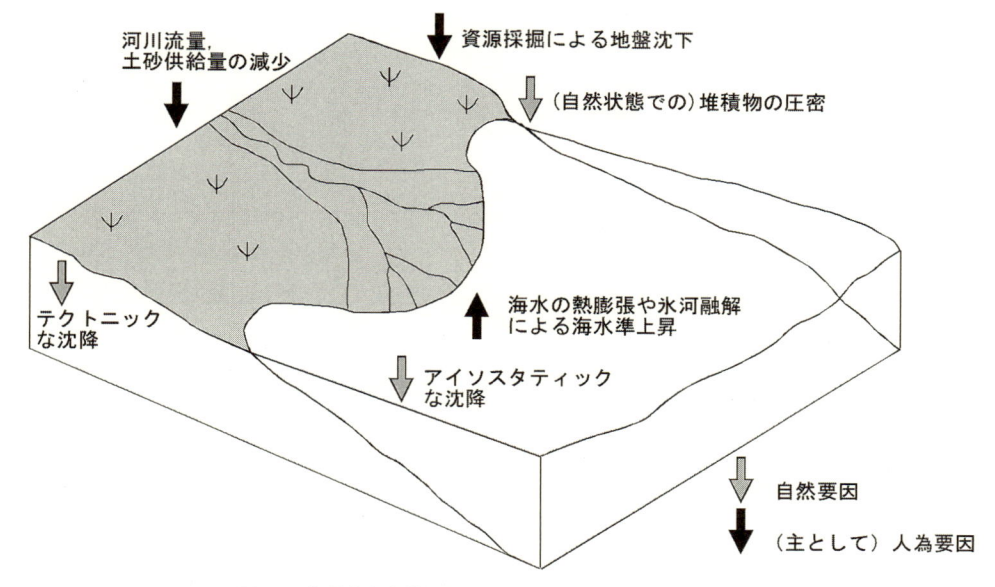

図9-6 相対的海水準上昇をもたらす主な人為要因と自然要因

や，河川流量や土砂運搬量の増減，テクトニックな地殻変動やアイソスタシーによる隆起・沈降，自然状態における軟弱堆積物の圧密，天然資源採掘に伴う地盤沈下，河川堤防や海岸堤防の建設による河道や海岸の固定，人口増加に伴う土地利用変化によって，短期間で大きく変化しうる．こうした中，世界各地に分布するデルタの特徴を比較しながら，デルタの脆弱性や持続可能な保全・管理を取り上げた研究が盛んになってきた（Ericson *et al.* 2006; Woodroffe *at al.* 2006; Syvitski *et al.* 2009）．

とくに相対的な海水準上昇は，完新世中期以降から続いてきたデルタの成長・前進を鈍化させ，デルタの縮小や生態系の破壊を招く恐れがある．相対的海水準上昇に寄与する要因として重要なものは，汎世界的な海水準上昇，土砂供給量の減少およびそれに伴う堆積物の累重速度の低下，堆積物の圧密や資源採掘に伴う地盤沈下，テクトニクスやアイソスタシーによる沈降である（図9-6）．

IPCCの第四次評価報告書によれば（IPCC 2007），海水準は海水の熱膨張や氷河・氷床の融解によって，1961～2003年は1.8 mm/yrで上昇した．とくに1993年以降は3.1 mm/yrの割合で上昇したとされている．また，温室効果ガス排出シナリオにもとづいておこなわれた将来予測では，21世紀末までに0.18-0.59 mの海水準上昇が起こると考えられている．

流域におけるダムや灌漑用水路の建設は，本来下流域へ到達すべき河川の流量や土砂運搬量を著しく減少させている．また，堤防建設による河道固定は，河川の氾濫を抑えることにつながったが，陸上デルタへの土砂の堆積を抑制してしまっている．世界の河川によって運搬される浮遊土砂運搬量のうち，2割程度がダムによって捕捉されてしまう（Syvitski *et al.* 2005）．表9-1にみられる河川も，そのほとんどで堆積物供給の減少がみられる．とくに黄河やコロラド河，ナイル河では，ほとんどの土砂がダムや灌漑用水路に堆積している．また，長江では流域に分布する多数の小規模なダムによる影響で土砂供給量が減少していたが，三峡ダムの建設・運用に伴って，その減少は加速している（Wang *et al.* 2011）．

デルタ堆積物は軟弱で粒度も小さいため，自然な状態であっても堆積後に間隙水が排水され，体積が減少して収縮する．これは地盤高の低下を招くが，正確な沈降速度は詳細に明らかにされていない．さらにデルタ下に存在する，地下水や原油，天然ガスといった天然資源の採掘は地層の収縮を加速させ，急速な

表 9-1 土砂供給量の大きな河川とそれが形成するデルタの特性

河川	浮遊土砂運搬量($\times 10^6$ t)a	堆積物供給の減少率(%)b	デルタの面積($\times 10^3$ km²)c	海抜2m未満の面積(km²)d	地下水,原油,ガスの採掘e	人口 2000年f	予測人口 2015年g
アマゾン	1,200	0	106	1,960*	0	318,464	522,718
黄河	1,080	90	5.71	3,420	大	3,842,410	8,759,240
ガンジス-ブラマプトラ	1,060	30	87.3	6,170*	大	147,463,000	189,175,000
長江	480	70	34.1	7,080	大	44,372,400	44,803,200
ミシシッピ	400	48	28.8	7,140	大	1,895,640	2,081,330
エーヤワディー	260	30	30.4	1,100	中	9,702,460	11,111,200
インダス	250	80	6.78	4,750	小	1,610,750	2,346,040
マグダレナ	220	0	3.89	790	中	505,615	611,870
ゴダヴァリ	170	40	3.43	170	大	5,339,490	5,922,290
メコン	160	12	49.1	20,900	中	28,227,700	35,209,300
オリノコ	150	0	25.6	1,800*	不明	113,383	167,730
紅河	130	-	4.59	-	-	-	-
ナルマダ	125						
コロラド	120	100	6.34	700	大	26,043	33,550
ナイル	120	98	24.9	9,440	大	39,653,300	49,227,900
フライ	115	0		70*	0	5,403	7,462

a: Milliman and Syvitski (1992), b, d, e: Syvitski *et al.* (2009), c: Ericson *et al.* (2006), f, g: Overeem and Syvitski (2009)
* 植被の影響で数値標高データによる見積もりが控えめになっている

地盤沈下を招いている（これは accelerated compaction や accelerated subsidence と称されている）．表1に挙げた河川のうち，ガンジス河，エーヤワディー河，メコン河，ミシシッピ河，ナイル河，長江は，人間活動による急速な地盤沈下がデルタ縮小の主要因となっており（Syvitski *et al.* 2009），たとえばミシシッピデルタでは，原油やガスの採掘が湿地帯の喪失を招いていると考えられている（Morton 2005）．

また，最終氷期最盛期以降に氷床の融解が大規模に起こり，海水準が上昇した．これに伴い，旧氷床やその周辺では厚い氷河の荷重が取り除かれたことにより地殻の隆起が生じたり（グレイシオアイソスタシー），氷床から離れた地域では海水量の増加により海底への荷重が増大し，海底の沈降が起こったりしてきた（ハイドロアイソスタシー）．このようなアイソスタシーは比較的ゆっくりと生じるが，長期間にわたってデルタ域の隆起・沈降に寄与する．

Ericsonほかは世界に分布する40のデルタを取り上げて，現在の有効な海水準上昇を0.5-12.5 mm/yrと見積もっており，海水準上昇への適応策が講じられることなく，この状態が2050年まで続けば，これらのデルタにおいて5%程の面積が失われ，約900万人に影響が及ぶと推定している（Ericson *et al.* 2006）．また，Syvitskiほかも33の大規模デルタを対象に，数値標高データや衛星画像，過去の地図を用いた地形解析などをおこない，これらのデルタの約26,000 km²が海面下に位置していること，約96,000 km²が海抜2m以下の土地であり，将来の相対的海水準上昇により，この面積がさらに拡大する可能性が高いことを報告している（Syvitski *et al.* 2009）．アジアの大規模デルタはとくに多くの人口を有し（表9-1），今後も人口増加が予想されるため，相対的な海水準上昇の影響を考慮したデルタの維持・開発が望まれる．

10
濃尾平野の形成場

須貝俊彦

10.1 はじめに

　第1部2章で述べたように，沖積低地のつくられやすさは，沖積層の主たる構成物である土砂の供給場の条件と堆積場の条件の双方に依存している．そこで本章では，沖積低地の形成場を広義には土砂の供給場および堆積場，狭義には土砂の堆積場と定義する．そして，濃尾平野の広義の形成場として中部傾動地塊を，狭義の形成場として濃尾傾動地塊をとりあげて，各形成場の特徴を述べる．ところで，濃尾平野の地下には，かつて沖積低地をつくっていた更新統が厚く堆積しており，海進・海退の記録が保存されている．氷河性海水準変動と地殻変動から導かれる堆積空間形成速度に着目して，深度600 mコアに記録された過去90万年間の海進・海退史を読み解いてみよう．最後に，濃尾平野の形成場をつくってきた地殻変動は現在も進行中であり，その影響を受けながら沖積層が堆積していることを述べる．

　地形地質がつくられつつある沖積低地の研究は重要である．研究成果を古い時代に適用すれば，長期的な地殻変動や海水準変動の理解が深まる．成果を未来に応用すれば，今後も変貌し続ける活きた地形場の上に，サステナブルな人間活動を展開していく知恵が得られるだろう．沈降速度が大きく，土砂供給の活発な濃尾平野は，こうした新たな沖積低地研究の展開を試みるフィールドとして魅力に満ちている．

10.2 濃尾平野の概要

　日本列島のほぼ中央に位置する濃尾平野は，約1,300 km^{2}の面積を有する典型的なデルタタイプの沖積低地（海津 1981）である（図10-1）．濃尾平野へ土砂を供給する主な河川は，木曽川・長良川・揖斐川であり，合わせて木曽三川とよばれている．これらのうち，流域面積最大の木曽川は，木曽山脈の主稜線を流域界として，西南西へ流下し，濃尾平野に達すると，犬山を扇頂とする扇状地を形成している（図10-1b）．木曽川は扇端付近で流向を南に変え，自然堤防地帯（氾濫原）とデルタを流れ，伊勢湾に注ぐ．長良川と揖斐川は，飛騨山地と両白山地に水源をもち，濃尾平野に入ると扇状地を形成し，氾濫原・デルタを経て伊勢湾へ注ぐ．現在，木曽三川は氾濫原の西縁付近を互いに並行に流れるが，人工堤防で流路が固定化される以前は，洪水時に流路位置を変えつつ，平野全域に土砂を堆積させていた（大矢 2006など）．

　濃尾平野の南に広がる伊勢湾は，最終氷期には全面が陸化したが，後氷期の海進に伴い7,500年前頃には大垣まで拡大し，その後，デルタの前進によって埋め立てられてきた（海津 1979, 1992；井関 1984；山口ほか 2003；小野ほか 2004；大上ほか 2009；Saegusaほか 2011など；図10-7, 8）．

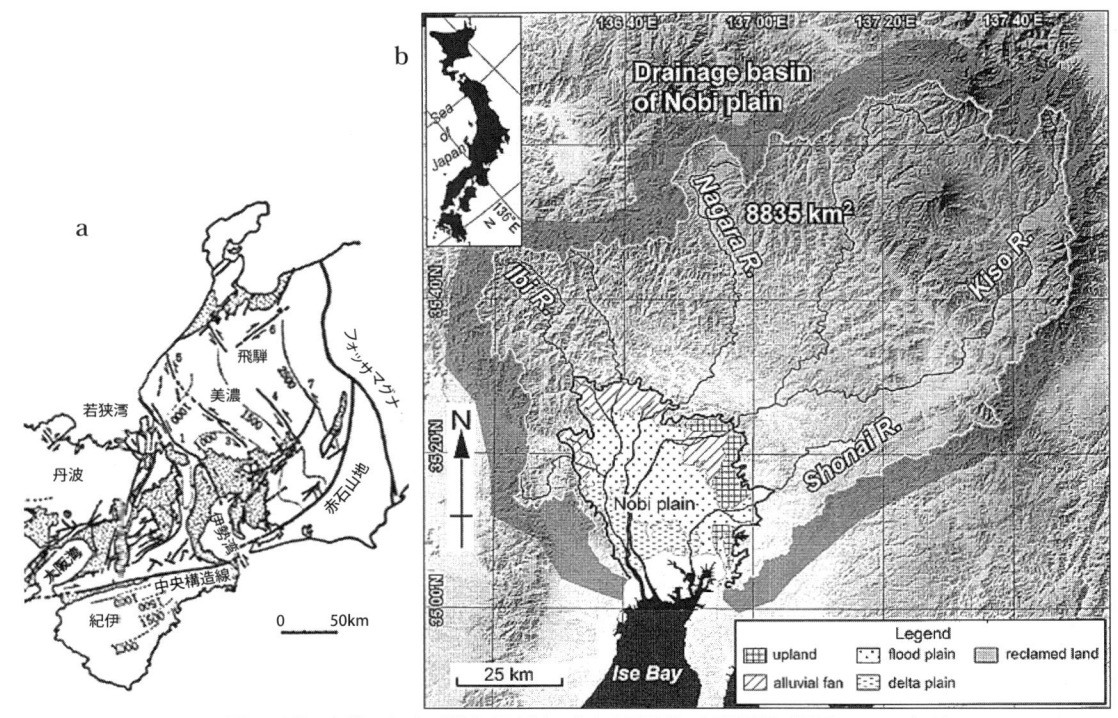

図 10-1 (a)　中部傾動地塊と近畿三角帯における鮮新‐更新統の分布と同時代の活断層系（桑原 1968 による）
1. 柳ヶ瀬断層　2. 養老断層　3. 根尾谷断層　4. 阿寺断層　5. 福井断層　6. 跡津川断層　7. 神谷断層　細点線と数値は山地地域の接峰面高度を示す.
(b)　濃尾平野の位置と概略地形分類図（山口正秋作成）

10.3　濃尾平野埋積層の供給場としての中部傾動地塊

　沖積低地の形成場を，平野を埋積する土砂の供給源をも含めた地域とみなすならば，濃尾平野の形成場は，日本アルプスから濃尾平野〜伊勢湾に至る中部傾動地塊（桑原 1968）となろう（図 10-1a）．東西幅約 150 km に達する中部傾動地塊は，その東縁をユーラシアプレートと北米プレートの衝突境界である糸魚川－静岡構造線活断層系に，西縁を敦賀湾－伊勢湾線に画される大地形である．濃尾平野の流域は，中部傾動地塊の半分近い面積を占めており，地塊の西側斜面のいわば上端から下端までを含む．図 10-2 は，中部傾動と濃尾平野の関係を示した断面図である．地塊の東側斜面は急傾斜で起伏量が大きい．一方，西側斜面は，接峰面でみると緩傾斜であるが（図 10-1a），木曽川水系によって深い谷が穿たれ，濃尾平野へ多量の土砂を供給してきた．日本アルプスの侵食速度は，数 mm/年に達し，世界でも最速クラスである（Ohmori 1983）．中部傾動地塊の東部は，富士山を除けば，本州で最も標高が高く，幅広い．西へ向かって標高と島弧幅は減少し，近畿三角帯[1]に移行する．
　こうした大地形は，第四紀を通した広域応力場の特性と地殻変動によって生じたと考えられる．中部傾動東部の中部山岳の隆起には，北米プレートとユーラシアプレートの衝突が関与し，フィリピン海プレートの沈み込みに伴う伊豆半島の衝突も影響していると思われる．一方，傾動地塊の西を縁どる敦賀湾－伊勢湾線や近畿三角帯が著しく沈降してきた理由はよくわかっていない．近畿三角帯の地殻は厚く，負のアイソスタシー異常を伴うことから，この地域が沈降するためには，下方に引っ張る原動力が必要である（池

田 1996).敦賀湾から伊勢湾にかけての低地帯は北西－南東方向に伸びており，北東－南西走向の南海〜駿河トラフと直交することから,沈み込み帯の付加体テクトニクスでは説明できない．池田（1999）は，飛騨山脈から飛騨高原にかけての地域は,地下でプレート下部（マントルリッド）のデラミネーション（はがれ落ち）が生じたために隆起し，飛騨高原より西の地域は，琵琶湖付近の地下を中心に，はがれ落ちた高密度のマントルリッドがプレートを下方へ引っ張るために沈降している，とする仮説を提唱している．

中部傾動や近畿三角帯などの 100 km オーダーの長波長の地殻変動とは別に，木曽山脈や養老山地のような幅 10 km 程度の断層地塊山地は，上部地殻における活断層の断層活動によって形成される(池田 1996)．図 10-2 には，100 万年前ころまでに広域に堆積した土岐砂礫層（森山 1987）およびその対比層と，それらに連続する侵食小起伏面（須貝 1995）の分布も示してある．これらの分布から，養老断層近傍では傾動がとくに活発であることがわかる．養老断層の活動に伴う地殻変動（濃尾傾動）が，中部傾動に重なっていると解釈できる．中部傾動の東部において，恵那山地や木曽

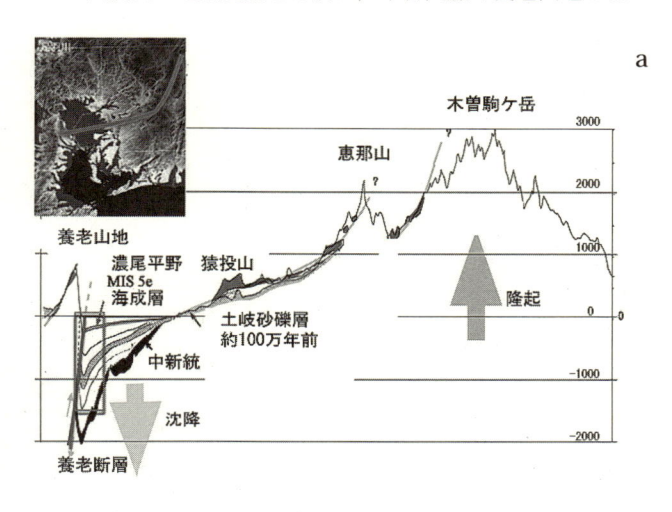

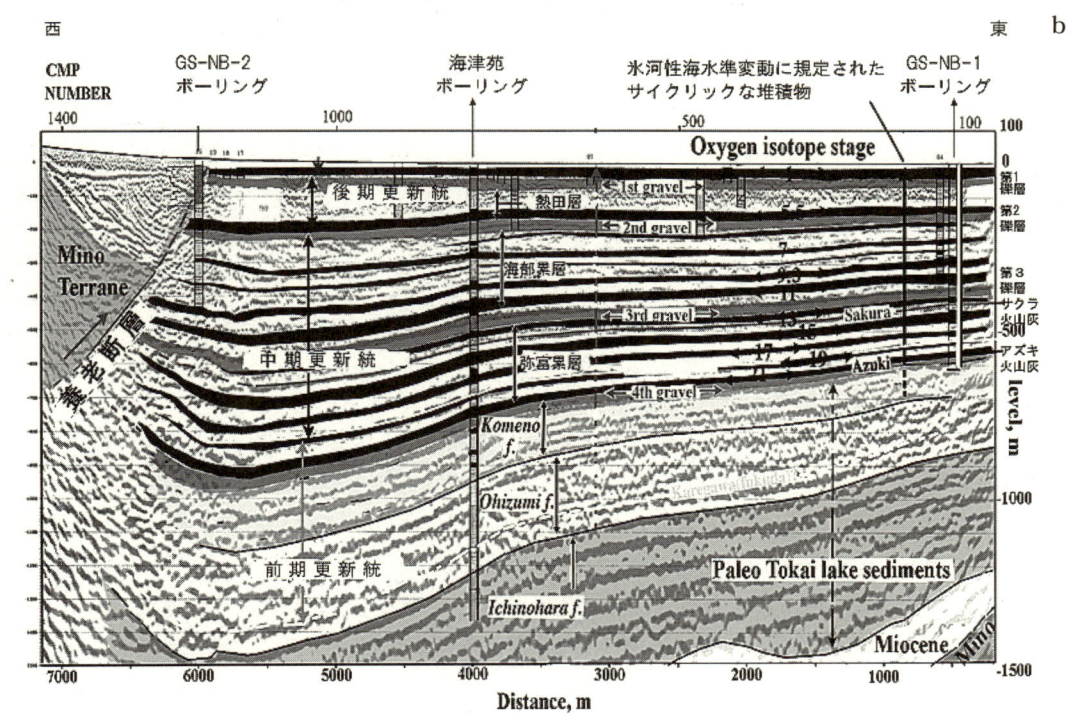

図 10-2（a） 中部・濃尾傾動地塊と濃尾平野の地下構造．
（b） 濃尾平野の地下の堆積構造と層序．図 10-2a の一部を拡大．反射法地震断面図（図 10-3）をベースに，産総研が掘削した 2 本のコア：GS-NB-1（深度 600m：須貝・杉山・水野 1999）と GS-NB-2（深度 451m：須貝・杉山・松本・佃 1998）の解析結果を加えて描いた．

山脈の西側斜面に残存する侵食小起伏面が山頂に向かって急上昇し，上空に抜けるようにみえることも同様に解釈でき，これらの小山塊を隆起させる短波長の地殻変動が，中部傾動にかさ上げされているのだろう．こうした地殻変動によって，後背地の起伏が増し，活発な土砂の生産が維持されてきたことは，濃尾平野の形成場としては重要なことである．

10.4 濃尾平野埋積層の堆積場としての濃尾傾動地塊

　変動地形学的にみると，濃尾平野は，その西縁を養老断層によって画される典型的な「片側断層型」の堆積盆地である．濃尾平野全体が養老断層に向かって傾き下る運動が第四紀の途中から活発化したと考えられており，この運動は濃尾傾動地塊運動と呼ばれている（桑原 1968）．数十万年という時間でみれば，濃尾傾動地塊運動によって形成される堆積空間を土砂が埋積して，濃尾平野はつくられてきたといえる．土砂の堆積場を沖積低地の形成場とみなすならば，濃尾傾動地塊がそれに該当する．

　1995 年の兵庫県南部地震を契機として，平野の地下に伏在する活断層を調べるために，地下構造探査が進んだ．濃尾平野では，地質調査所活断層研究センター（当時）による反射法地震探査や大深度ボーリング調査がおこなわれた（図 10-3，10-4 カラー頁）．反射断面図をみると，西へ傾き下る反射面の繰返しが目を引く．しかも下位の反射面ほど傾斜が急である．こうした反射面の特徴は，平野全体が西へ傾きながら沈降してきた濃尾傾動運動の歴史がイメージされている．後述するように，オールコアボーリング調査によって，各反射面が氷期の基底礫層に対応すること，およそ 100 万年前に活発化した養老断層の断層活動に伴い，養老山地と濃尾平野が分化してきたなどがわかっている（図 10-2b）．この間，養老山地は標高 800 m 程度まで隆起し，濃尾平野は海面下 1,000 m 程度まで沈降した．ただし，平野では，沈降量に見合う量の土砂が海面高度とほぼ同高度で堆積しつつ，西へ傾下してきたと考えられる．地層の堆積構造から濃尾傾動の歴史を読み解くことができる所以である．

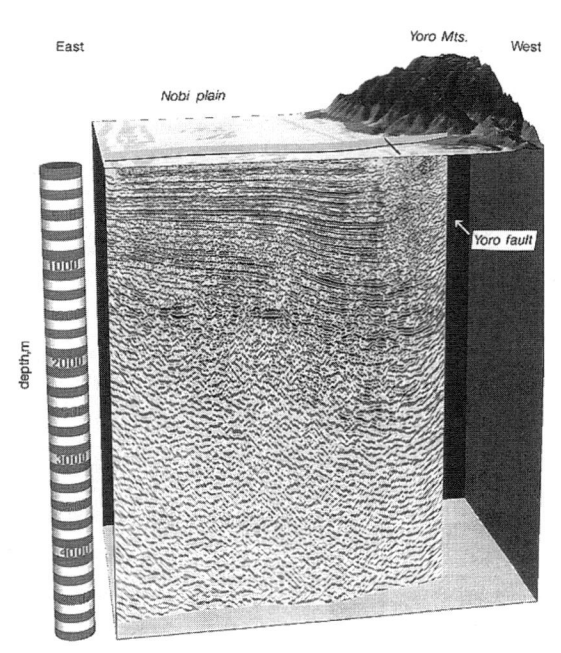

図 10-3　大深度地震探査東西反射断面（須貝・杉山 1999）．

　濃尾傾動を引き起こしてきたのは養老断層の活動であるが，養老断層の南に位置する桑名断層や四日市断層，さらには，伊勢湾断層や平野の南東端に伏在する天白川河口断層等の活動もまた，濃尾平野の形成場のテクトニックな位置づけや，更新世以前の濃尾平野南部の地形発達を考えるうえで重要である．本章では，最終間氷期前後を境に，伊勢湾断層や天白川河口断層の活動性が低下し（桑原 1984），代わって四日市断層の活動が活発化したこと（大上・須貝 2006），完新世においては，養老・桑名・四日市断層帯が主要な活構造を構成しており，単一の活動セグメントを成してきた可能性が高いこと（須貝 2011）を指摘するにとどめる．

10.5 中部傾動・濃尾傾動と土砂の移動・堆積システム

　濃尾平野の埋積層は，主に木曽川水系を通じて，中部傾動地塊から供給されてきたと考えられる．他方，養老山地の断層崖からも濃尾平野へ土砂が供給されてきた．養老断層崖を刻む河川は大きな縦断勾配をもつために，地震動などを誘因として，山麓に土石流涵養型扇状地を形成してきた（須貝・柏野 2011）．ただし，これらの支流性扇状地の扇面面積が濃尾平野全体の面積に占める割合はわずかである．氷期にはこれらの扇面は拡大したと推定されるが，古木曽川本流の扇状地の拡大・南下が顕著だったようである（山口ほか 2006b など）．各氷期に堆積した礫層の礫種分析結果も調和的であり，低海水準期に堆積した砂礫層は，濃飛流紋岩やカコウ岩類のなど飛騨山地や木曽山脈起源の礫を多く含む傾向にある（佐藤・須貝・杉山 2007；図 10-4f）．大局的には，濃尾傾動盆地の埋積物の供給源は木曽三川流域であり，中部傾動地塊で生産された土砂が，濃尾傾動盆地の北端から盆地内へ流入し，北から南に向かって堆積空間を埋めてきたといえる．土砂の移動方向が傾動方向と直交する関係は，濃尾傾動が活発化してからずっと続いてきたらしい．

　今後も濃尾平野の顕著な沈降運動が続けば，養老山地起源の土砂は，山麓の狭い範囲に累重し続け，扇面面積は拡大しないだろう．しかし，養老山地が起伏を増し，養老山地の断層崖からの土砂供給が更に活発になれば，扇状地群が濃尾平野側へ張り出してくる可能性もある．他方，千年〜万年スケールの地形変化に着目すれば，濃尾平野の形成場は，約 10 万年周期で繰り返される氷河性海水準変動に支配されてきたといえる．濃尾傾動地塊の西縁から中央にかけての広範囲に沖積低地が分布する事実は，氷河性海水準変動と深く関わっている．7〜8 千年前以降，海面高度の安定期が続き，木曽三川のデルタが前進しつづけて，沖積低地が拡大したのである．地殻変動，氷河性海水準変動と河川や海による堆積作用の 3 要素がどのように関わりあって濃尾傾動地塊が埋積されてきたのかに関しては，次節で論じる．

10.6　第四紀の海面変動が濃尾平野の形成場に与えた影響

10.6.1　地下に埋もれた海進－海退サイクル

　本節では，深度 600 m オールコアボーリング（GS-NB-1）解析によって明らかにされた濃尾平野の地下層序をもとに，氷河性海水準変動が濃尾平野の堆積場に与えてきた影響について述べる．GS-NB-1 コアは，礫層と泥層の互層からなる（図 10-4b）．詳しくみると，上方に向かって，礫層・砂層・泥層・砂層の順で堆積する地層のセット（上方細粒化後に上方粗粒化する岩相サイクル）が，10 回認められる．深度 380m 以浅の 5 サイクルは明瞭である．最新サイクルは，下位から順に，沖積層基底礫層（河床礫）・沖積下部砂層（デルタ堆積物）・沖積中部泥層（内湾泥層）・沖積上部砂層（デルタ堆積物）に対比され（山口ほか 2003），GS-NB-1 以外のコア分析もあわせた濃尾平野の形成史が復元されている（たとえば，大上ほか 2009；図 10-8；Saegusa ほか 2011；図 10-7）．上方細粒化と上方粗粒化のセットは，海進から海退への変化を反映しており，低海水準期から海面上昇期，高海面期，海面低下期を経て，再び低海水準期へ戻る，氷期―間氷期の海水準変動サイクルが地層として累重していると推定される．

　各セットに含まれる泥層のうち 6 層は海成層で，3 層は海成〜汽水成層であることが，珪藻分析と電気伝導度（EC）測定によって確かめられる[2]（図 10-5c, d）．内湾および外洋性の珪藻の出現率が高い層準で EC 値も高い．EC は相対的な水深変化の指標となりえることを考えると（Naruhashi ほか 2008; Niwa

第 2 部　沖積低地の事例研究

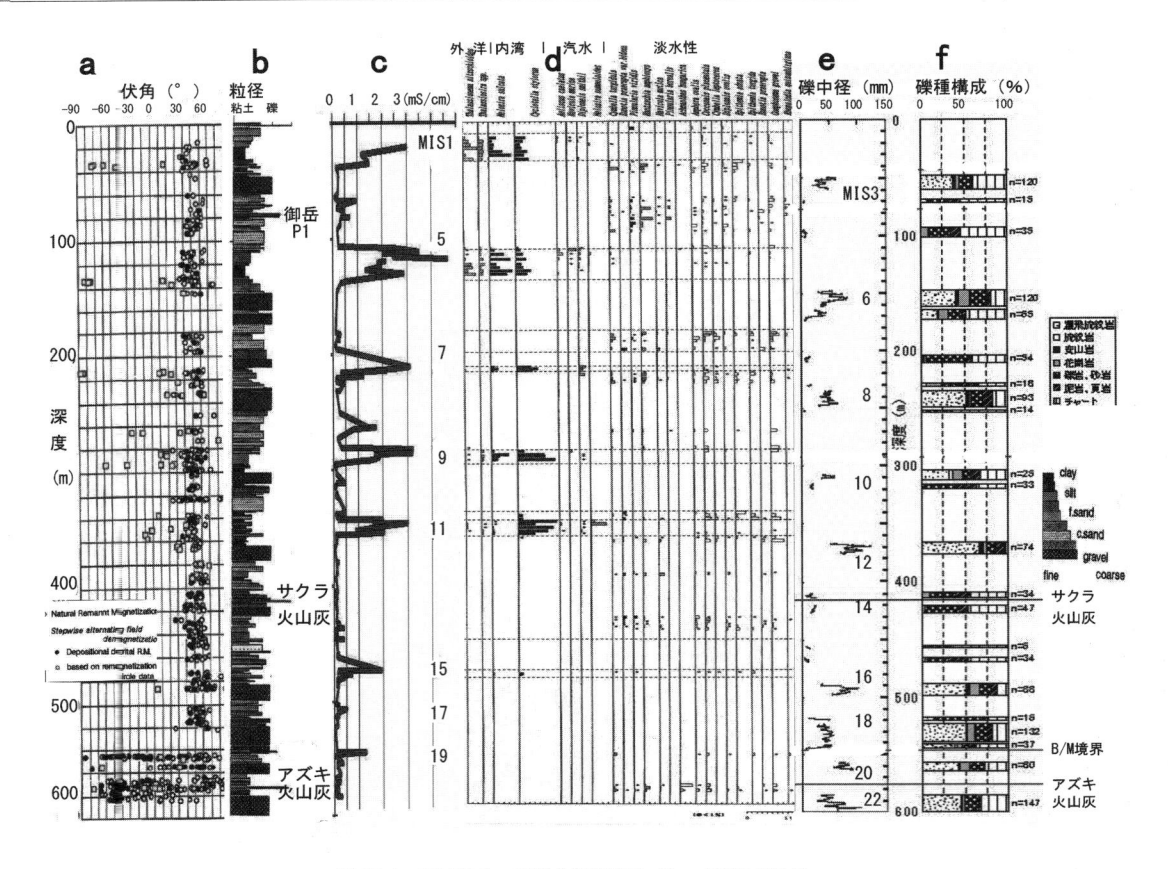

図 10-4　GS-NB-1 コア総合解析結果 (Sugai ほか 2011).
(a) 深度 600 オールコア (GS-NB-1) の伏角の変化.
(b) 柱状図. 深度 415m と 577m に, 西日本の代表的な広域火山灰である「小林—笠森テフラ (サクラ火山灰；約 52 万年前に降下)」と「曲—アズキテフラ (アズキ火山灰；約 87 万年前に降下)」が挟在する (須貝・杉山・水野 1999).
(c) 泥層の混濁水の電気伝導度 (EC 値) の深度変化. 2 m S/cm 以上が海水域, 0.5 m S/cm 以下が淡水域, 0.5～2 m S/cm が汽水～海水域での堆積を示す.
(d) 珪藻遺骸群集ダイアグラム　(e) 最大平均礫径の変化　(f) 礫種構成

ほか 2011a), EC 値や珪藻群集組成が泥層ごとに異なるのは, 海進規模, とくに水深の違いを反映していると考えられるが, この点は次節で詳しく検討する.

　泥層の堆積年代は, コアに挟在する広域テフラの降下年代 (御岳第一軽石層 On-P1：約 10 万年前；町田・新井 2003；小林—笠森テフラ Kb-KS：約 52 万年前；町田・新井 2003, 曲—アズキテフラ：87 万年前；町田・新井 2003), 古地磁気イベント (Blake, Pringle Falies, α, β；Glen and Coe 1997) と地磁気極性逆転境界 (Brunhes-Matsuyama boundary：78.3 万年前；Glen and Coe, 1997) などをもとに推定できる (図 10-4a, 10-5a, b). すなわち, GS-NB-1 コアの深度 20, 120, 210, 280, 350, 475 m 付近の海成層は海洋酸素同位体層序 (MIS)[3] の 1, 5.5, 7, 9, 11, 15 に, 深度 70, 265, 545 m 付近の海～汽水成層は MIS 5.3, 8.5, 19 に対比される (図 10-5a, b).

　礫層の堆積年代の決定は一般に困難であるが, 礫層と互層をなす泥層の堆積年代を基準にすると, 10 層の礫層は過去 90 万年間に繰返された 10 回の氷期 (MIS 2, 6, 8, 10, 12, 14, 16, 18, 20, 22 の低海水準期) に過不足なく対比できる. 各礫層の堆積深度は, 地震探査断面中にみられる十枚ほどの強い反射面の

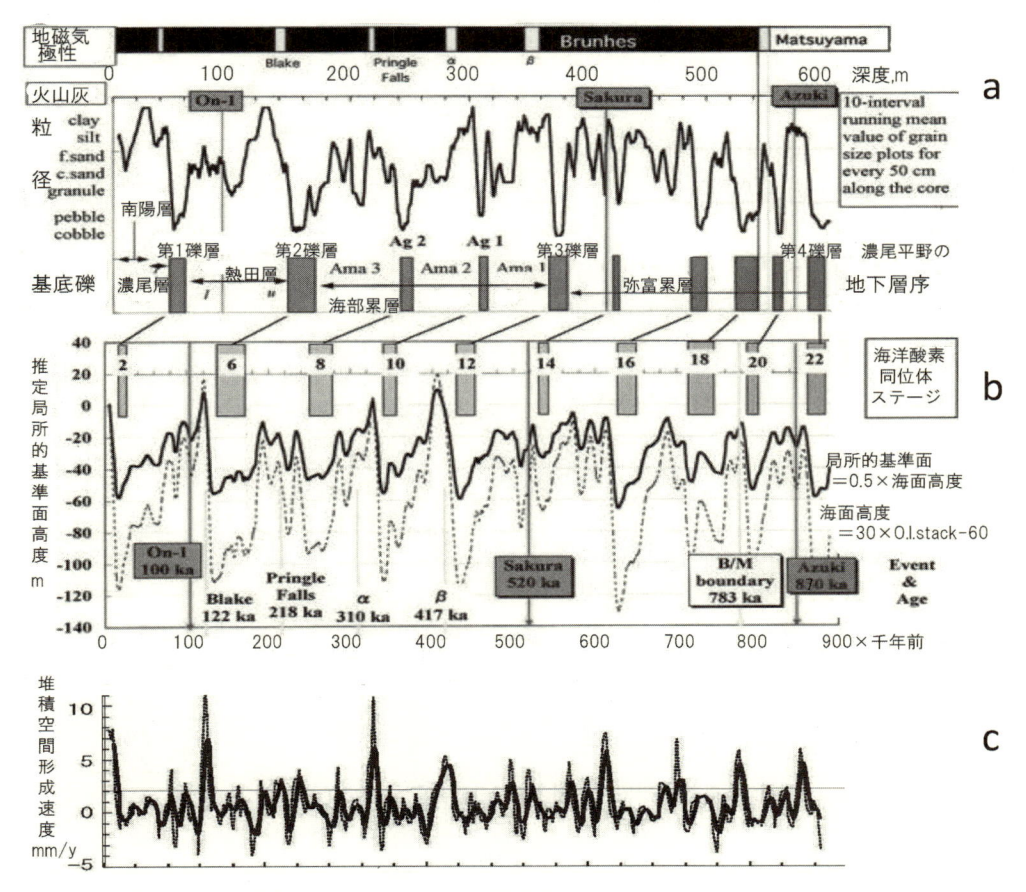

図 10-5 (a) 濃尾平野の地下層序　(b) 氷河性海水準変動との層序対比　(c) 堆積空間形成速度の変化．Bassinot ら (1994) による海洋酸素同位体曲線を線形変換して, 海面高度 (点線) および GS-NB-1 コア地点の局所的堆積基準面 (実線) の変化曲線を求めた．

推定深度と一致することから，これらの礫層は，侵食基準面に規定されて広域的に堆積したと推定される（図 10-2b と図 10-4b）．実際，多数のボーリング柱状図資料から復元された沖積層基底礫層の上面高度分布（山口ほか 2006b）は，礫層が面的に広がって堆積したことを示している．

他方，礫層ごとに礫径や層厚が異なる事実（図 10-4e）は，海退の規模（海面低下量と継続時間）が氷期ごとに異なっていたことを示唆する．大規模海退が続けば，河川の下刻が進み，河床の縦断勾配が増して，下流まで粗粒な礫が運搬され，厚く堆積すると考えられるからである．ちなみに，礫径の大きな礫層の堆積時期は MIS 16, 12, 6, 2 であり（図 10-4e），ヨーロッパにおけるギュンツ・ミンデル・リス・ヴュルムの各氷期に対比される．ヨーロッパの顕著な氷河拡大期に，濃尾平野では大海退が生じたことになる．

10.6.2　氷河性海水準変動に支配された堆積空間形成速度と海進規模

上述のとおり，濃尾平野の地下には，河床礫と内湾泥層のセットが累重しており，氷期-間氷期 10 サイクルの地層が堆積している．濃尾平野は内湾奥に位置する片側断層型盆地であり，沈降速度が早いために海退期でも侵食を免れやすく, 中部傾動地塊からの土砂供給が活発ゆえに海進期でも埋積が進みやすい．

このため，氷期－間氷期の海水準変動サイクルを通して，地層が連続的に形成・保存されやすいと考えられる．

ところで，GS-NB-1 コアの珪藻群集や EC 値，礫層の層厚や礫径からは，海進・海退の規模が，間氷期・氷期ごとに異なることが示唆された．第1部2章では，沖積低地のつくられやすさは，堆積空間形成速度（Accommodation Forming Rate: AFR）と堆積速度のバランスの問題に帰着することを述べた．そこで AFR の時間変動を復元して，海進・海退の規模を AFR にもとづいて評価してみよう（須貝 20C5）．AFR の復元には，地殻変動と氷河性海水準変動のデータを必要とする．

はじめに，地殻変動速度を推定する．GS-NB-1 コアのテフラ層，古地磁気イベント層準，浅海～潮間帯堆積物の各深度と年代（図 10-5）をもとに深度－年代曲線を描くと，圧密の影響を補正後は直線状になる（図 10-6）．したがって，GS-NB-1 地点の沈降速度は，過去 90 万年間ほぼ一定とみなすことができ，その値は 0.67 mm/年と見積もられる（須貝・杉山 1999）．

つぎに，氷河性海水準変動を推定する．海水準変動は海洋酸素同位体比変動に反映されるので（Chappell and Shackleton, 1986），現在の海水準を 0 m，最終氷期極相期の海水準を－120 m と仮

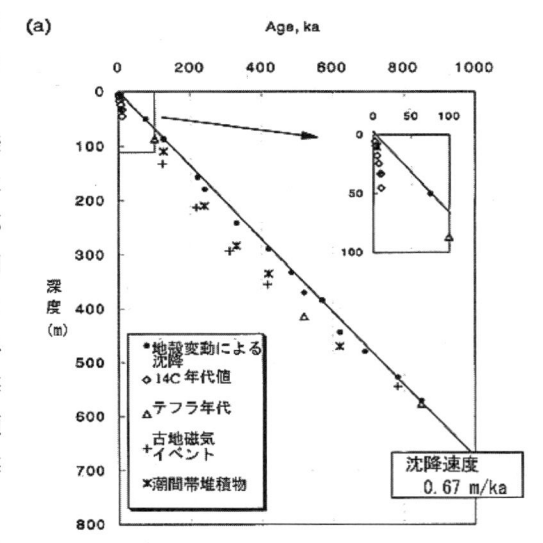

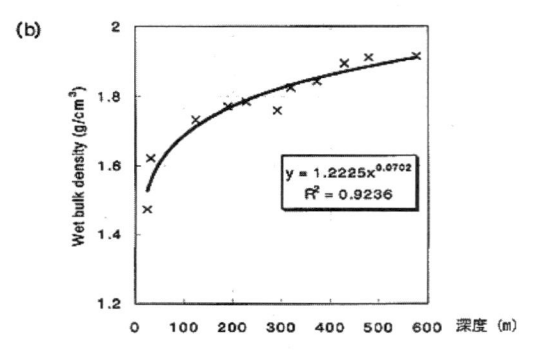

図 10-6 （a） GS-NB-1 コアの堆積深度－年代曲線 （b） 深度別湿潤堆積物密度（須貝・杉山 1999）

定して，海水準（SL）を海洋酸素同位体比曲線（X：Bassinot ほか 1994）の一次式で表現すると：

$$SL(m) = 30X - 60$$

となる（図 10-5b の点線）．ここで，沖積層基底礫層の縦断面形をもとに，低海面期における GS-NB-1 地点の高度（GL）を推定すると，海面低下量の 1/2 程度となることから：

$$GL(m) = 0.5\,SL$$

によって近似される（図 10-5b の太実線）．以上から，GS-NB-1 地点における時刻 t の「堆積空間形成速度（AFR）」は：

$$AFR = 0.5\,\Delta SL(t)/\Delta t - (-0.67)$$

と表現しうる．ただし，Δt は 2000 年，海水準変動の影響が内陸へ伝搬する時間は無視した．

AFR のピークは，EC のピークとよく対応するが，AFR のピーク値が 2mm/年以下では，EC はピークを示さず，海生珪藻も産出しない（図 10-4c と図 10-5c）．海面が急上昇すれば溺れ谷が拡大し，海成層が広く堆積する．しかし，海面が徐々に上昇した場合，河川による土砂供給が活発な濃尾平野では，土砂の埋立てが同時におこるために，海岸線は後退しないことを示唆する．つまり，海進の規模や海岸線の位置を規定する要因としては，海面の上昇速度が重要であり，これが間氷期ごとに異なっていたことがわかっ

10.7　成長をつづける濃尾平野の形成場—完新世における濃尾傾動と地震性沈降

10.7.1　濃尾傾動を記録する潮汐低地

　本節では，養老断層・桑名断層が顕著な活断層で，濃尾傾動盆地の成長と共時的であること（鳴橋ほか 2004；Naruhashi ほか 2008；須貝 2011），濃尾傾動運動は後氷期も進行しており，その影響を受けながら，沖積低地がつくられつつあることを紹介する．以下，濃尾平野全体が西へ傾く濃尾傾動と，養老断層に近い場所での地震性沈降に分け，この順で述べる．

　図 10-2b の範囲において，潮間帯付近の泥層中に挟在する曲—アズキテフラ層（87 万年前）および，小林—笠森テフラ層（52 万年前）（図 10-5）を基準面として見積もられる平均傾動速度は，0.9×10^{-7} および，1.0×10^{-7} であり，MIS 5e（12.5 万年前）の内湾泥層（熱田層下部層）の堆積頂面の場合のそれは，1.1×10^{-7} である．このように，第四紀後期を通じて，濃尾傾動の速さは，1×10^{-7} 前後で一定である．完新世においてもこの速さが続いているとすれば，沖積層解析によって傾動運動を検出するには，基準線長を数 km 以上確保しつつ，基準線の両端点間の相対上下運動を 1～2 m 以下の精度で認定する必要がある．こうした条件を満たす地形として，砂質デルタの堆積頂面（潮汐低地）を取り上げる．

　図 10-9 は，濃尾平野中央部西寄りの東西地形地質断面である（山口ほか 2006a；Niwa and Sugai 2011b）．この断面は，デルタの前進方向（小野ほか 2004；大上ほか 2009）とほぼ直交方向に断面線の向きをとってあり，等時間面に近い．これをみると，水平を示すはずの潮汐低地が西へ傾下していることがわかる．後背湿地堆積物の頂面もわずかに西へ傾下している．図 10-9 中の no. 15 と no. 27 のボーリング掘削地点を両端点とする区間における潮汐低地の傾動量は約 3 m，盛土基底面（後背湿地）の傾動量は 1.5m 程度である．養老断層の走向と直交方向への投影区間長は約 8 km であり，デルタフロントがこの断面位置を通過するのは 4～3 千年前なので（大上ほか，2009），潮汐低地が示す傾動速度は $1.1（0.9～1.3）\times 10^{-7}$ となり，上述した長期的な傾動速度と一致している．以上から，完新世においても，第四紀後期を通じた平均的な傾動が続いていると推定できる．こうした傾動と密接に関係するのが，次に述べる断層活動に伴う地震性沈降である．

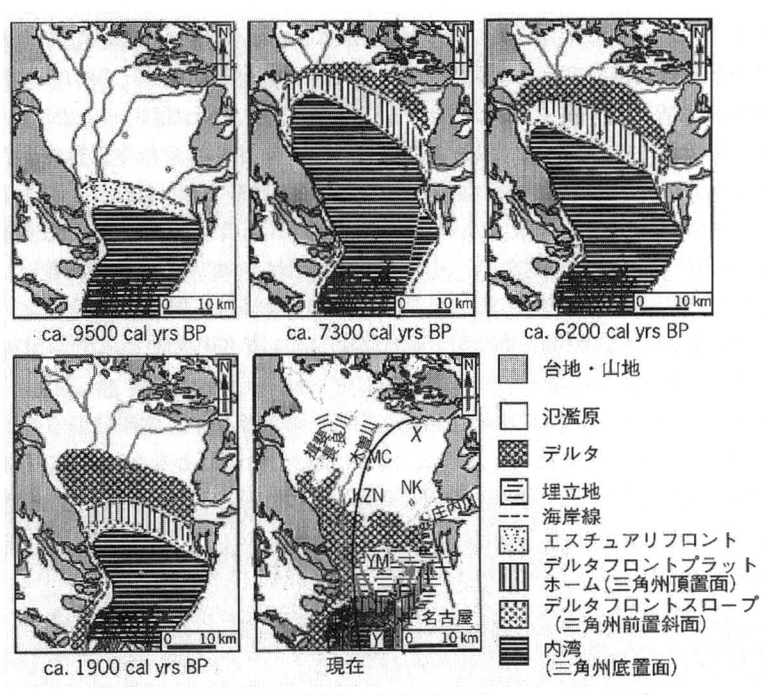

図 10-7　濃尾平野の完新世の古地理変遷（Saegusa ほか 2011）

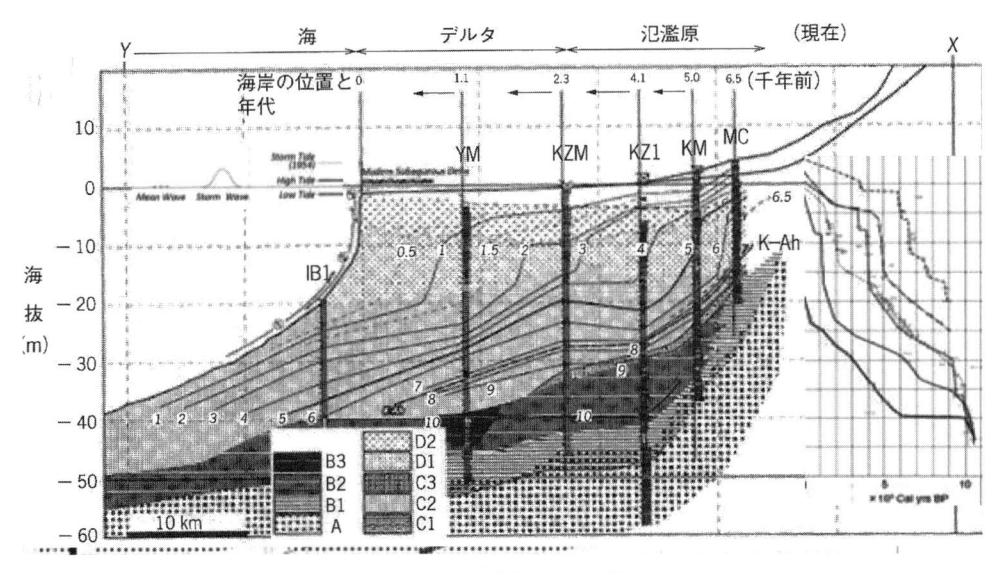

図 10-8　濃尾平野の完新統の堆積年代と堆積構造（大上ほか 2009）

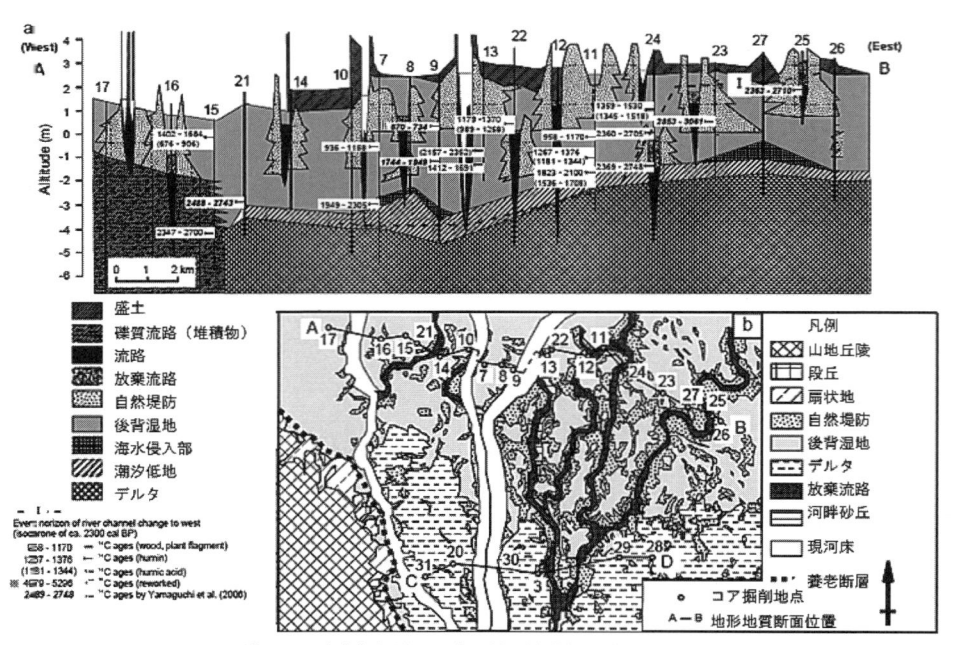

図 10-9　濃尾平野中央部氾濫原の東西地形地質断面（Niwa and Sugai 2011）

10.7.2　完新世後期の地震性沈降の検出

　濃尾傾動運動によって断層近傍が地震性沈降する現象は，デルタフロントスロープ堆積物の詳細解析などによって識別できる（Niwa ほか，2012）．河口が近づくと水深が浅くなり，デルタフロントスロープ堆積物は粗粒化する．このため，前進するデルタの堆積体は上方粗粒化するという特徴をもつ．デルタフロントスロープ上の任意の点は，水深が急増して河口位置が一時的に後退すると，スロープの裾野（沖）

側へシフトしたような堆積環境の変化を受け，細粒層が堆積する．デルタの前進が再開すると，上方粗粒化層が累重することになる．したがって，前進するデルタ堆積体が，細粒層を挟んで，上方粗粒化を繰り返す堆積構造を示す場合，デルタ前進中に急激な相対海面上昇が繰り返された可能性を想定できる．

丹羽ほか（2009），Niwa ほか（2012）は，濃尾平野で掘削された多数のコア試料のデルタ堆積体を解析し，上記の堆積相変化を複数のコアで認定するとともに，複数のコアで変化が同時発生した可能性が高いことを明らかにした．しかも，発生時期が養老・桑名断層の活動時期（Naruhashi ほか 2008；須貝 2011 など）と誤差の範囲内で一致することから，急激な相対海面上昇を養老・桑名断層の活動に伴う地震性沈降イベントに起因すると指摘している．

千年～百年の時間分解能で，沖積層の堆積構造と堆積地形を調べると，沖積層が濃尾傾動の記録者として，濃尾傾動の影響を受けつつ，形成されていることがわかる．時空間分解能を高め，沖積低地の形成に関わった堆積空間形成イベントと堆積イベントを検出可能になれば，長期的な外力の頻度規模分布特性の解明に直結する．その知見をもとに，災害リスク評価が可能となる．沖積低地の形成過程と形成場の変遷を高精度で復元する研究の進展が望まれる．

注

1) 近畿三角帯は南北走向の逆断層が卓越する山地・盆地列からなる地域で，山地の標高は総じて低く，盆地の地下には第四系が厚く堆積する場合が多い．
2) 珪藻は，塩分濃度に応じて棲み分ける種が多いので，珪藻遺骸群集をもとに珪藻の生息域が海水・汽水・淡水のいずれであったかを推定できる．堆積物の混濁水の電気伝導度を測定する方法は，泥層が海成か陸成かを推定するための簡便な方法である．海成泥層を高温乾燥させた後，蒸留水に混濁させると，混濁水は硫酸イオンの影響で，高い電気伝導度（通常 1～1.5m S/cm 以上）を示す（横山・佐藤 1987）．
3) 海洋酸素同位体比層序（MIS）の奇数は間氷期（海水量の多い時期）を，偶数は氷期（海水量が少ない時期）を示す．氷河量が増える（海水量が減る）と $\delta^{16}O$ を多く含む軽い水が氷床に取り込まれるため，海水中の $\delta^{18}O$ の存在比が高くなるという原理にもとづき，酸素同位体比変動を氷期・間氷期変動と対応させることができる．

11 濃尾平野の表層堆積物

堀 和明

11.1 はじめに

　更新世末期から完新世における沿岸部の沖積低地の形成は，海水準変動，地殻変動，気候変化などに伴う土砂供給量変動に影響されてきた．とくに後氷期の海水準上昇に伴う海進いわゆる縄文海進によって，沖積低地では内陸まで海が広がり，引き続いて生じた海水準安定期に河川による土砂によって海岸線が前進してきた．したがって，沿岸の沖積低地表層にみられる河成堆積物の多くは，内湾や沿岸に堆積した海成層を覆いながら堆積してきたことになる（伊勢屋 1992；川瀬 2003；小野 2004）．たとえば，内湾が広がった地域では三角州の堆積物を覆いながら，蛇行河川システムを構成する堆積物が堆積してきた．また，現在も河成堆積物に覆われていない海岸線付近では，表層に三角州構成層がみられるはずである．

　本節で取り上げる濃尾平野（図 11-1）においても，海進がもっとも進んだ時期には大垣—稲沢—名古屋駅付近にまで海が広がり（井関 1975b），その後，木曽川をはじめとする河川から供給された土砂によって内湾が埋積されてきた．さらに沿岸部ではとくに江戸時代以降，干拓や埋め立てといった人為的作用も加わって陸地の拡大が急速に進んだ．

　濃尾平野では空中写真判読により，旧河道や自然堤防，後背湿地といった地形が識別されてきた（大矢 1956）．最近の研究では，このような微地形とそれを構成する地層の形成過程が，表層堆積物の解析にもとづいて論じられるようになってきた（山口ほか 2006；堀ほか 2008；Hori et al. 2011）．以下では濃尾平野の表層堆積物の特徴について，近年の研究成果を交えながら報告する．

11.2 濃尾平野の概要

　濃尾平野は木曽三川と呼ばれる木曽川・長良川・揖斐川のつくる沖積平野であり，台地に比べて沖積低地の占める面積が広い（貝塚 1977）（図 11-1）．流域面積は 9100km^2 で，年平均流量は約 170 × 10^8 m^3 となっている．伊勢湾の潮差は大潮時で 1.9m，平均波高は 0.3m である．

　沖積低地は 1,300km^2 程度の面積を持ち，上流側から扇状地，自然堤防帯（蛇行原），三角州で構成されている．扇状地は河川勾配の小さくなる，山地と平野の境界付近に形成されている．たとえば，木曽川は犬山付近に長さ 13.9km，緩傾斜（0.14°）の扇状地を形成しており（Saito and Oguchi 2005），流路も網状を呈する．自然堤防帯（蛇行原）は扇状地と三角州との間にみられ，旧河道，自然堤防，後背低地といった微地形で特徴づけられる．この区間では河川の蛇行（曲流）もみられる．三角州はその大部分が平均潮位以下である（地盤工学会 2006）．干潟ではとくに江戸時代以降に干拓が進んだ．また，20 世紀後半には埋め立てが活発になった．海岸線よりも海側に位置する三角州の水中部分は水深 2.5m 付近まで

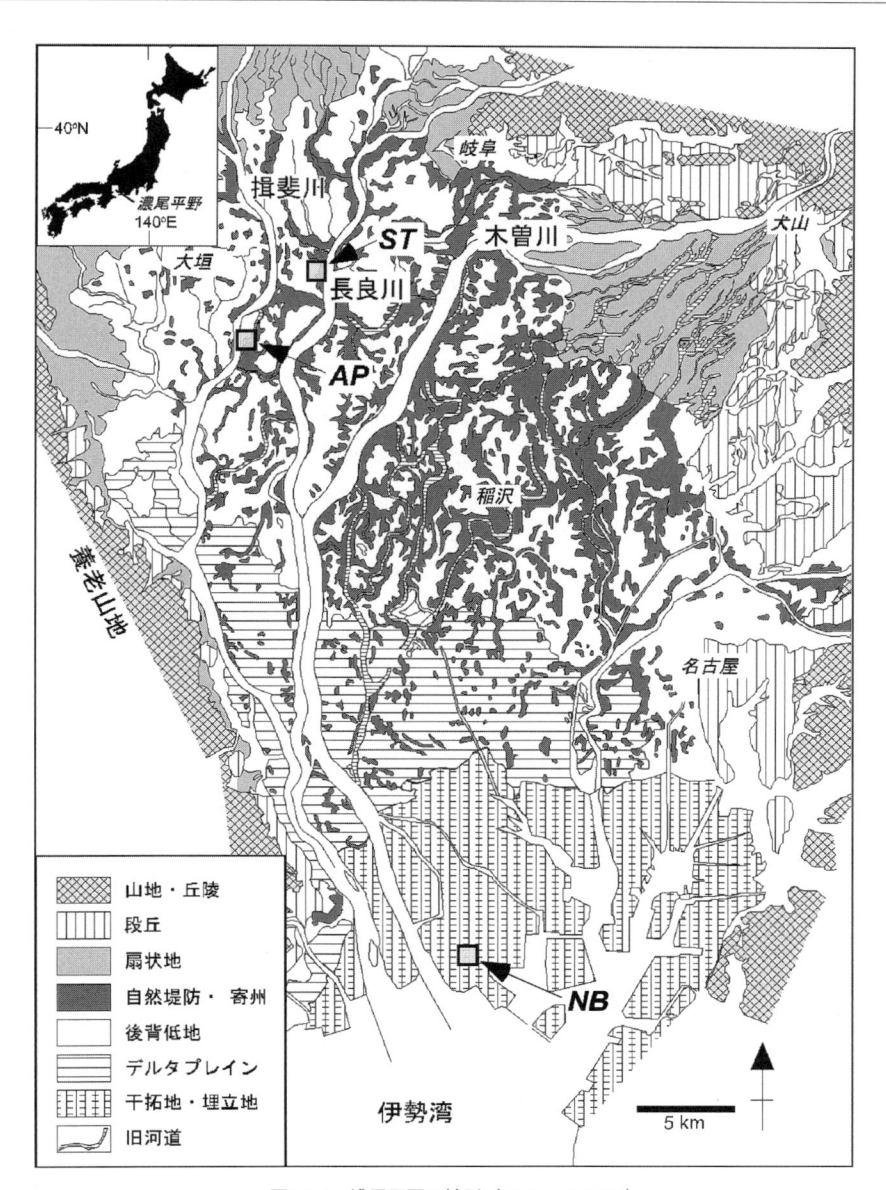

図 11-1 濃尾平野の地形（Hori et al. 2011）

ほぼ平坦になっており，木曽川の流軸に沿って澪がみられることもある（坂本・山田 1969）．さらに水深 10m 付近に向かって傾斜が大きくなり，それ以深では再び緩傾斜になる．

濃尾平野は，西端を通る養老断層の活動によって，西に傾動しつつ沈降を続けている（桑原 1968）．平野西部の沈降速度は年 1mm 程度である（須貝・杉山 1998）．この傾動運動により，とくに平野の西部において第四紀に堆積した地層が地下に厚く累重している．

平野下に分布する沖積層は海水準変動に応答して形成されており，岩相によって下位から沖積層基底礫層，下部砂層，中部泥層，上部砂層，頂部陸成層に区分されている（井関 1983）．地層名との関係でいえば，下部砂層は濃尾層，中部泥層，上部砂層，沖積陸成層は南陽層（古川 1972）にそれぞれほぼ相当する．沖積層の厚さは臨海部で 50-60m に達し，一部の例外を除き上流側に向かって薄くなる．この節で扱う

表層堆積物は，南陽層に属する上部砂層の一部および沖積陸成層に相当する．

11.3 濃尾平野の表層堆積物

　地表面付近については，木曽川よりも東側を対象として，極めて浅い深度（深度 20-30cm）で採取された堆積物の粒度分析がおこなわれている（森山 1977）．河床や河畔砂丘を構成しているのは砂質堆積物で，これらは扇状地表層や自然堤防，後背湿地にみられる泥質堆積物と明瞭に区分されている．また，堆積環境を反映して，堆積物の粒度が扇状地表層，自然堤防，後背湿地の順に細粒化する傾向も認められている．

　自然堤防帯から三角州にかけての表層堆積物についても粒度分析がおこなわれており，河道やクレバスチャネルは砂質堆積物（中央粒径 2.4 φ よりも粗粒），後背低地は泥質堆積物（同 6 φ よりも細粒），自然堤防やクレバススプレーを構成する堆積物はそれらの中間領域の粒度となっている（山口ほか 2006）．

　それでは深度が少し大きくなった場合，深さ方向への層相変化はみられるのだろうか．コア堆積物の解析結果を踏まえつつ，上流から順に現在の地形と対応させながら，その特徴を記す．

11.3.1 扇状地

　既存のボーリング柱状図によれば，犬山付近の扇状地では，粒径 75mm 以上の玉石を含む砂礫が厚さ数 m 以上にわたって堆積していることが多い．また，地表から深度 1～2m までは砂層や泥層がみられることもある．

11.3.2 自然堤防帯（氾濫原）

　長良川右岸側の岐阜県安八郡墨俣町（現大垣市）で採取されたコア（ST1 および ST2）の柱状図を図 11-2 に示す（堀ほか 2008）．両地点は 280m ほど離れている．ST1 の深度 0-6.5m，ST2 の深度 0-6.4m は，ともに有機物からなる薄層や植物痕を多く含む泥層である（図 11-3a）．両方のコアにおいて深度 5m 付近と深度 1m 付近で砂の含有率が高くなる．これらの砂は淘汰の良い極細粒～細粒砂からなる（図 11-3b）．電気伝導度の値は非常に小さい．泥層は洪水時に河道の外側で堆積した氾濫堆積物（Allen, 1964; Davis 1992；Collinson 1996）で，有機物を多く含む泥質な層準は後背湿地堆積物と考えられる．前述したように，両コアには砂の含有率の大きい層準が 2 箇所に認められ，その深度も両コア間でほぼ等しい．両地点ともに表層部は砂を比較的多く含むが，現在の土地利用は水田であり，地形からみても自然堤防とはいえない．氾濫盆地および氾濫盆地を構成する後背湿地（backswamp）の泥質堆積物に厚さ数十 cm ～数 m 程度の砂質堆積物が挟まれることはミシシッピ川（Aslan and Autin, 1999）やライン川・ミューズ川（Stouthamer 2001）の河成低地でも認められており，砂層は破堤堆積物（crevasse-splay deposits）と解釈されている．以上のことから，コア堆積物で認められた砂層も破堤堆積物の可能性が高い．

　ST2 の深度 6.4-12.0m では，淘汰の悪い砂礫層が認められ，下位にある堆積物を侵食している．礫はその多くが円磨されており，最大 2cm 程度のものが認められた．また，最上部には 10-20cm 程度の厚さをもつシルト層が 2 枚みられる．電気伝導度は 0.2mS/cm 以下の低い値を示す．この砂礫層は河道（チャネル）堆積物と考えられる．

　岐阜県安八郡安八町の牧付近には，揖斐川の旧河道がみられる（図 11-4）．歴史記録によれば，揖斐川は慶長年間（1596-1615）の洪水時にここを流れるようになったとされている（安八町 1975）．その後，

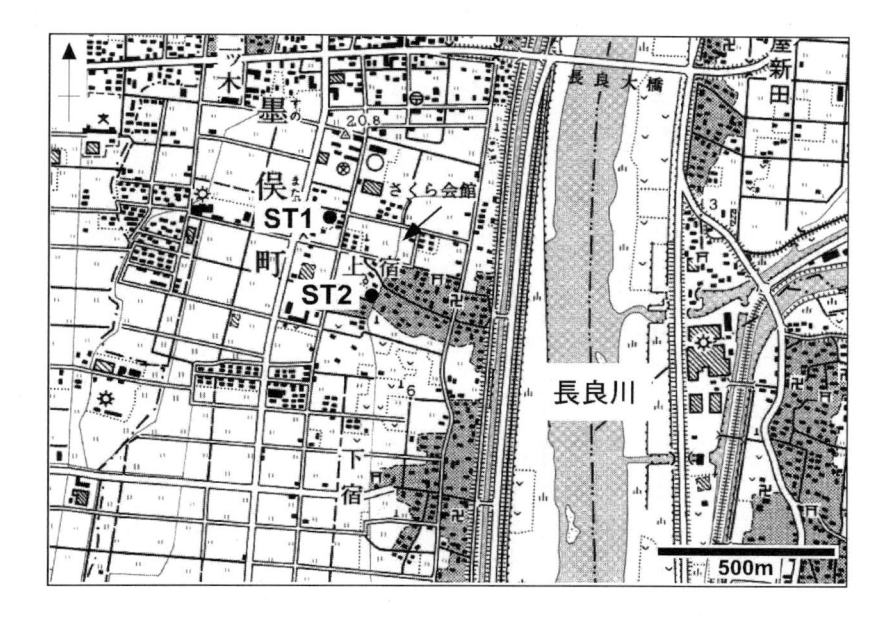

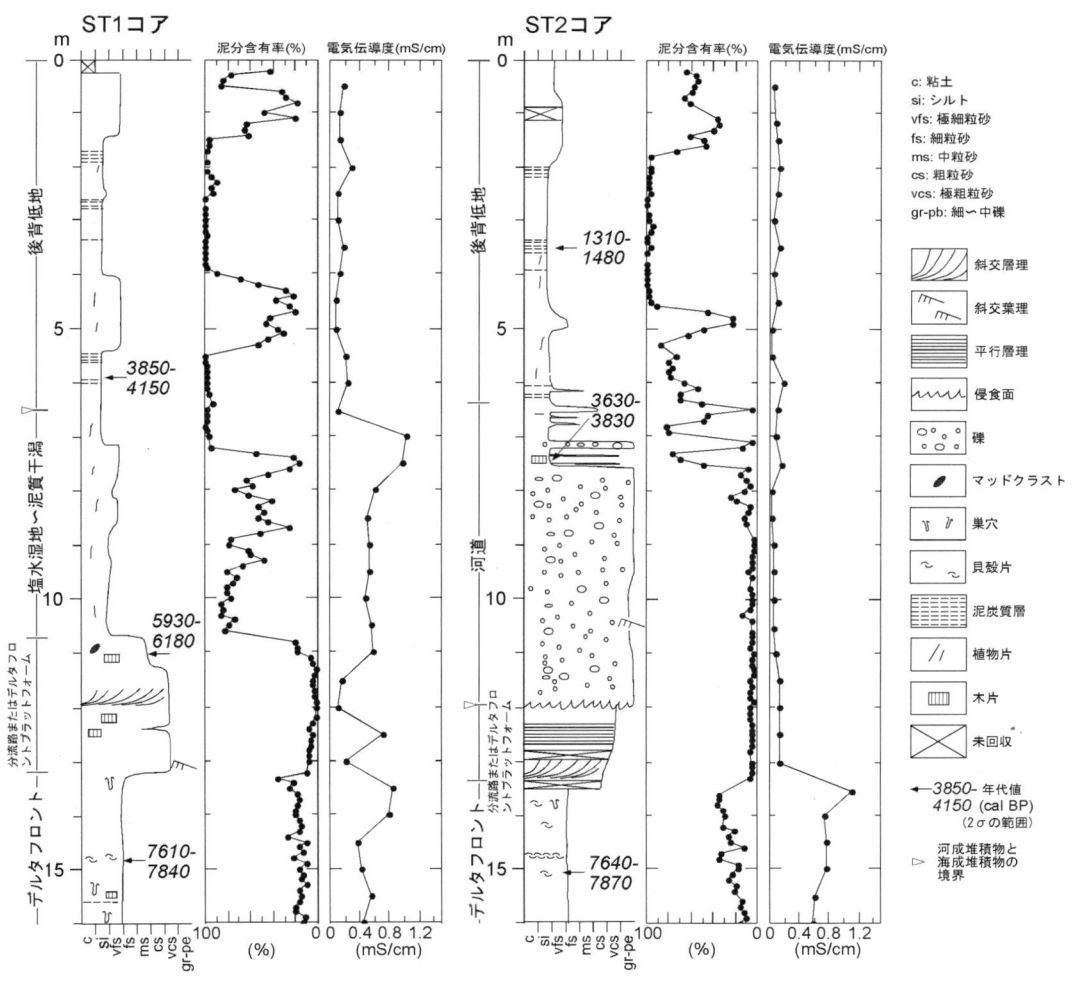

図 11-2　ST コアの掘削地点と柱状図（堀ほか 2008）

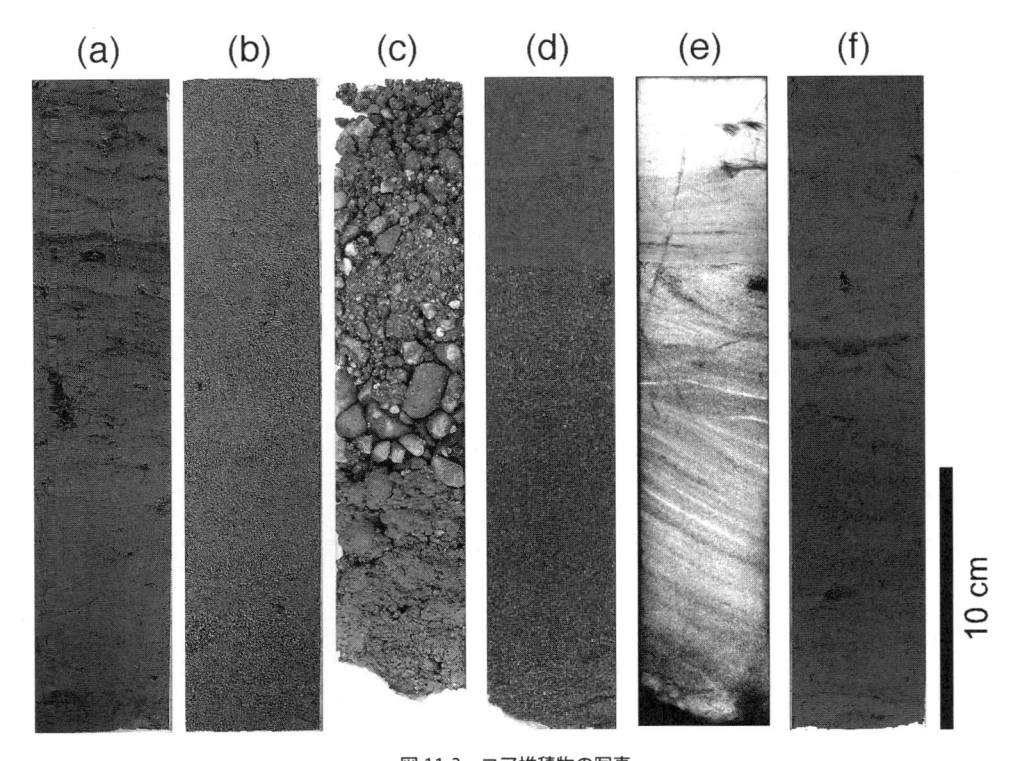

図 11-3　コア堆積物の写真
(a) ST2, 345-370cm, (b) ST1, 490-515cm, (c) AP1, 430-455cm, (d) AP2, 540-565cm, (e) AP2, 540-565cm の軟 X 線写真, (f) AP2, 630-655cm.

　明治時代（1868-1912）の木曽三川分流工事の際，この河道は放棄され，揖斐川は現在の河道に付け替えられた．この旧河道上および左岸側の自然堤防上でボーリング調査（AP1 および AP2）がおこなわれた（図 11-5）(Hori *et al.* 2011).

　旧河道に位置する AP1 地点では，水田土壌の下位に河道堆積物と考えられる層厚 3.6m の砂礫層が認められた（図 11-3c）．礫は円磨されており，礫径は最大 3～5cm である．この砂礫層は後述する泥質な後背低地堆積物を侵食する（Hori *et al.* 2011）.

　自然堤防上に位置する AP2 では，表層から深度 6.2m まで細粒砂～粗粒シルトの堆積がみられる．この堆積物は植物片や木片をまれに含んでおり，砂層には斜交層理が認められることもある（図 11-3d, 3e）．また，下半部で上方細粒化，上半部で上方粗粒化を示す．現在の地形や堆積物の粒度から考えて，これを自然堤防堆積物と解釈した．また，上方細粒化や上方粗粒化は，それぞれ自然堤防の放棄や前進（Bridge 2003）を示すと考えられた．

　AP1 の砂礫層および AP2 の細粒砂～粗粒シルト層の下位には，有機物からなる薄層や植物痕を多く含む泥層が分布する（図 11-3f）．この泥層は下位の三角州成堆積物を直接覆っており，後背低地堆積物である．泥分含有率は 100% に近い層準が多いものの，ときおり AP2 や AP4 の標高 0m 付近のように泥分含有率の低い層準がみられる．こうした層準には，極細粒～細粒砂が含まれており，ST コアと同様に破堤堆積物の可能性がある．

　ST や AP コアの事例から分かる通り，空中写真で判読可能な旧河道や自然堤防，後背低地といった微地形は，その場所が河川システムとなって以降，同じ状態（継続して同じ微地形の状態）であり続けたわ

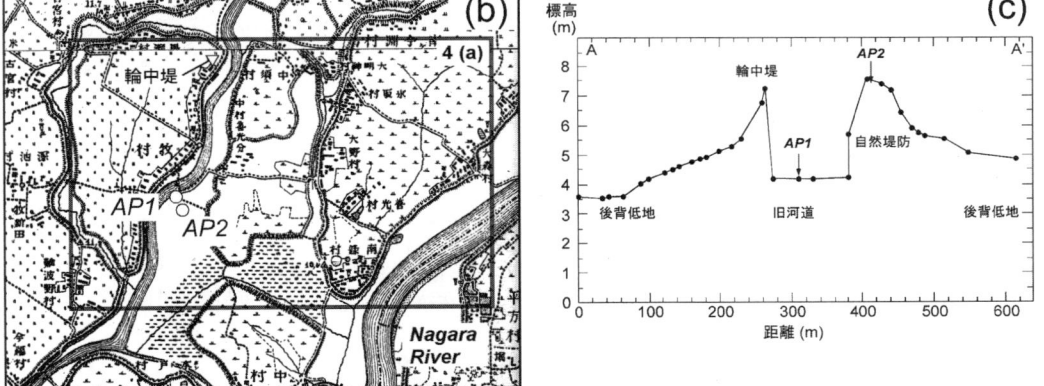

図 11-4 APコア採取地点の位置（Hori *et al.* 2011）
(a) 現在の地形図（2.5万分の1地形図「竹鼻」），(b) 1892年の地形図（5万分の1地形図「津島」「大垣」），(c) 揖斐川旧河道を横切る地形断面図．

けではない．たとえば，AP1地点を揖斐川が流れるようになる以前，AP1やAP2地点は長い期間後背低地の環境にあった．

また，河道による堆積物の侵食が起こっていることもわかる．河道堆積物が堆積する直前のST2の標高が約280m離れたST1とほぼ同じだったとすると，約5mの侵食が生じたことになる．また，AP2とAP1についてもSTと同様に考えれば，揖斐川がAP1を流下することで，AP1地点において1-2mの侵食が起こったことになる．

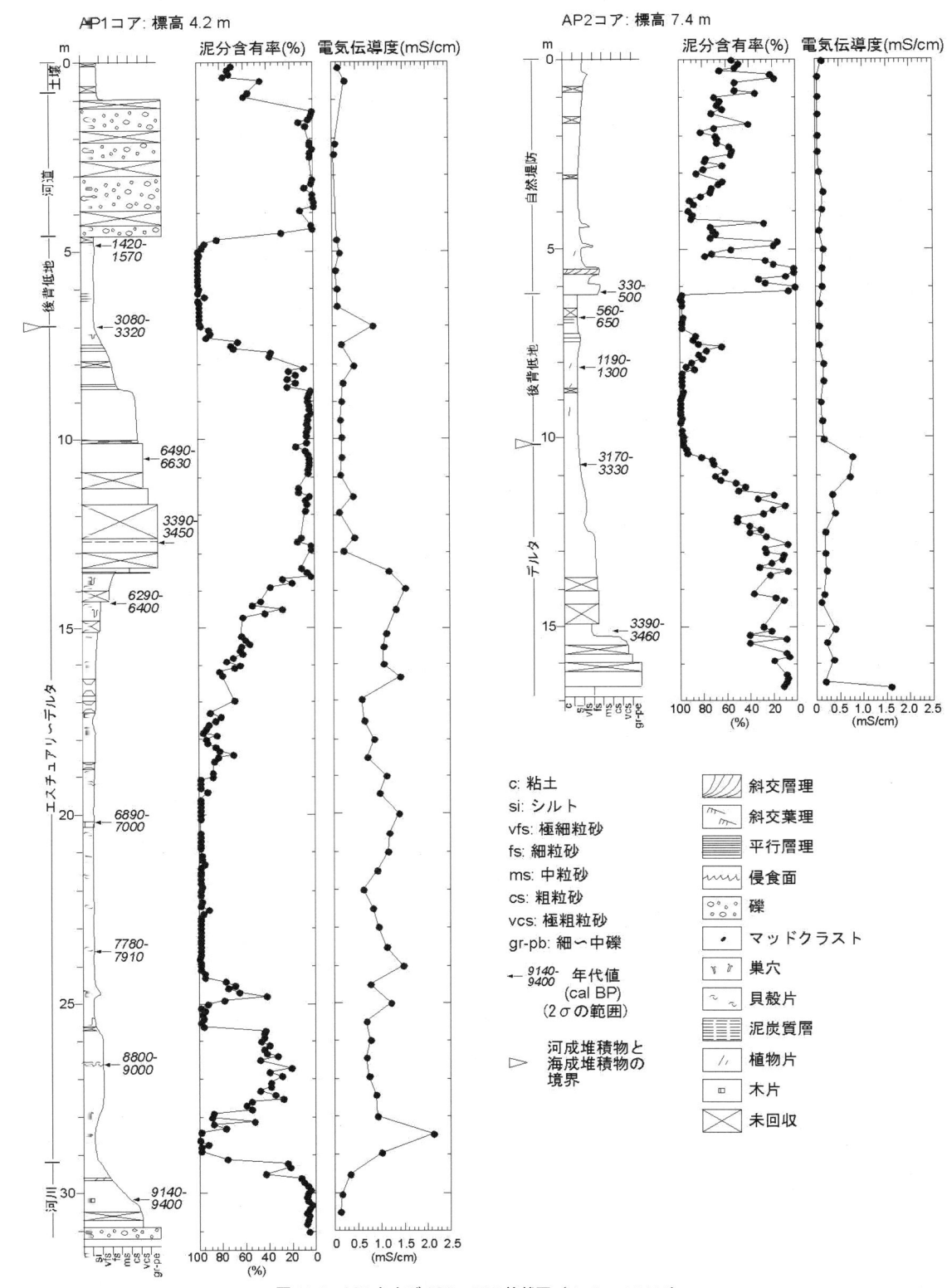

図 11-5　AP1 および AP2 コアの柱状図（Hori *et al.* 2011）

11.3.3 三角州

鍋田干拓地で採取されたコア堆積物（NBコア）の柱状図（図11-6）をみると，地表面まで砂層となっており，電気伝導度も高い．この堆積物は三角州を構成する地層と考えられるため，自然堤防帯でみられたような河成堆積物を欠いている．言い換えれば，河川システムはこの付近にまだ達していないということになる．

河川によって河口まで運ばれてきた土砂は水中三角州に堆積する．水中三角州の底質については粒度分析の結果が報告されている（坂本・山田1969）．三角州の頂上部では波浪や潮流による再移動や淘汰により細粒物質が流されるため，砂質堆積物となっている．また，三角州の前置斜面にかかるところでは，泥質な堆積物が分布するようになる．今後，三角州システムが前進していけば，砂質堆積物が泥質堆積物を覆って上方粗粒化のサクセションがみられるようになるだろう．

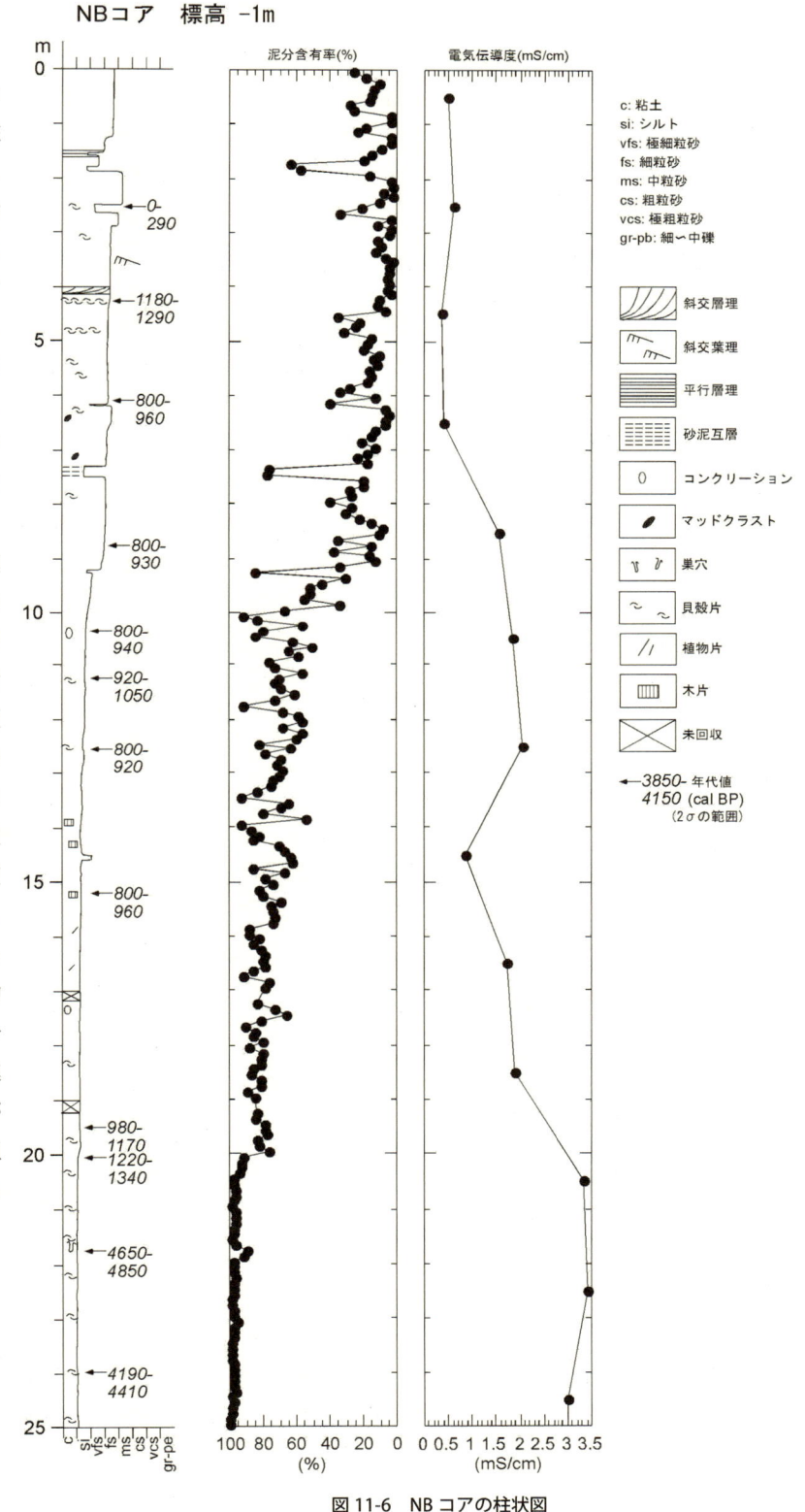

図11-6 NBコアの柱状図

11.4 堆積速度

堆積物に含まれる木片や貝殻片の放射性炭素年代によって堆積物の堆積時期を推定することができる．また，同じ地点で採取された堆積物について，深度の異なる複数の年代値をつなぐことによって堆積速度の検討が可能になる．ここでは ST，AP，NB コアの標高—年代値の関係を示す（図 11-7）．表層堆積物との比較検討のために標高 -30m 付近までの標高—年代値も同時に示した．

まず三角州システムが内湾を埋めるように前進（プログラデーション）する．傾斜の大きいデルタフロントが各地点を通過する時期に堆積速度は大きくなることが知られている（増田・斎藤 1995）．そのおおよその時期は ST が 8,000 年前，AP が 7,000 年前頃，NB が 1,000 年前となっており，三角州の前進が陸側から海側に順番に進んだことを読みとることができる．

河成堆積物の堆積開始時期は内陸側の ST で 4,000 年前，AP で 3200 年前である．一方，前述したように NB は干拓地で採取されたコアであり，表層に河成堆積物はみられない．内陸側の ST や AP 地点が三角州システムから後背低地の環境に変化した際，NB 付近はまだプロデルタの環境であり，デルタフロントさえも到達していなかった．

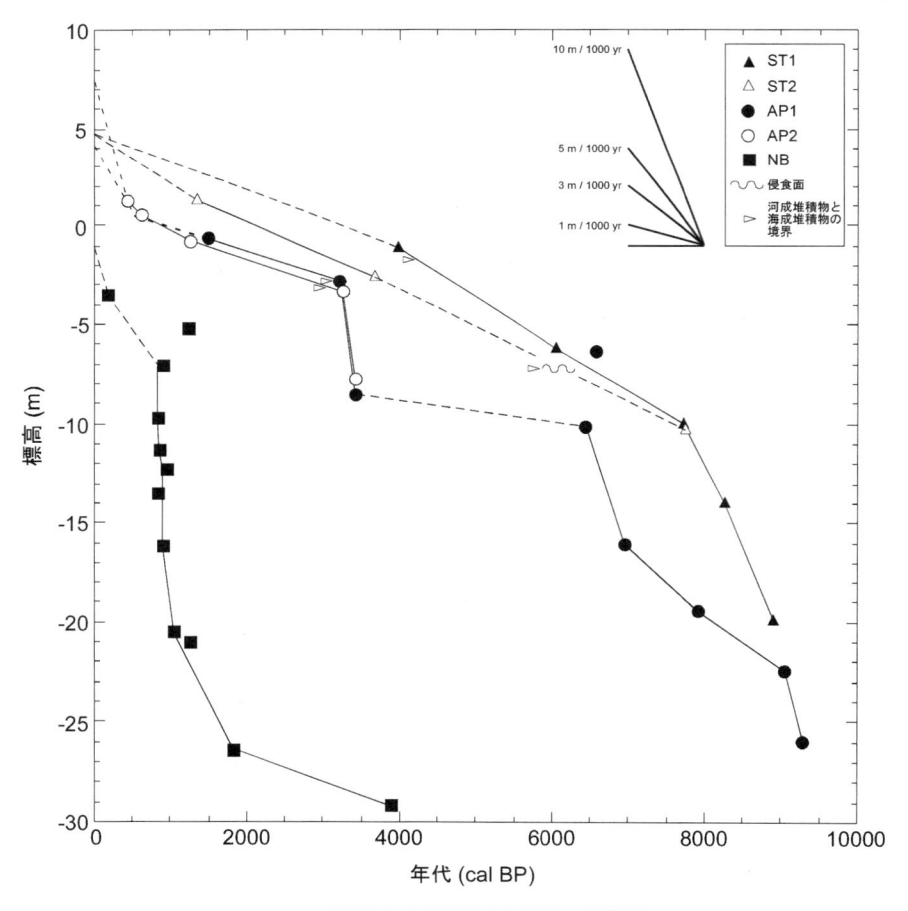

図 11-7 コア堆積物の深度—年代曲線

河成堆積物の厚さを堆積開始時期で割ることにより河成堆積物の平均堆積速度を求めると，STおよびAPともに1,000年あたり1-3m程度となる．河成堆積物の累重が1,000年スケールで継続するためには，堆積空間が上方に付加される，すなわち相対的な海水準上昇が必要だと考えられる．完新世中期には氷河の融解はほぼ終了している．また，濃尾平野が位置する伊勢湾の湾奥ではハイドロアイソスタシーの影響で地殻は隆起するため，完新世中期の海水準（の証拠）は標高0mより高い位置にくると推定されている（Nakada *et al.* 1991）．したがって，これらの二つは相対的海水準の上昇に寄与していない可能性が高い．一方，濃尾平野では養老断層の活動にともなうテクトニックな沈降運動が継続しているので，この影響が堆積空間の上方への付加にもっとも効いていると考えられる．

　このほかの要因として圧密による地層の収縮が挙げられる．圧密は泥質堆積物で顕著だと考えられるので，泥からなるプロデルタ堆積物の堆積速度を検討してみる．AP1コアのプロデルタ堆積物の堆積速度は年3.5mm程度である（図11-7）．また，伊勢湾のなかで採取された堆積物コアにおけるプロデルタ堆積物の堆積速度は年2.6-2.9mm程度である（Masuda and Iwabuchi 2003）．このコアのプロデルタ堆積物はまだデルタフロントに覆われておらず，圧密はほとんどない状態だと考えられる．両者におけるプロデルタ堆積物の堆積速度がほぼ同じであることから，圧密による地層の収縮は堆積空間の付加にはあまり影響していないと思われる．

　ところで河成堆積物の堆積速度を詳細にみると，堆積環境による違いが認められる．AP2表層にみられる自然堤防堆積物は年10mm程度，STやAPにみられる後背低地堆積物は年1-2mm程度となっており，堆積速度は1桁異なる．これは地形を考えれば当然のことではあるが，自然堤防が河道沿いの高まりをなし，後背低地がその背後の低い土地を占めることと調和している．

11.5　おわりに

　河川が氾濫することにより，堆積物の堆積や侵食が起こり，沖積低地の地形も変化していく．しかし，現在の河川には堤防が整備され，氾濫はほとんど生じないため，河道内を除いて地形変化をみることができないといってよい．これは沖積低地が安全に生活できる場となったことを意味するが，ひとたび越流や決壊が生じると，堤内地には氾濫水とともに土砂が流れ込む．増水時や氾濫時の河川の挙動を考える上で，沖積低地表層を構成する地形や堆積物に関する理解を深めることは重要だろう．

　また，濃尾平野の場合，傾動運動に起因する平野の沈降が継続している．堤内地の地盤高の維持を将来に渡って考えるならば，完新世の河成堆積物の平均堆積速度，つまり1,000年あたり約1mの土砂の堆積が必要ではないだろうか．

12
越後平野の地形特性と高精度地形発達史構築への課題

小野映介

12.1 沈降し続ける平野

　越後平野は，約2,070 km^{2}に及ぶ日本屈指の巨大な面積を有する．平野には，北から三面川，荒川，胎内川，加治川，阿賀野川，信濃川などの大小河川が流入しており，それらによって運ばれた土砂は扇状地や氾濫原をかたちづくり，沿岸部は巨大な砂丘によって縁どられている（図12-1）．

　越後平野の最大の特徴は，他の平野と比べて沖積層が極端に厚いことにある．とくに平野北西部の臨海域では沖積層の基底標高が－150m以深に及び（鴨井ほか2002；新潟県地盤図編集委員会2002），その理由としては当地域が地質構造上の凹地にあたり，最終氷期以降も地盤の急速な沈降運動が続いてきたためと考えられている（成瀬1985）．また，比較的沖積層の薄い平野北東部においても，その層厚は最深部で約70mに及ぶとされ（鴨井ほか2006），構造的な沈降が示唆される（高濱・卜部2002）．こうした沈降傾向は，越後平野の完新世における平野の地形発達にも影響を及ぼし，広大かつ極端な排水不良地を生んだ．

　低湿な越後平野の開発史

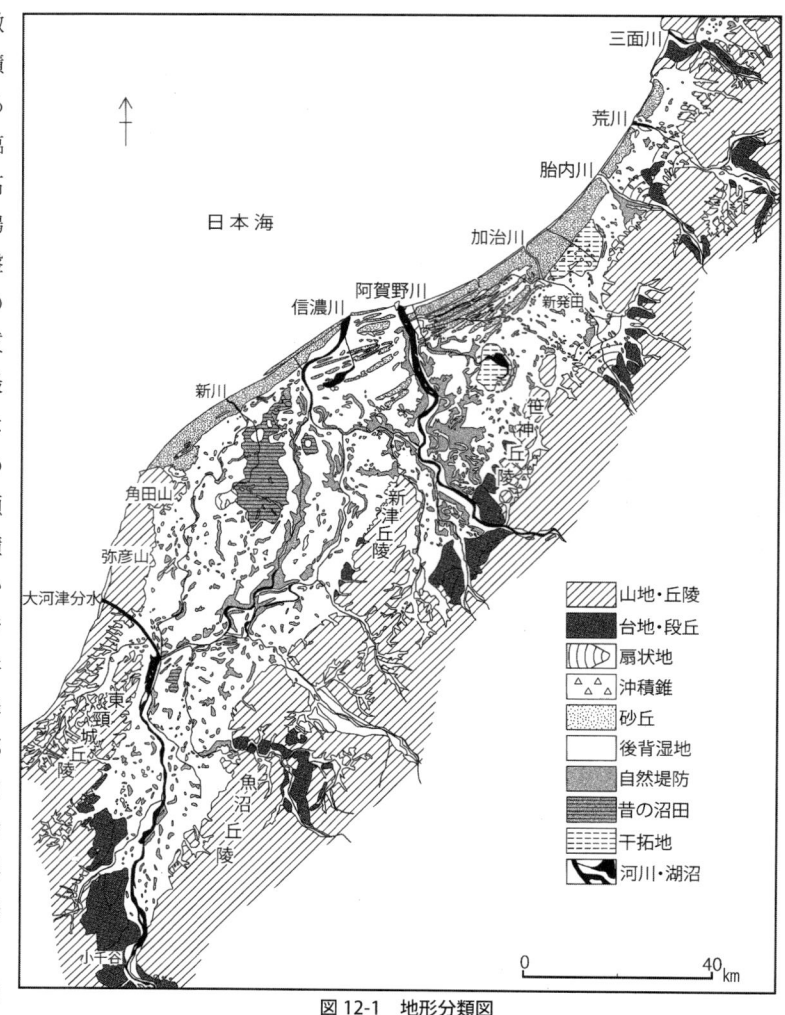

図12-1　地形分類図
青木ほか（1979），海津（2006）より引用．

は，水との戦いとの歴史であり「潟の世界」は度重なる干拓や排水事業によって広大な美田と化した（大熊 1998；野間 2009）．洪水や飛砂，土砂による信濃川河口の埋積といった現象は，そこに生きる人々にとっては「自然災害」であるが，それは地形発達のプロセスでもあり，その意味では現在も平野は発達を続けている．

ここでは，後氷期のダイナミックな海面変動が一段落して，平野が拡大を始め，我々の生活の場の原型が形成され始めた完新世後期に焦点を当てて，日本最大級の急速な沈降を続ける沖積低地の地形の変遷史を辿るとともに，そこに残された研究課題を示したい．

12.2 砂丘に縁どられた海岸

西高東低の気圧配置となる冬季，日本海の沿岸部にはシベリア高気圧によってもたらされた北東風が吹きつける．越後平野の沿岸部は強烈な海風にさらされ，砂丘は高さを増し，飛砂は防風林へと向かう．海岸砂丘とは「風によって運ばれた砂が臨海部に堆積してできた丘状の地形」と定義されるが，それは年間を通じて漸移的に形成されるのではなく，日本海側に限れば冬季の北東風を受けて発達する．

越後平野の沿岸部には 10 列の砂丘（Ⅰ-1～Ⅲ-2）が存在し，各砂丘は約 6,800 年前の縄文海進の高頂期（安井ほか 2001；吉田ほか 2006）およびそれ以降に内陸側から順に形成されたことが明らかにされている（鴨井ほか 2006）．

ただし，砂丘の規模や残存する砂丘列の分布には地域性が認められる．10 列の砂丘が確認できるのは加治川から阿賀野川にかけての地域に限られ，他では，それらの一部が断片的に分布する（図 12-2）．各砂丘の形成時期については，鴨井ほか（2006）によって総括されている．最も内陸側に発達する砂丘（Ⅰ-1），その海側の砂丘（Ⅰ-2），砂丘（Ⅰ-3）は縄文海進時の約 7,000～5,000 年前にバリアーとして成長し，現在では加治川付近から福島潟の西側にかけての地域，角田山の麓にわずかに残存している．さらに，それらの海側の砂丘（Ⅰ-4）は福島潟の西側，阿賀野川と信濃川の間，角田山の麓に分布している．同砂丘は約 4,500 年前に形成され，

図 12-2　砂丘列の分布と区分
鴨井ほか（2006）などをもとに作成．

沼沢火山起源の有色鉱物や火山ガラスが大量に含まれる（坂井 1980）．以後，海退にともなって約 4,000 年前の砂丘（Ⅱ-1），約 3,500 年前の砂丘（Ⅱ-2），約 3,000 年前の砂丘（Ⅱ-3），約 2,000〜1,700 年前の砂丘（Ⅱ-4）が順に海側へと付加した．各砂丘列は，形成時期の新しいものほど連続性が良く残存しているが，信濃川以南から新川までの地域では，上記のいずれの砂丘列も確認できない．

また，歴史時代に入っても砂丘の形成は続き，約 1,700〜1,100 年前には砂丘（Ⅲ-1），約 1,100 年前以降には砂丘（Ⅲ-2）が発達した．これらの砂丘は，現在も臨海部の全域において認められる．その規模は他の砂丘列よりも極端に大きく，平野の北西部付近では標高が 30m を超える．

12.3 完新世後期の地形発達史

越後平野は，新津丘陵を境に地形的な特徴が異なり，北東部は三面川，荒川，胎内川，加治川と阿賀野川によって形成された比較的コンパクトな沖積低地からなる．一方，その西側には信濃川によってかたちづくられた巨大な沖積低地が広がる．次に，両地域における地形発達の特徴について整理してみよう．

12.3.1 三面川・荒川・胎内川・加治川・阿賀野川流域

平野北東部に流入する三面川は朝日山地，荒川・胎内川・加治川は飯豊山地に源を有し，各河川は平野への入口となる櫛形山地および五頭山地の山麓に扇状地を発達させている．一方，阿賀野川は以上の河川群よりも規模が大きく，河川長は約 210km に及ぶ．阿賀野川は会津盆地において大川，日橋川，その後，尾瀬から流れ出す只見川を合流した後，西会津盆地，津川盆地を経て越後平野へと流入し，日本海へ至る（鈴木 2005）．阿賀野川は五頭山地の山麓から新津丘陵の麓までを扇状地堆積物によって充填し，その下流側には蛇行を繰り返して発達させた氾濫原が認められる．

また，上述したように平野北部の沿岸部には砂丘列が発達していることから，各扇状地との間に形成された氾濫原は排水不良地となり，現在も福島潟が広がっているほか，かつては岩船潟や紫雲寺潟（塩津潟）が存在した．なお，低地を流れる各河川は近世以降の放水路の開削事業によって日本海に流出するようになったものであって，それ以前の胎内川は荒川と，また堀落川，加治川，阿賀野川は砂丘の内陸端や堤間湿地を流下して信濃川と，それぞれ合流していたとされる（大熊 1998；安井 2007）．

当地域の沖積層は粘土から砂礫によって構成されるが，福島潟地域や紫雲寺潟地域では粘土やシルトといった細粒の堆積物が卓越する．越後平野の沖積層は「白根層」と呼ばれており，白根層中部層は約 10,000〜約 5,000 年前，白根層上部層は約 5,000 年前以降に堆積したとされる（安井ほか 2002）．

越後平野北部の沖積層については，珪藻分析などを用いた古環境の復原研究が数多くおこなわれてきた（大平 1992；Nguyen et al. 1996；安井ほか 2002；安井ほか 2007；Yoshida et al. 2007）．それらによると，縄文海進時には福島潟地域と紫雲寺潟地域には一連の潟湖（北蒲原潟）が広がり，その前縁には沿岸州・砂丘が発達したバリアー・ラグーンシステムが成立していた．以後，潟湖は海面の微変動や沿岸州・砂丘による閉塞状況の変化，河川堆積物による埋積を受けて湖水環境を変化させた．やがて 3,000 年前頃までには当地の大半が離水して北蒲原潟は消滅したと考えられている（図 12-3）．

12.3.2 信濃川流域

信濃川は，河川長約 367km，流域面積が 11,900 km² の日本を代表する大河川である．信濃川は東頸城丘陵と魚沼丘陵の狭窄部を抜け，小千谷付近から下流側に沖積低地を発達させる（図 12-1）．信濃川の沖

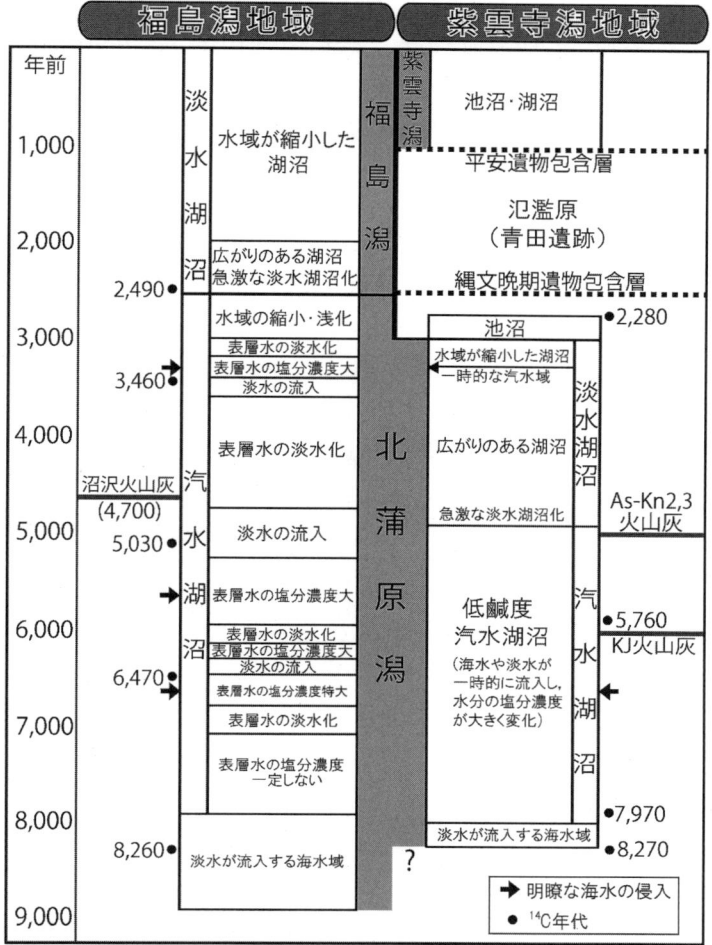

図12-3 平野北部における堆積環境の変遷
安井ほか（2007）をもとに作成.

積低地の西側は，西山丘陵および角田・弥彦山地によって，東側は魚沼丘陵および新津丘陵によって限られる．長岡付近まで流下した信濃川は，魚沼丘陵から流入する刈谷田川などの諸河川の影響を受けて低地の西寄りを流れるが，大河津分水堰以北からは五十嵐川や加茂川と合流しながら東寄りを流下して日本海へ至る．また，平野西部や中部には，信濃川の有力な派川である西川や中ノ口川が認められる．

信濃川によって形成された沖積層の基底標高は，臨海部で−150〜−120 m，内陸部で−125〜−80 mに及ぶ（鴨井ほか 2002）．基本的には，下位から縄文海進が及ぶ前の氾濫原堆積物，海進期の内湾・潟湖堆積物が堆積しており，その上位には臨海部ではバリアーを構成する沿岸州・砂丘堆積物（卜部ほか，2006），内陸部では内湾・潟湖を埋めて発達する河川の氾濫原堆積物が認められる（Yabe et al. 2004）．先に臨海部の砂丘の形成史については言及したので，ここでは内陸の内湾・潟湖堆積物と，それを覆う河川の氾濫原堆積物の特徴について述べたい．

ボーリング資料をもとに作成した3本の東西軸の地質断面（A-A'，B-B'，C-C'）を図12-4に示す．平野内陸部の堆積物は，主として粘土〜中粒砂によって構成されており，標高−10〜−20 m以深においては貝殻片を含む層準が認められ，それらには汽水環境を示す軟体動物，有孔虫，珪藻が含まれることか

ら縄文海進時の内湾環境下で堆積したと考えられており，燕市北部より海側の地域に分布する（安井ほか2001）．同層の分布域の南西限付近で採取された岩室コア（図12-4）は粘土〜細粒砂を主体とした細粒堆積物からなり，貝殻片は検出されていないが，堆積物の混濁水の電気伝導度の測定を実施したところ，コア下部の標高−18.6 mの試料から223 mS/m，標高−22.8 mの試料から145 mS/mといった汽水〜海水成堆積物であることを示す値が得られ，同層からは6,910〜5,970年前の^{14}C年代値が得られている（小野ほか2006）．

一方，平野の浅層部では，シルト〜粘土といった細粒堆積物が卓越するが，所々に河川の蛇行帯を構成する細粒砂〜中粒砂の堆積が認められる．また，平野の東寄りの標高−10 m前後と−5 m前後には水平

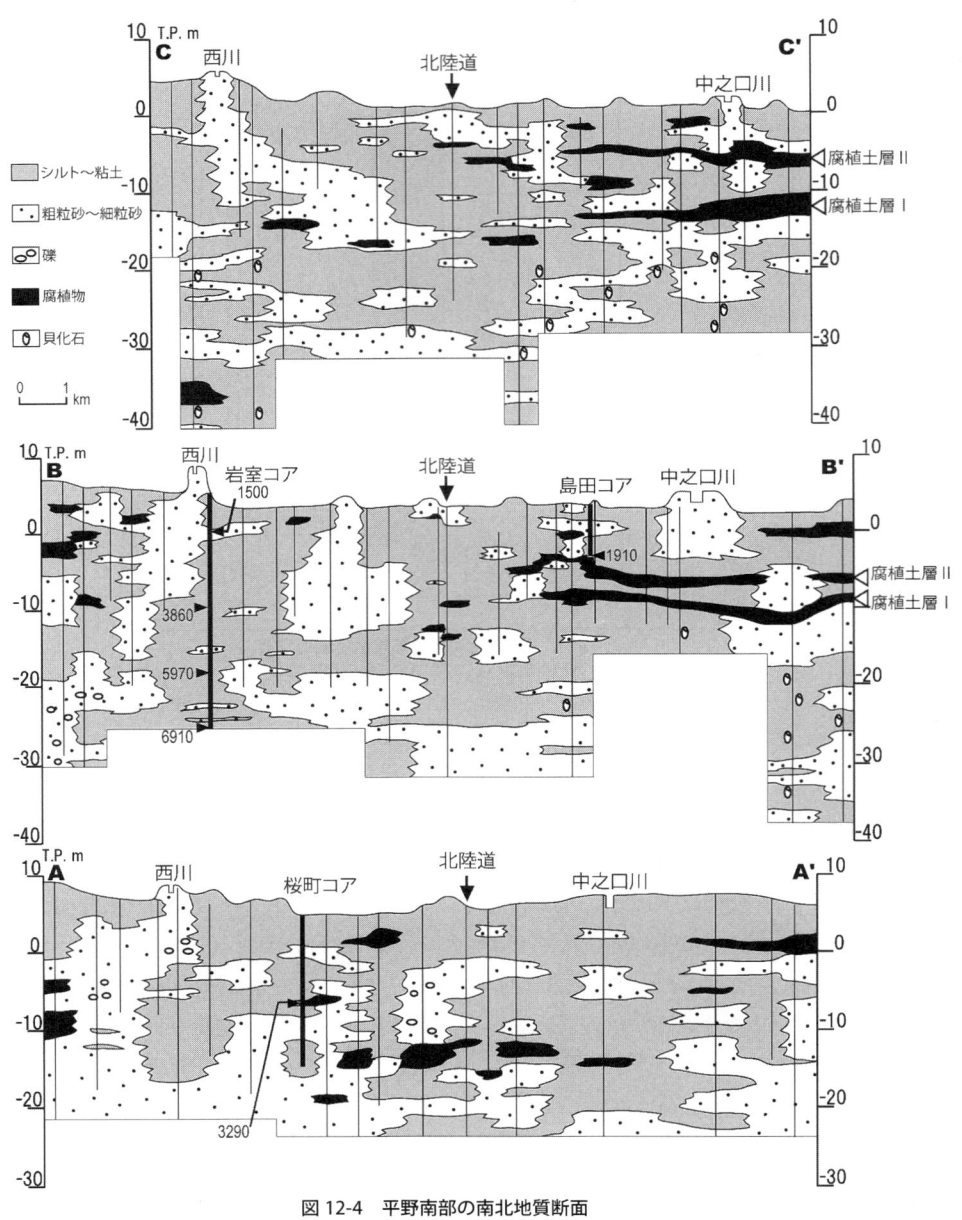

図12-4　平野南部の南北地質断面
小野ほか（2006）をもとに作成．断面の位置は図12-2を参照．

方向への連続性の良い層厚約1～3mの腐植土層が発達する．下位の腐植土層（腐植土層Ⅰ）は4,000年前頃，上位の腐植土層（腐植土層Ⅱ）は2,000年前頃に形成されたと考えられる（高濱ほか2000；Yasui *et al.* 2000；小野ほか2006）．それに対して平野の西寄りでは腐植土層ⅠおよびⅡに相当する腐植土層は断片的に確認できる程度で，粘土と中粒砂の互層が良く発達する．A-A'断面に示した桜町コア（図12-5）は，おもにN値10以下のシルトからなる．標高－6.5mの腐植土層について^{14}C年代測定を行ったところ，3,290年前の値が得られた（小野ほか2006）．

既存研究や以上のデータを総合すると，当地域の地形発達は以下のように推定される．信濃川の沖積低地は後氷期の11,000年前頃に急速な海面上昇を受けて沈水し，以後，海面は比較的緩やかな上昇と急な上昇を繰り返しながら，内湾を発達させた（Tanabe *et al.* 2009）．約7,000年前には臨海部で沿岸州・砂丘が成長してバリアーとなって，内陸側には潟湖が形成され，縄文海進高頂期を迎えた（安井ほか2001）．当時の潟湖の範囲は広大で，現在の燕市南部にまで及んだ（小野ほか2006）．その後はバリアー・ラグーンシステムを維持しつつも，信濃川の堆積作用によって潟湖が徐々に埋積されるが（図12-5），約5,500年前と約4,000年前および約2,000年前の計3回にわたり水域が拡大し，このうち5,500年前と2,000年前の2回は海水が侵入した（安井ほか2001）．上述したように，4,000年前頃と2,000年前頃には平野の東寄りの地域で腐植土層が広域に発達するイベントが生じたが，これは当該期における水域の拡大と関連する可能性が高い．なお，4,000年前以降における信濃川の堆積作用は浅海部に集中し，土砂の前方付加や砂丘の形成が集中的に進行した要因となった（小野ほか2006）．

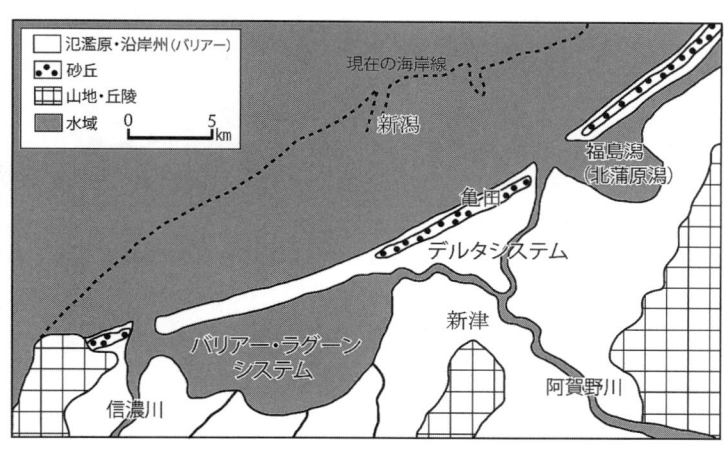

図12-5 約4,700年前の越後平野の古地理と堆積システム ト部（2008）をもとに作成．

12.4 歴史時代における信濃川氾濫原の地形の発達

次に，信濃川によって形成された氾濫原について，歴史時代に焦点を絞ってミクロな観点から形成過程を解明してみたい．

かつて，信濃川の氾濫原には多くの潟が存在したが，それらの大半は近世以降の干拓事業によって消滅した（図12-6）．一方，過去の氾濫原の形成過程を知る上での有力な手がかりとなる自然堤防群は，現在も残存している．なかでも，西川と中ノ口川に挟まれた地域には顕著な自然堤防群が発達する．自然堤防は，全体として網目状のパターンを呈し，それぞれの幅は200～300mで，後背湿地との比高は約1mである．この地域の自然堤防を構成するのは中粒砂～シルトで，全体的に淘汰は悪く垂直的な層相の変化は乏しい．一方，後背湿地の表層部は極細粒砂～シルトによって構成される．後背湿地の地下の所々には埋没した河川の蛇行帯堆積物の粗粒砂～細粒砂が確認される．

ところで，後背湿地の地表面下0.5～1m，標高3m前後には層厚10～50cmの腐植土層が分布する．

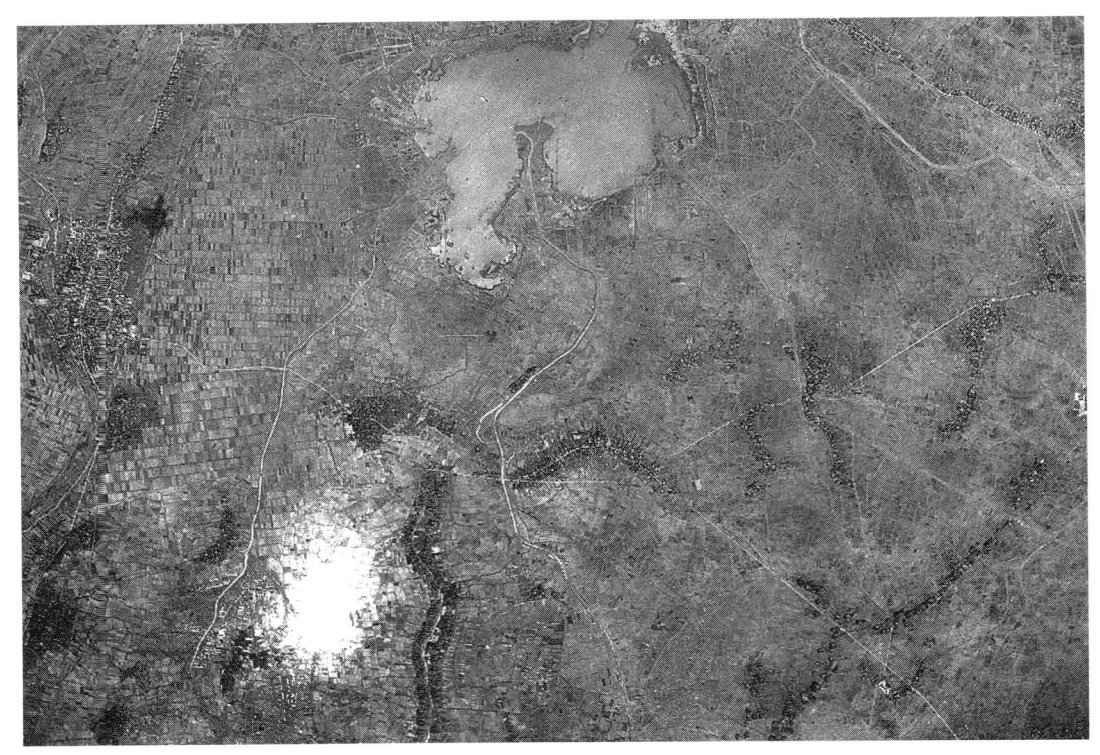

図12-6 鎧潟周辺の空中写真（1947年4月12日撮影：国土地理院 USA-M206 − 128）
写真上部の鎧潟は1967年の干拓事業によって消滅した．

　この腐植土層は，西川と中ノ口川に挟まれた氾濫原の広域で共通して認められる．腐植土層は河道堆積物によって切られているが，一部では自然堤防堆積物に覆われている．当地域に分布する腐植土層からは1,150〜1,050年年前とほぼ共通した^{14}C年代値が得られ，比較的短期間に湿地環境が広域に形成されたことがわかった（小野ほか2006）．
　さらに，極浅層部の腐植土層は，この地域に分布する遺跡でも確認されている．当地域には6〜9世紀と13〜16世紀に営まれた遺跡が多く分布する（吉田町2002）．それらのうち，6〜9世紀の範疇で営まれた長所遺跡（図12-2）などでは，地表面直下から約−2mに堆積した腐植土層から遺物が出土しており，同層からは9世紀末以降の遺物は検出されない（新潟県教育委員会1976）．これらの遺跡の多くは，現地表面を対象とした微地形区分では後背湿地に相当する箇所に位置するが，その大半は，埋没微高地上に立地する（吉田町2002）．また，当地域には10世紀初頭〜12世紀末にかけて遺跡の立地がほとんど認められず，13世紀になると現地表面にみられる自然堤防上に遺跡が立地する

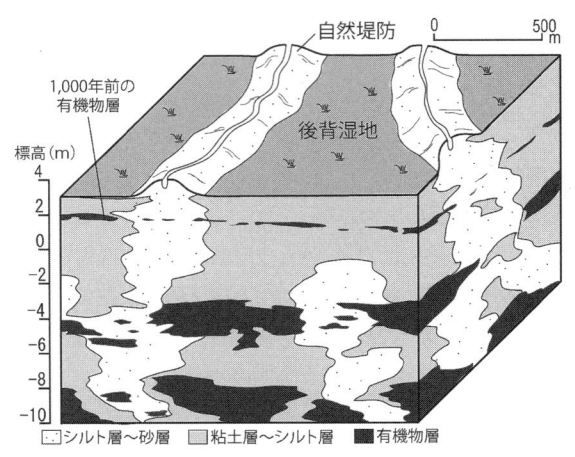

図12-7 信濃川氾濫原（旧鎧潟南部）における微地形と表層地質
小野ほか（2006）をもとに作成．

ようになる（吉田町 2002）．

　先に述べたように，当地域に広く分布する腐植土層からは 1,150 〜 1,050 年前の ^{14}C 年代値が得られており，それらは 6 世紀以降に営まれ始めた遺跡群が廃絶・放棄される頃，さらに，遺跡がほとんど分布しない時期に対応する．以上の事柄からは，この頃，当地域では低湿化によって人々の居住が困難になったことが推定される．また，この腐植土層は現地表面を構成する自然堤防や後背湿地の堆積物によって覆われている．先に述べたように，13 世紀以降の遺跡が現自然堤防上に立地することから，当地の現地表面をかたちづくる自然堤防群は，1,000 〜 800 年前頃に集中的に形成されたと考えられる（図 12-7）．なお，長所遺跡などの下流約 15km の氾濫原に立地する釈迦堂遺跡（図 12-2）では，平安時代の須恵器が検出されているが，当遺跡では 9 世紀に生じた液状化の痕跡が発見されており，（高濱ほか 1998；高濱ほか 2001）その形成時期は先の腐植土層の発達時期と一致する．

11.5　残された課題

11.5.1　地盤沈降が地形発達に与える影響

　信濃川の沖積低地の中部に位置する味方排水機場遺跡（図 12-2）では，縄文時代中期後葉（約 5,000 年前）の遺物が深度 19.00 〜 9.15m の河川氾濫原の土壌層中から検出され，その下位の深度 19.15 〜 19.28m の層準からは約 5,000 年前の沼沢火山灰（山元 1995）が見つかっている（卜部ほか 1999；高濱ほか 2000；卜部・高濱 2002）．また，卜部・高濱（2002）は沖積低地における複数のボーリングコアの解析結果から，沼沢火山灰堆積時の河川氾濫原を構成していた地層が，地表面下約 13 〜 19m に存在することを明らかにした．

　こうした越後平野の急速な沈降に影響を及ぼす可能性があるのは，低地の西縁に伏在する角田・弥彦断層（仲川 1985）である．この断層は完新世後期の変位地形が明瞭でない典型的な伏在逆断層で（中西ほか 2010），平均上下変位速度は約 3 〜 4mm/ 年と推定されている（下川ほか 1997；中西ほか 2000）．また，同断層は上盤となる角田・弥彦山地と山麓の段丘面の隆起量に対して，下盤となる沖積低地面の沈降量が卓越しており（下川ほか 2000），完新世後期における複数回の活動が推定されている．

　角田・弥彦断層の活動にともなう沖積低地の地形環境への影響については不明な点が多いが，Urabe et al.（2004）は信濃川以西において砂丘列（Ⅰ-1 〜 Ⅱ-4）が認められない理由として，断層活動によってそれらが地下に埋没した可能性を指摘している．また，かつての砂丘上に立地した遺跡の埋没状況も，断層活動にともなう沖積低地の沈降を示唆する．緒立遺跡や的場遺跡（図 12-2）は，砂丘上に立地していたことが明らかになっており，縄文時代晩期から中世にかけて断続的に土地利用がおこなわれてきた（金子ほか，1983；黒崎町教育委員会 1979；黒崎 1980；黒埼村教育委員会 1981；新潟市教育委員会 1993；新潟市教育委員会 1987；渡辺ほか 1994）．緒立遺跡は，8 世紀半ばには掘立住居や倉庫で構成された官衙として機能し，8 世紀末〜 9 世紀半ばには土地利用上のピークをむかえるが，9 世紀末までに急速に衰退した．その後，当地域は 200 〜 300 年の空白期間を経て，中世には墓域として利用された．緒立遺跡では北東 - 南西軸の埋没砂丘が確認されており，砂丘を構成する砂層の上面の標高は− 3.5 〜− 2.0m で，それを覆って層厚 30 〜 80cm の黒褐色の砂層が堆積する．この黒褐色の砂層が遺構・遺物の検出層となっており，縄文晩期〜平安時代前半の遺物が見つかっているが，同層は層厚 80-150cm の粘土によって覆われている．さらに，緒立遺跡の西南西約 500m に位置する的場遺跡でも同様の浅層地質が認められ，標高− 3 m から平安時代前半の掘立柱建物プランが検出されている．このように，緒立遺跡や

的場遺跡をのせる埋没砂丘の存在や9世紀末における遺跡の急速な衰退といった事象からは劇的な環境変化，すなわち角田・弥彦断層の活動にともなう沖積低地の沈降が疑われる．

越後平野を対象とした従来の地形・地質研究においては，海面変動とそれに対応したシーケンス層序学的な研究の蓄積が進められてきた．しかし，当地域は卜部・高濱（2002）が指摘するように，氷河性海面変動と沈降運動の相互作用による相対的海面変動によって形成された場である．越後平野においては，沈降量の少ない他の沖積低地のように，氷河性海面変動にともなう理想的なシーケンス層序と地形発達を描くことは困難である．また，10^2年オーダーのような高精度の時間軸で地形発達を明らかにしようとすれば，そこには漸移的な変遷のなかに狭在した劇的な変動現象がみえてくる可能性がある．たとえば平野北東部の紫雲寺潟は縄文海進起源の海跡湖と考えられてきたが，その湖底から縄文時代晩期（約2,500年前）の遺構や遺物が出土したことによって，一時は陸域環境であったことが明らかになった（高濱・卜部2002；高濱・卜部2004）．また，再度の潟の出現にあたっては，起因断層は不明であるが，地震性の沈降の可能性が指摘されている．

はたして，断層の活動によって堆積盆に急激な変化が生じた場合，河川はどのように振る舞い，層相にはどのようなかたちで残るのであろうか．上述した沖積低地における9世紀頃の遺跡の衰退，腐植土層の形成についても，そうした観点から見直してみる必要がある．

11.5.2　低地への土砂供給——流域単位で地形発達史を編む

越後平野という急速な沈降を続ける巨大な堆積盆を充填するのは，おもにフォッサマグナを貫流する信濃川水系によってもたらされた大量の土砂である．

では，上流域ではいつどのように土砂が生産され，河川によって運搬され，堆積したのであろうか．一般的には，最終氷期に生産された大量の岩屑が後氷期に河川を介して流下し，沖積低地を形成したと説明される．また，気候変動にともなう降雨状況の長期的傾向が土砂の生産・運搬・堆積を支配するともいわれる．はたして，越後平野を充填する土砂は，そのような漸移的な過程を経て堆積したのであろうか．当地域の下部泥層相当層と上部砂層相当層の堆積状況からは，以上のような「教科書的」な土砂の生産・運搬・堆積プロセスをある程度反映しているように思える．一方で，急速な沈降を続ける巨大な堆積盆を充填する堆積物の中には，上流域における劇的な現象を反映したイベント堆積物も含まれるであろう．たとえば，中越地震の際には多くの山地崩壊や，その土砂を強烈なエネルギーをもって排出する可能性のある土砂ダムの形成といったイベントが生じた．そうした劇的な現象をも考慮した供給源から堆積場への土砂フラックスの解明は，現在の沖積低地研究に欠けている視点である．

現在，沖積低地研究は後氷期の海面変動を基礎としたシーケンス層序学的研究の全盛期にある．一方で，越後平野では先のような観点から土砂供給と沖積低地の発達の関連性を見出そうとする意欲的な研究も存在する．その例が沼沢火山灰をトレーサーとした沖積層研究である（卜部・高濱2002；Kataoka et al. 2008；卜部ほか2011）．福島県只見川中流域に位置する沼沢火山は，約5,000年前の火砕流噴火により只見川を一時的に堰き止め，ダム湖が決壊して大規模洪水流が只見川・阿賀野川を約150kmにわたり流下したことが明らかになっているが，先の研究では越後平野の沖積層に含まれる大規模洪水流の痕跡や分布，堆積システムに与えた影響を検証しようとしている．

また，さらに取り組むべき課題もある．信濃川の上流域の善光寺平では9世紀に生じた仁和の大洪水の痕跡が広域で確認されているが，この洪水は越後平野の地形形成にどのような影響を与えたのだろうか．加えて，平野北東部を流れる河川の源となる五頭山地や飯豊山地では，完新世後期に入っても幾度となく

山地の崩壊と土石流を生じさせており（鈴木 1990），その下流の湖沼で確認されているハイパーピクナル流（Yoshida *et al.* 2007）との関連の解明が待たれる．

　これらは，土砂の供給源と堆積場を結びつけて，流域単位で地形発達史を構築しようとする研究の布石となる重要なテーマである．記載学的な地質研究から脱却して，流域単位のダイナミックな地形発達史の解明に挑戦するには，さまざまな課題が残る越後平野流域は絶好のフィールドであるといえよう．

13
矢作川沖積低地における地形環境変遷と遺跡の立地

小野映介

13.1 はじめに

矢作川は，中央アルプスの南端を源とする流域面積 1,830km²，幹線流路延長 118km の河川で，下流部に沖積低地を発達させて三河湾に至る．その沖積低地および周辺の段丘や丘陵部からは，旧石器時代以降の多くの遺跡が見つかっている．とくに沖積低地には多数の遺跡が埋没しており，矢作川の河床からも遺構や遺物が検出されている（図 13-1）．なかでも，豊田市南部から岡崎市にかけての堤外地は「矢作川河床遺跡」と呼ばれ，縄文時代から近世にかけての大量の遺構や遺物が出土している（岡崎市教育委員会 1988；川瀬 2003；杉浦 2007；吉鶴・杉浦 2008）．また，当地の一部からは約 3,000 年前（縄文時代晩期）の多くの立ち株や倒木などからなる「矢作川河床埋没林」が発見された（矢作川河床埋没林調査委員会ほか 2007）．

近年，沖積低地の中部では埋没林の発見に加えて，新たな高速道路建設に関連した大規模発掘調査が実施されるなど，古環境に関する情報の蓄積が急速に進んでいる．一方，後に詳述するように，臨海部における後氷期海面変動と地形発達に関する研究の進展も見られる．

ここでは，矢作川沖積低地の地形環境変遷の解明の鍵を握る矢作川河床埋没林の成立と消滅を軸に，周辺における地形・地質調査結果とあわせて，完新世後期における古環境と人々の暮らしとの関係を紐解いてみたい．

13.2 狭く長い低地

矢作川および支流が貫流する三河高原の大半を構成するのは，領家帯の花崗岩類や変成岩類である．とくに風化花崗岩からなる大量の「マサ」は河川を介して下流部に運搬され，沖積低地の形成に貢献している．

矢作川は三河高原から勘八峡を抜けて豊田盆地へ流入すると，籠川と合流して沖積低地を形成する（図 13-2）．更新世段丘群が顕著に発達する盆地内にあって，沖積低地の範囲はわずかではあるが，矢作川沿い

図 13-1 矢作川河床から見つかった井戸状遺構と埋没林
豊田市教育委員会提供．

に最大で幅約2kmにわたって広がっており，豊田市街地の大半も沖積低地上に広がる．豊田盆地の南限は三河高原から張り出した花崗岩類かならなる狭窄部（鵜首）によって限られるが，その下流側には三河湾に至るまで約40kmにわたって沖積低地が発達する．本章では，豊田盆地およびその下流に広がる沖積低地を一連のものとして捉え，矢作川沖積低地と呼ぶ．

矢作川沖積低地の左岸は，花崗岩類や変成岩類などによってかたちづくられた山地および，その縁にわずかに発達した更新世の段丘によって限られる．一方，右岸には上位から挙母面・碧海面・越戸面・籠川面といった更新世の段丘群が広く発達しており，対照的な様相を示す（町田ほか1962；貝塚ほか1964）．いずれにせよ，それらの山地と段丘に挟まれて発達する沖積低地の幅は狭く，最大でも岡崎市付近の5km程度である．また，その下流の西尾市八ッ面山付近においても幅2kmほどの狭窄部が存在するため，全体として狭く長い沖積低地となっている．

ところで，矢作川には二つの河口とデルタ存在する．一つは，もとの矢作川（矢作古川）が形成したデルタで，典型的な円弧状デルタを呈する（図13-2）．もう一方は，上述した八ッ面山付近から矢作川の本流（矢作新川）を西側へ人工的に屈曲させ，碧海面の一部を掘削して衣浦港へ流したことによって出来た新しいデルタであり，工事は江戸時代初期の1605年に実施された．

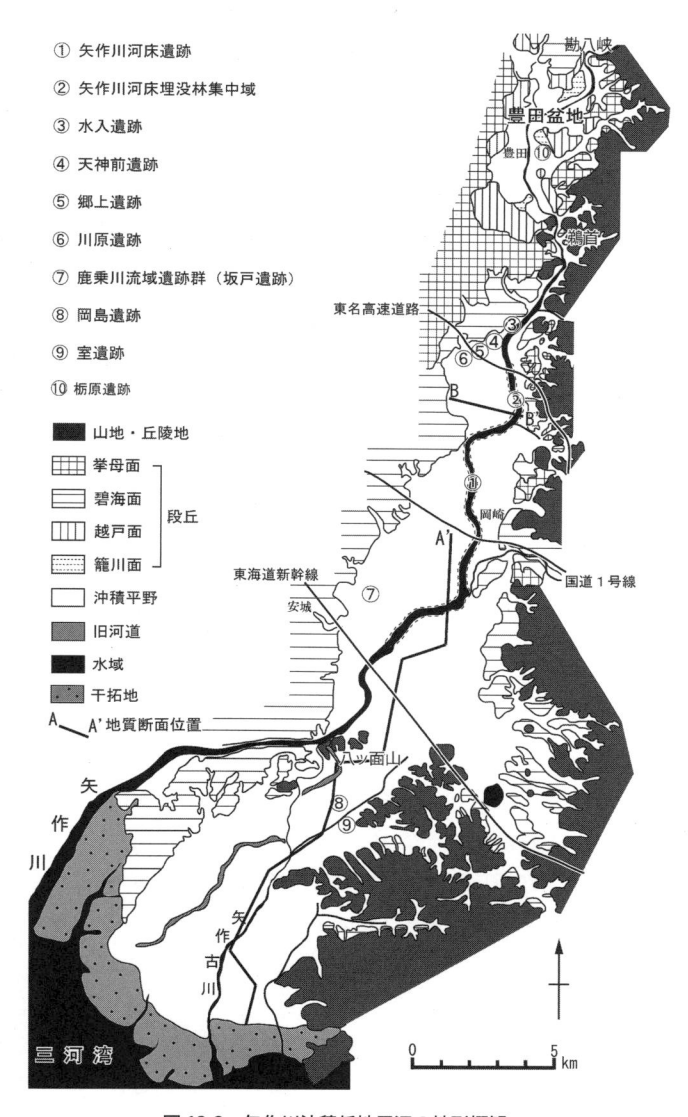

図13-2 矢作川沖積低地周辺の地形概観

13.3 完新世後期の地形発達

13.3.1 縄文海進とデルタの形成

矢作川沖積低地では，他の大半の低地と同様に7,300年前頃をピークとする縄文海進にともなって，下流部の広域が沈水して内湾が形成された．以下，沖積層の層相と層序，堆積物の年代から縄文海進時の景観と，その後の海退にともなうデルタの発達過程について示したい．

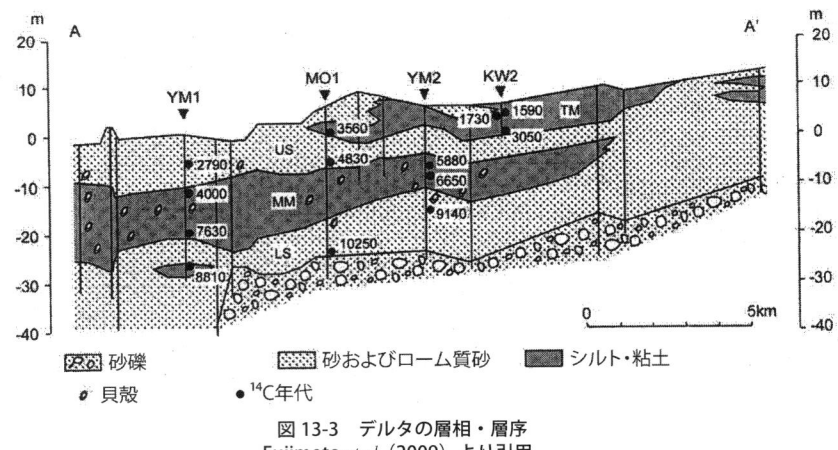

図13-3 デルタの層相・層序
Fujimoto et al. (2009) より引用.

矢作川沖積低地の南部には，下部より沖積層基底礫層，下部砂層（LS），中部泥層（MM），上部砂層（US），頂部泥層（TM）が堆積する（図13-3）．これらのうち，下部砂層は縄文海進の初期に河川によって運ばれてきた砂層で，10,000年前頃の^{14}C年代値が得られている（Fujimoto et al. 2009）．また，中部泥層は海進時の内湾を埋めるかたちで堆積したデルタの底置層で，それを覆う上部砂層はデルタの前置層として付加した堆積物である．ともに海水〜汽水に棲む貝化石や植物遺体を含み，7,630〜2,790年前の値が得られている．一方，最上位の頂部泥層はデルタの頂置層として河川の氾濫作用によって形成された堆積物で，3,550年前よりも若い年代値を示す．

縄文海進最盛期の海岸線については，堆積物中に含まれる海生珪藻の分布などから八ッ面山付近にまで及んだことが明らかにされている．その後，デルタの前縁部は2〜3km/1,000年の速度で前進して離水域（氾濫原）を拡大させ（Sato & Matsuda 2010），その過程にあっては約2,000年前と古墳時代に離水域で河川の洪水氾濫が活発化したとされる（川瀬 1998）．

13.3.2 氾濫原における河川の動態

沖積低地の南部において後氷期の海面変動にともなう地形変化が生じていた間に，その影響を直接的に受けなかった内陸の氾濫原ではどのような環境が広がっていたのであろうか．

矢作川の河口から約29km付近（豊田市と岡崎市の境界付近）の地質断面を図13-4に示す．当地の沖積層の層厚は約25mで，標高約5mで花崗岩の基盤に達する（小野ほか 2007）．沖積層は礫からシルトによって構成され，それらの互層関係からは，蛇行する河川の作用を受けて堆積物が上方へと累重した様子を読み取ることができる．沖積低地の南部で縄文海進がピークに達した頃には，標高8mあたりで氾濫原を形成していたが，4,000年前頃から堆積物の上方累重速度が上がり，約3,000年前以降に現地表面がかたちづくられた．

この付近の矢作川河床（東名高速道路の矢作橋から県道239号線の天神橋までの約2kmの範囲）には，数十を超える立ち株と倒木が確認されている（図13-5）．「矢作川河床埋没林」と呼ばれる古代の森林は，コナラ属コナラ節，クワ属，クリ，ムクノキ，ヒサカキ，ムクロジなどによって構成されており，なかでもコナラ属，クワ属，クリが全体の約70％を占める落葉広葉樹林であったことが明らかにされている（佐々木・能城 2007）．また，それらの立ち株と倒木の14C年代値は約3,000年前に集中していることから（中

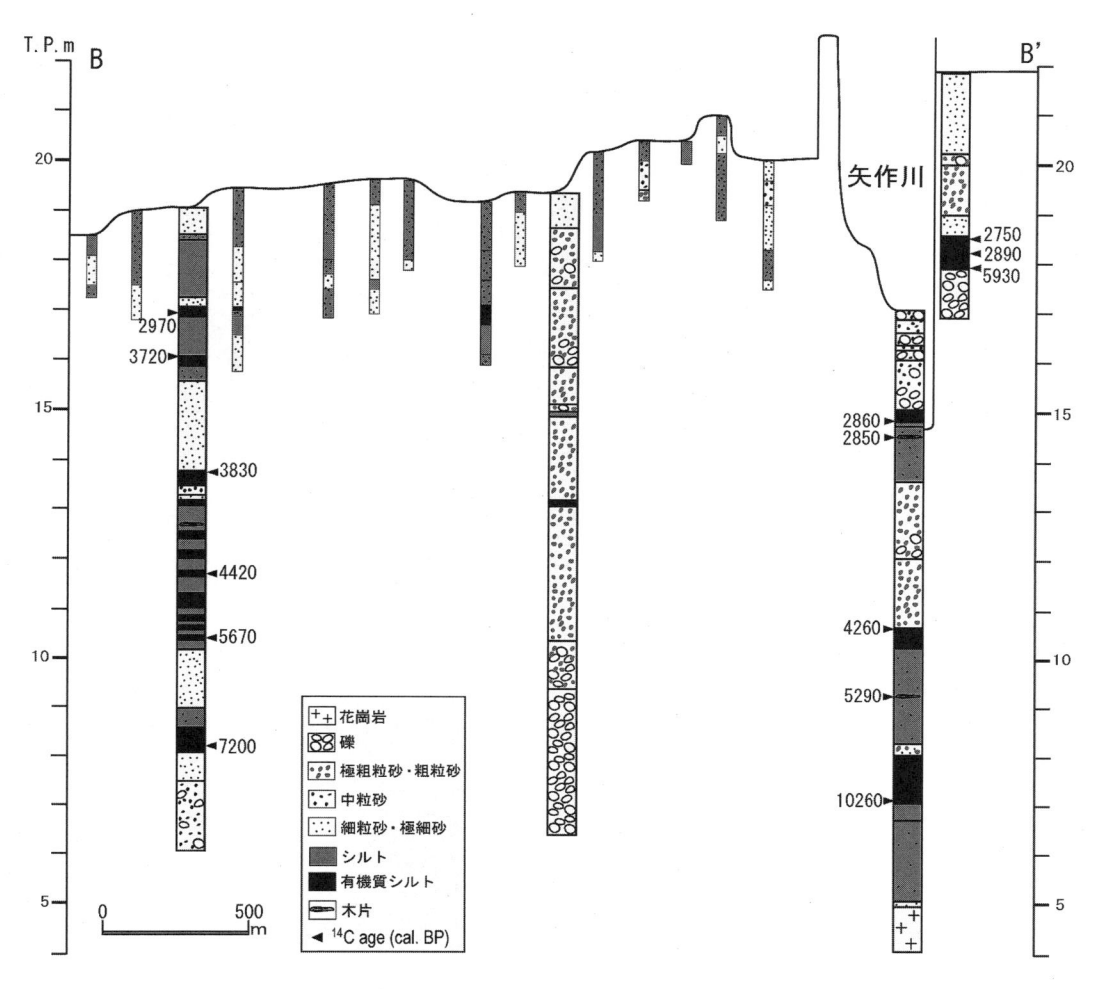

図 13-4　矢作川沖積低地中部の地質断面
小野ほか（2007）をもとに作成．

村 2007），当地域の森林は約 3,000 年前を中心とした比較的短期間（300〜400 年間）に成立していたと考えられる．

　埋没林が根を張るのは標高 15.5 m を上限として堆積する極細粒砂混じりシルトである（図 13-6）．その上位を不整合に覆うのは現河床を構成する新しい礫混じり極粗粒砂層である．極細粒砂混じりシルトには土壌化部分が残されていないが，おそらく，これは後に侵食作用を受けたためで，樹木が繁茂していた時代には同層の上部もしくは，今は失われた上位層に土壌化層が形成されていたと推定される．また，立ち株や倒木の ^{14}C 年代値については，2,800 年前よりも若い年代を示す樹木が存在しないことから，この頃に一気に森林が立ち枯れするような洪水堆積イベントに見舞われたと推定される．

　当時の森林の範囲については明らかになっていないが，上述したように約 2 km にわたって河床に立ち株や倒木が認められることや，埋没林の調査地点から約 5 km 西側の氾濫原において，埋没林が生育していたのと同時期の 2,970 年前の有機質シルト層が検出されていることなどから（図 13-6），氾濫原の広域に森林が成立し得る静穏な堆積環境が広がっていたものと推測できる．また，埋没林の調査地点から

約8km上流の豊田盆地に立地する寺部遺跡（図13-2）においても，3,000年前頃の有機質シルト層の堆積が認められることから（小野ほか2011），この時期における氾濫原の広範における河川洪水の沈静化が示唆される．

先に述べたように，3,000年前頃の臨海部においてはデルタの急速な前進が進んでいた．それに対して，内陸部の氾濫原では広範で落葉広葉樹林が成立するような安定的な河川環境にあったことが明らかになっており，河川の動態としては，内陸部をバイパス的に通過して，土砂を臨海部に供給するシステムを呈していたと考えられる．また，デルタでは2,000年前と古墳時代

図13-5　矢作川河床の立ち株

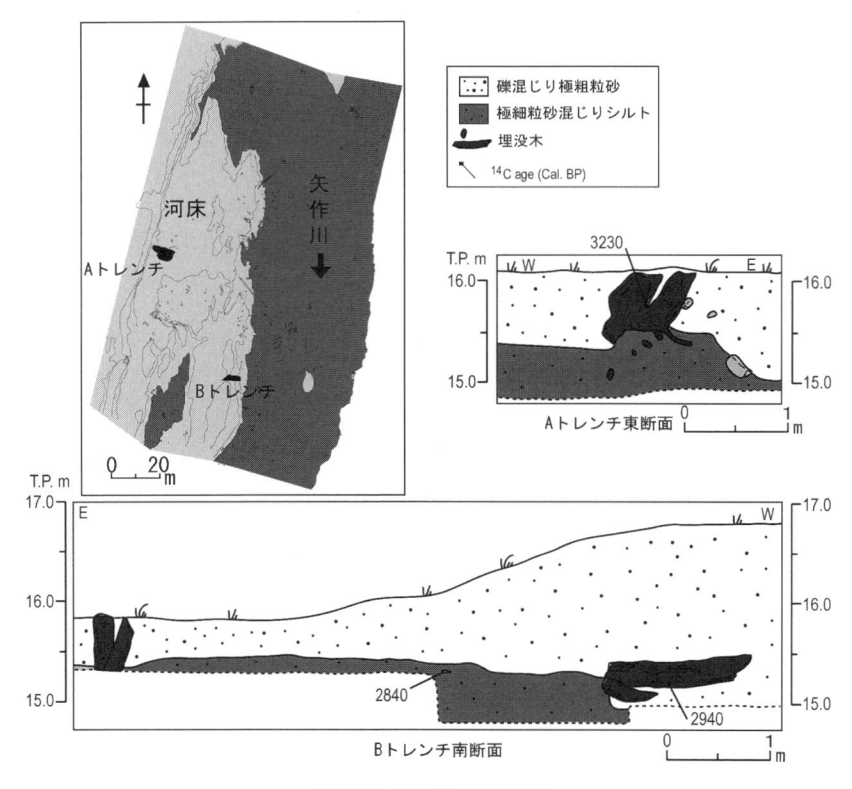

図13-6　埋没林の出土状況
小野ほか（2007）をもとに作成．

に洪水堆積の活発化が生じたとされるが，この洪水の範囲や内陸部の氾濫原の森林を一気に埋没させた2,800年前の洪水の範囲と規模については，今後の調査による解明が待たれる．

13.3.3 沖積低地の微地形の特徴と発達

矢作川沖積低地の地表面形態を特徴付けるのは，自然堤防群である（図13-7）．自然堤防はシルト～細粒砂によって構成されており，淘汰は悪い．また，自然堤防群に混在してクレバス・スプレーやポイントバー起源の微高地も認められ，それらは中粒砂から極粗砂によって構成される．各々の自然堤防の幅は数百m程度で，後背湿地との比高は1～2m程度である（森山・小沢1972；森山1978；春山・大矢1986）．なお，豊田盆地の氾濫原にも自然堤防が発達するが，その大半は離水しており，縁に1m程度の段丘崖をともなう．

ところで，これらの自然堤防はいつ頃形成されたのであろうか．沖積低地北部に立地する天神前遺跡，川原遺跡，郷上遺跡など（図13-2）では，古代以降に現地表面をかたちづくる自然堤防が形成されていった様子が確認されている（鈴木ほか2001；酒井ほか2002；豊田市郷土資料館2009など）．

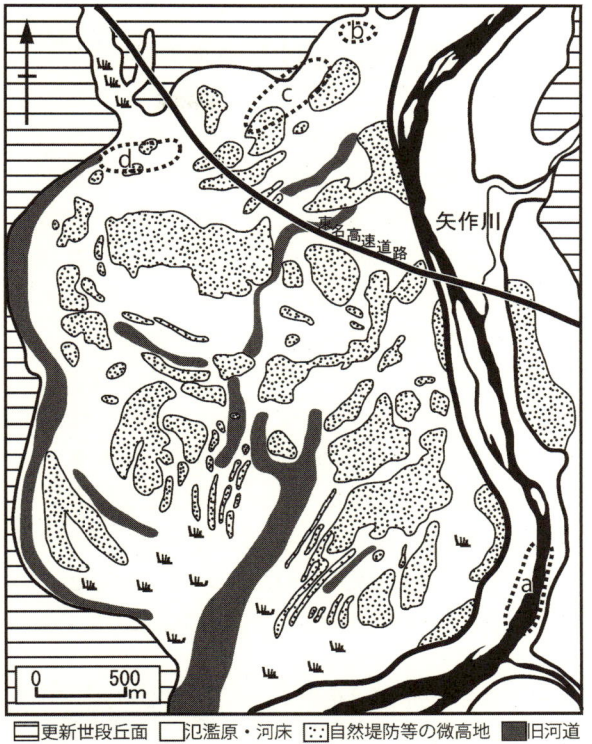

図13-7 沖積低地中部の微地形分類
小野ほか（2007）をもとに作成．

また，川瀬（1998）によると縄文海進以降に離水した氾濫原では，湿地堆積物を覆って，古墳時代に集中的に自然堤防が発達したとされる．さらに，その内陸側に位置する岡崎市付近の氾濫原では，現地表面をかたちづくる自然堤防構成層の下部に6～7世紀の土器が埋没していることから，自然堤防の形成は，それ以降に生じたと考えられている（井関1961；服部1994）．加えて，同地域に立地する坂戸遺跡（図13-2）では浅層地質と微地形の発達に関する詳細なデータが得られている．坂戸遺跡からは弥生時代中期（約2,100年前）から近世にかけての遺構や遺物が出土しており（岡崎市教育委員会2009），弥生時代後期の遺構や遺物はポイントバーの直上の層序から検出されている（図13-8）．ポイントバーはシルト～極粗粒砂によって構成されており，北から南に向かって側方付加する様子が観察できる．同層から木片及び泥炭を採取したところ，それぞれ2,200年前，2,210年前の^{14}C年代値を得た．一方，ポインバー構成層の上位，すなわち弥生時代中期の遺構面とそれを覆う堆積物は，河川の越流堆積物によって形成されたもので，自然堤防をかたちづくる．したがって，坂戸遺跡では，坂戸遺跡周辺では活発な河川の活動によってポイントバーが形成された後に転流によって河道が遠ざかり，ほどなくして，相対的な微高地を利用した人々の居住が始まったと考えられる．ただし，古墳時代以降に堆積した層厚1mに及ぶ自然堤防構成層とそこに包含された古代～近世の遺物からは，人々が度々洪水に襲われたことが推測される．

13.4 沖積低地における遺跡立地

矢作川沖積低地において，最も古くて確実な生活痕が残されているのは北部の本川遺跡や川原遺跡で，縄文時代晩期（3,000～2,400年前）の土坑や土器が出土している．その近くの川原遺跡では，旧石器時代（15,000年前以前）から縄文時代草創期（15,000～12,000年前）に相当するナイフ形石器や尖頭器が検出されているが，先にも述べたように当時（約10,000年前）の地表面は地中10m以下に埋もれていることから，それらは一次堆積遺物とは考えにくい．ただし，裏返して言えば地中深くには縄文時代晩期よりも古い遺跡が眠っている可能性がある．

縄文時代晩期といえば，先に述べたように氾濫原の広域に森林が繁茂していた可能性の高い時期である．豊田盆地の寺部遺跡（図13-2）では，4,000～3,000年前の堅果類（コナラ亜属果実，アカガシ亜属果実，トチノキ種子など）を貯蔵した大量のピットが検出されている（杉浦ほか2011）．したがって，発見されている遺跡数こそ少ないものの，当時の氾濫原では比較的洪水の少ない安定した地形環境の下で，豊かな落葉広葉樹林を利用して人々が居住していた可能性が高い．

その後における氾濫原での人々の活動の活発化の画期は，弥生時代中期中葉（約2,100年前）に認められる（河合・森2007）．当時，川原遺跡では多数の竪穴建物や方形周溝墓がつくられた（財団法人愛知県教育サービスセンター・愛知県埋蔵文化財センター）．また，その約10km下流側に位置する鹿乗川流域遺跡群（図13-2）においても大量の遺構や遺物が検出されている（神谷ほか2006）．なお，先に示した坂戸遺跡は鹿乗川流域遺跡群の一部をなしており，当地域における弥生時代中期の遺構・遺物の増加は，河川の転流にともなう地形環境の安定化と関連する可能性がある．

また，その南部に広がる縄文海進時に沈水した地域においても，弥生時代中期になると遺跡の立地が進み，離水した氾濫原に立地した岡島遺跡（図13-2）からは大量の遺構・遺物が見つかっている（池本ほか

図13-8　氾濫原の堆積構造（岡崎市坂戸遺跡）
人物が立っているのが弥生時代中期の遺構検出面．

1990；池本ほか1993；松井・鈴木1994；松井1998；松田ほか2001).

　このように矢作川沖積低地には，弥生時代中期に入ると多くの遺跡の立地が認められるが，それらの大半は後期に連続しない．その理由としては，河川の氾濫といった自然現象と連動している可能性が示されており（河合・森2007），上述の川瀬（1998）による指摘と併せて「2,000年前洪水」の動態は興味深いテーマである．

　古墳時代以後，天神前遺跡や郷上遺跡では大溝が掘られたり（鈴木ほか2001；酒井ほか2002），鹿乗川流域遺跡群では八ッ塚古墳，楠塚古墳が造営されたりと（神谷ほか2006），沖積低地の大規模な開発が積極的に進められたことが示唆される．遺跡の広がりや遺構・遺物の量から推定すると，これ以後の時代も沖積低地の利用は概して活発化していったと考えられる．

　古代〜中世における低地における生活の痕跡としては，矢作川河床遺跡から検出された井戸状遺構があげられる．同遺跡は豊田市南部から岡崎市南部までの約10kmに及ぶ長大な遺跡で，とくに古代から中世の遺物がまとまって出土するが，それらとともに計9基の井戸状遺構が見つかっている（小幡2007）．そのうち，最も古いものは12世紀後葉から13世紀にかけてのもので，他は中世が中心であると考えられている（岡崎市教育委員会1988）．

　ところで，矢作川の河床からは，なぜ大量の遺物や井戸状遺構が検出されるのだろうか．それには河川の蛇行や転流が関係している．河床に井戸が掘られる意味は無いことから，井戸が掘られた当時には周辺に集落が存在し，そこは河川から離れた氾濫原であったと推測される．その後，矢作川の蛇行や転流によって洪水堆積物が流入し，集落は埋積され放棄されたと考えるべきであろう．先に述べたように，矢作川下流低地には上流の山地から大量のマサが流入するが，低地の幅は狭い．そのため，蛇行や転流を頻繁に繰り返したことが，旧河道や自然堤防の複雑な配列状況から推察される．

　やがて，中世末以降になると矢作川の河道は固定され，現在のように堤防で固定された河川となった．その結果，沖積低地の新田開発が進んだが，堤外地に土砂が堆積し，天井川化が進行した．河道の固定から100年ほど経った18世紀頃になると，沖積低地では洪水が頻発するようになる．

　宝暦六年（1756）年，矢作川中流部の豊田盆地において挙母藩による桜城の築城が始まったが，度重なる洪水のため城内は何度も浸水し，工事が進まなかったため，低地での築城を諦め，安永八年（1779）に台地上への城の移転を幕府に願い出て，天明五年（1785）に新たな城が完成した．また，「高地移転」は下流の村落でも生じた．碧海郡粟寺村・馬場村では度々水難にあったので元禄十二年（1699）に全戸が背後の丘陵地に移り，幡豆郡新村においても度重なる洪水を避けるために安永九年（1780）に全村民が背後の丘陵上に移転する総屋敷替えがおこなわれた（岡崎市美術館1999）．

　当時における矢作川の天井川化の激しさは，沖積低地北部の西縁の低位段丘に立地する水入遺跡（図13-2）に見られる．沖積低地を眼下に置く水入遺跡は，旧石器時代から江戸時代後半まで営まれた複合遺跡である（永井ほか2005）．矢作川の築堤が始まる以前，沖積低地との比高は2〜3m程度であったが，近世の築堤によってその差は急速に減少し，やがて堤外地へと組み込まれ，遺跡は廃絶した．段丘を覆う天井川堆積物はシルト〜極粗粒砂で，層厚は4mを超える．

　他の沖積低地と同様に，近世における大河川の固定化は新田開発の進行と破堤洪水の多発という二つの現象を生んだ．そうしたなかで，矢作川下流低地に特有な地形条件に起因する人々の行動が認められる．先に述べた，沖積低地の居住環境の悪化にともなう「高地移転」である．周囲を段丘や丘陵に限られた狭小な沖積低地というコンパクトな生活空間において，人々はそれぞれの空間を比較的柔軟に使い分けていたことが遺跡の分布状況から推測できる（酒井2006；永井2010）．弥生時代に生じた沖積低地の地形環

境の悪化の際には，沖積低地に接した段丘上に集落が増加したという報告もあり（河合・森2007），環境要因を反映した高低移動が歴史的に繰り返されてきた可能性もある．

かつて，天井川を呈した矢作川は，近現代の治水事業の成果によって河床の下刻へと転じた．それによって，河戻で深い眠りについていた縄文の森や中世の生活痕が我々の目に触れることになったのである．

今後，矢作川の本流が破堤する可能性は少ない．一方で，その支流が引き起こす内水氾濫が問題となっている．沖積低地の形成以来，人々はそこに住み，自然の恩恵を受けながらも洪水のリスクと隣り合わせに時を送ってきた．埋没した遺跡から，我々はその土地の履歴を学び，それを生かして住まうべきであろう．

14
珪藻分析を用いた浜名湖周辺の沖積低地の地形環境復原

佐藤善輝

14.1 はじめに

14.1.1 研究の背景

　私達が生きる現在は地質学的には「第四紀」に分類される．第四紀は約 260 万年前から続く地質時代であり，大陸氷河の消長に伴う海面変化などの激しい環境変動が生じたことを特徴とする．こうした過去の環境やその変遷を復原することは自然現象のメカニズムの解明のみならず，自然環境と人間活動との関係性を解明する手がかりにもなりうる．また，現在みられる環境がどのように形成されてきたかを正しく理解するだけでなく，防災などの将来予測にも重要な知見を得ることができると考えられる．

　第四紀に生じた環境変化にはさまざまな時間スケールの現象が含まれ，近年では年代測定の精度向上や氷床コアなどの緻密な分析成果によって，従来想定されていたものよりも短周期（約 1,000 年程度）で気候変動が生じている可能性も指摘されている．また，地殻変動の激しい日本列島では，地震時や地震間に生じる地盤昇降，津波による地形改変によっても地形環境が変化したと考えられる．こうした 10^2 ～ 10^3 年程度の時間スケールで生じる環境の微変動については，研究対象地域や時代が限定されるなど，未解明の課題も多く残されている．

　このような短周期で生じる環境変動を議論する上で，淡水環境と海水環境とがともに記録されている沿岸部の汽水湖沼は重要なフィールドである．汽水湖沼の多くは，縄文海進によって形成された海域（内湾）がその後の砂州・砂丘の発達によって閉塞されて形成された海跡湖である．湖沼を閉塞する砂州・砂丘は気候変動や相対的海水準変動（地殻変動を含む）などと関連して形成され，その発達状況の違いによって湖水の性質が大きく変化した（鹿島 2001）．したがって，汽水湖沼における高精度な環境変遷を解明することによって，環境の微変動についても検討することができると期待される．

　本章ではそうした汽水湖沼における古環境復原の一例として，遠州灘沿岸に位置する浜名湖周辺を対象として行った研究成果を紹介する．本章第 3 節で示すように，浜名湖では湖底堆積物を対象とした研究によって砂州の発達状況に合わせて湖水環境などが大きく変化したことが示されているが，完新世中期以降の詳しい環境変遷についてはこれまでに十分な検討がおこなわれていなかった．

　以下では，まず浜名湖周辺の地形・地質的特徴，湖底堆積物の解析から推定されている浜名湖の環境変遷を述べた後，沿岸の 2 地域の沖積低地で行った掘削調査と珪藻分析の結果を示し，各沖積低地の環境変遷を復元する．さらに，それらの対比や後述する既存研究の成果との比較から，浜名湖周辺の環境変化について検討する．

14.1.2 珪藻化石を用いた古環境復元

沖積低地を構成する土砂が「どのような環境下で堆積したのか」を知る指標の1つに，珪藻（Diatom）の種構成を用いる手法（以下，「珪藻分析」と呼ぶ）がある．珪藻とは不等毛植物門・珪藻綱に属する単細胞藻類で，過去の地形環境の復元する上で以下の2点の長所がある．

第一に，日光と水分が得られる環境であれば，さまざまな環境下に生息可能である点があげられる．珪藻は淡水から汽水，さらには海水域まで広く生息し，pHや水流，水域の汚濁度，水温，付着する物質（礫や砂，植物）といったさまざまな生息環境の違いによって棲み分けをしており，種構成が大きく変化する．このことは，珪藻が海域（内湾や干潟など）から陸域（湿地や河川など）にかけての，さまざまな地形環境の指標となりうることを示す．

第二に，珪藻は珪酸質（ガラス質）の丈夫な殻を持つため化学的・物理的な風化作用に対して強く，堆積物中に比較的保存されやすい点があげられる．このため珪藻分析では，ごく少量（1 mg程度）の堆積物からでも過去の環境を推定することができる．珪藻の持つ殻の表面には種ごとに固有の幾何学的な模様が刻まれており，電子顕微鏡や高倍率（1000倍程度）の光学顕微鏡による観察によって種を同定することができる．主要な珪藻種の形態的特徴については，国内外の珪藻図鑑によってまとめられており，種同定の際に極めて有用である．代表的な珪藻図鑑としては，Husted（1930, 1962），Krammer and Lange-Bertalot（1986, 1988, 1991a, b），渡辺（2005），小林ほか（2006）がある．

珪藻分析では，堆積物中に含まれる「珪藻化石の種組成の変化」にもとづいて堆積時の古環境を推定する．この作業を行う際に，既存研究によって提示された現生珪藻の分布特性にもとづく環境指標種（表6-1，鹿島1986，小杉1989，安藤1990，澤井2006）に着目すると，環境変化が把握しやすくなる．これらの環境指標種は，後氷期における沖積低地の古地理変遷解明を目的として設定されたこともあり，低地の古環境を復元する際に有効である（澤井2006）．近年ではTransfer Function法を導入することによって，より高い精度で相対的海水準変動を復元する研究がおこなわれ，地震性地殻変動の解明にも意義のある知見が得られている（たとえば，澤井2007など）．

本章では珪藻分析を用いた沖積低地の古環境復元の一例として，浜名湖周辺の沖積低地を対象として行った事例について述べる．浜名湖は遠州灘沿岸に位置する汽水湖で，浜名湖と外洋とを隔てる砂州は気候変動や地殻変動と関連して発達してきたと考えられている（池谷ほか1990）．浜名湖ではこれらの現象によって湖水などの環境が大きく変化したと考えられ，環境変遷を復元することで過去の気候変動や地震活動履歴の解明に繋がる知見が得られる可能性がある．

以下では，浜名湖周辺の地形・地質的特徴，湖底堆積物の解析から推定されている浜名湖の環境変遷を述べた後，沿岸の2地域で行った掘削調査・珪藻分析の結果を示し，各沖積低地の環境変遷を復元する．さらに，それらの対比や後述する既存研究の成果との比較から，浜名湖周辺の環境変化について考察する．

14.2　浜名湖周辺の地形的特徴

空中写真判読にもとづいて作成された浜名湖周辺の地形分類図（佐藤ほか2011）を図14-1Aに示す．浜名湖の北西部～北部には秩父帯の緑色岩やチャートからなる山地・丘陵が分布し（磯見・井上1972），東西には天伯原面・三方原面といった後期更新世に形成された段丘が広く発達する．三方原面南端部には三方原面よりも高位に鴨江面（杉山1991）が局所的に分布する．

14 珪藻分析を用いた浜名湖周辺の沖積低地の地形環境復原（佐藤善輝）

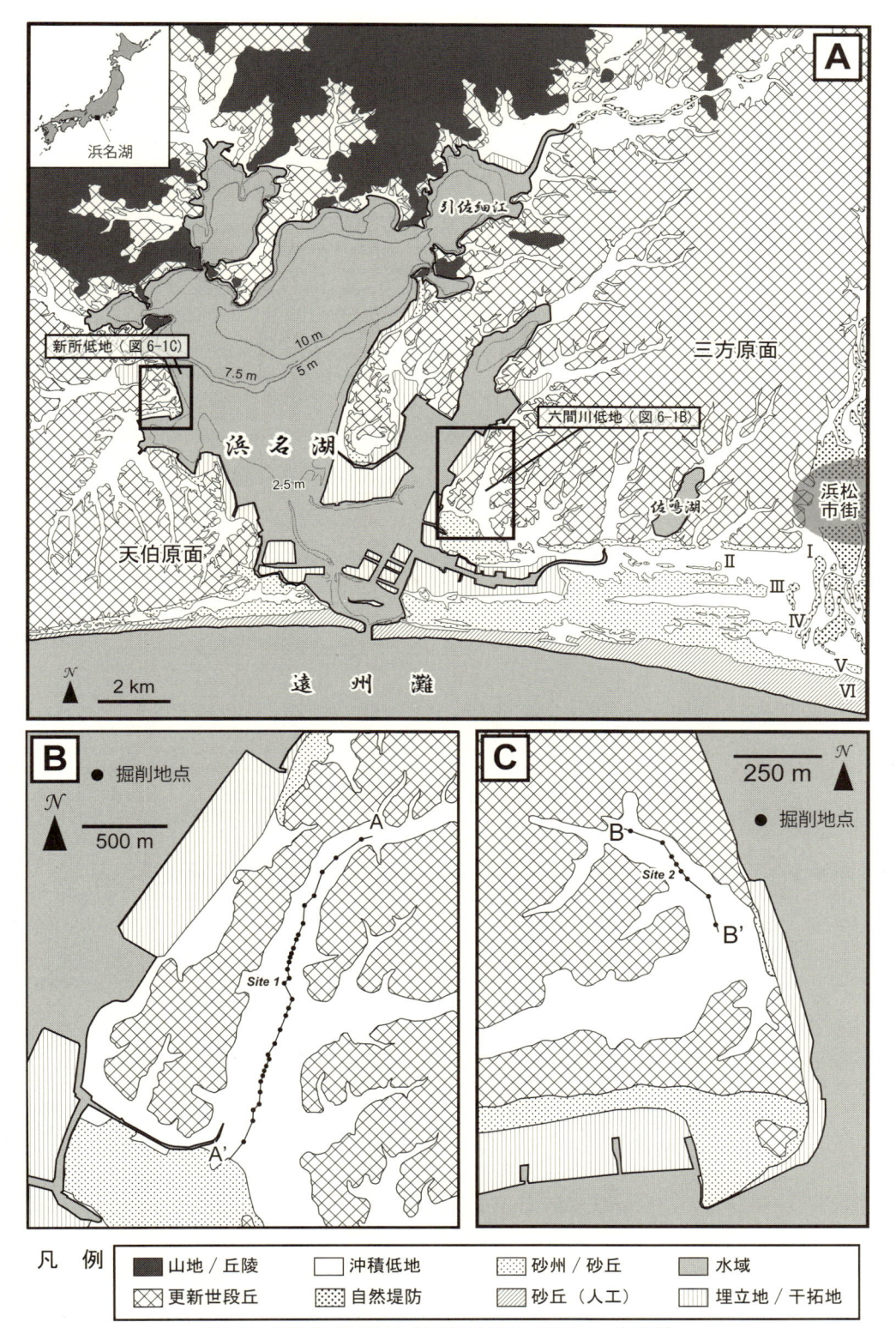

図 14-1 対象地域の概要図（佐藤ほか 2011a をもとに一部改変）
A：浜名湖周辺の地形分類図　B：六間川低地における掘削調査地点　C：新所低地における掘削調査地点　出典：佐藤善輝・藤原　治・小野映介・海津正倫（2011）

表 6-1 安藤, 鹿島, 小杉によって提案された環境指標種群　澤井 (2006) より引用

指標種群	生育環境	代表的な分類群
外洋指標種群 (A)	外洋水中を浮遊生活する. 鹿島 (1986) において Mf 種群とされたものと重複する.	*Coscinodiscus asteromphalus, C. oculusiridis, C. gigas, Thalassiosira nordenskioldii, Chaetoceros radicans, Thalassionema nitzschioides*
内湾指標種群 (B)	内湾水中を浮遊生活する. 鹿島 (1986) において Me 種群とされたものと重複する.	*Skeletonema costatum, Eucampia zoodiacus, Chaetoceros decipiens, Paralia sulcata (Melosira sulcata in 小杉 1988), Cyclotella striata, Thalassiosira* 属, *Chaetoceros* 属, *Thalassionema nitzschioides*
海水藻場指標種群 (C1)	塩分が 12‰ 以上の水域の海藻や海草に付着する.	*Cocconeis scutellum, Tabularia fasciculata (as Synedra tabulata in 小杉 1988)*
海水砂質干潟指標種群 (D1)	塩分が 26‰ 以上の水域の砂底に付着する. 鹿島 (1986) において Md2 種群とされたものと重複する種が多い.	*Dimeregramma fulvum, D. minor, Glyphodesmis williamsonii, Rhaphoneis surirella, Campylosira cymbelliformis, Trachysphenia australis, Planothidium delicatulum (as Achnanthes delicatula in 小杉 1988), Plagiogramma pulchella var. pygmaea, Amphora holsatica, Dimerogramma hyalinum, Auliscus caelatus*
海水泥質干潟指標種群 (E1)	塩分が 12‰ 以上の水域の泥底に付着する. 鹿島 (1986) において Md1 種群とされたものと重複する種が多い.	*Tryblionella granulata (as Nitzschia granulata in 小杉 1988), T. acuminata (as N. acuminata in 小杉 1988), T. apiculata (as N. apiculata in 小杉 1988), Petrodictyon gemma (as Surirella gemma in 小杉 1988), Pleurosigma salinarum, Diploneis suborbicularis, Navicula salinarum, N. capitata var. linearis, Entomoneis alata (as Amphipleura alata in 小杉 1988), Nitzschia punctata, Petroneis marina (as Navicula marina in 小杉 1988)*
汽水藻場指標種群 (C2)	塩分が 4 〜 12‰ の水域の海藻や海草に付着する種群.	*Melosira nummuloides, Pseudostaurosira brevistriata (as Fragilaria brevistriata in 小杉 1988)*
汽水砂質干潟指標種群 (D2)	塩分が 5 〜 26‰ の水域の砂底に付着する.	*Caloneis brevis, Navicula humerosa, N. salinarum, N. lanceolata, N. comoides, N. alpha, Nitzschia virgata*
汽水泥質干潟指標種群 (E2)	塩分が 2 〜 12‰ の水域 (塩性湿地など) の泥底に付着する.	*Navicula menisculuis, Tryblionella adducta (as Nitzschia adducta in 小杉 1988), Pseudostaurosira brevistriata (as Fragilaria brevistriata in 小杉 1988), Melosira nummuloides, Surirella fastuosa, Psammodictyon panduriforme (as Nitzschia pundriformis in 小杉 1988), Pseudopodosira kosugii (as Melosira sp. -n in 小杉 1988)*
上流性河川指標種群 (J)	河川上流に出現する種群.	*Achnanthes lineariformis, A. japonica, Gomphonema sumatraense*
中下流性河川指標種群 (K)	中下流域 (河川沿いの河成段丘, 扇状地, 自然堤防, 後背湿地) に出現する種群. 鹿島 (1986) において Fd 種群とされたものと一部重複する.	*Diatoma hiemale var. quadratum, Ceratoneis arcus, C. vaucieriae, Synedra inaequalis, Navicula capitatoradiata, Diatoma vulgare, Gomphonema quadripunctatum, G. inaequilongum, Meridion circulare var. constricta, Achnanthes lanceolata, Rhoicosphenia curvata, Cymbella turgidula, C. sinuata, Melosira varians*
最下流性河川指標種群 (L)	最下流域の三角州に集中して出現する種群. 小杉 (1988) において河口浮遊性種群 H とされたものと重複する.	*Cyclotella cryptica, C. nana, C. meneghiniana, Navicula salinarum*
湖沼浮遊性指標種群 (M)	水深が 1.5 m 以上で水生植物が水底には生育していない湖沼に生息する種群. 鹿島 (1986) において Fd 種群, 小杉 (1988) において淡水浮遊性種群 G とされたものと一部重複する.	*Attheya zachariasi, Asterionella formosa, Aulacoseira granulata (as Melosira granulata in 安藤 1990), Cyclotella comta, C. stelligera*
湖沼沼沢湿地指標種群 (N)	湖沼において浮遊生種および付着生種として優占する種群. 鹿島 (1986) において Fd 種群, 小杉 (1988) において淡水浮遊性種群 G とされたものと一部重複する.	*Aulacoseira ambigua (as Melosira ambigua in 安藤 1990), A. distans (as M. distans in 安藤 1990)*
沼沢湿地付着生指標種群 (O)	水深 1 m 内外で, 湿地および植物が一面に繁茂している沼沢湿地において付着状態で優占する種群. 鹿島 (1986) において Fc 種群, 小杉 (1988) において淡水底生種群 F とされたものと一部重複する.	*Gomphonema acuminatum, G. gracile, Neidium iridis, Stauroneis phoenicenteron, Cymbella aspera, C. cistula, C. ehrenbergii, Pinnularia acrosphaeria, P. gibba, P. nodosa, P. viridis, Navicula elginensis, Actinella brasilensis, Eunotia monodon var. tropica, E. praerupta var. bidens, E. flexosa, E. curvata, E. pectinalis, E. veneris var. nipponica, Tabellaria fenestrata, Frustulia rhomboides var. saxonica, Anmoneis serians var. brachysira, Cymbella subaequalis*
高層湿原指標種群 (P)	ミズゴケを主とした植物群落および泥炭地の発達が見られる場所に出現する種群.	*Eunotia nipponica, E. serra, E. exigua, Peronia heribaudii, Semiorbis hemicyclus, Surirella delicatissima, Frustulia rhomboides var. rhomboides, Stenopterobia intermedia*
陸域指標種群 (Q)	ジメジメとした陸域を生育域としている種群 (陸生珪藻).	*Melosira ruttneri, M. guillauminii, Orthoseira roeseana (as Melosira oeseana in 安藤 1990), Eunotia fallax, E. biseriatoides, E. bigibba, Diatomella balfouriana, Diploneis elliptica, Nitzschia denticula, Navicula perpusilla, Diadesmis contenta (as Navicula contenta in 安藤 1990), Pinnularia borearis, Luticola mutica (as Navicula mutica in 安藤 1990), Hantzschia amphioxys*

これらの山地や段丘面を開析する谷には，流入する河川の規模や周辺の地形などに応じてさまざまな形状やサイズの沖積低地が分布する．開析谷中には多くの狭窄部が認められ，基盤の硬度の差異や開析谷を形成した河川の蛇行を反映していると推測される．

　天伯原面・三方原面の南方には東西方向に計6列の砂州・砂丘列が発達し，浜名湖の湖口部を閉塞している（図14-1A）．浜名湖の東部では6列が明瞭に区分されるが，西部では砂州Ⅱ～Ⅴの境界が不明瞭になって3列に収斂する（松原2001）．砂州・砂丘列の形成は7,000 yrBP頃に始まり，最も内陸側に位置する砂州Ⅰが4,000 yrBP頃に離水して以降，海側へと順次付加していった（松原2000，2004；石橋ほか2009[SY1]）．また，砂州背後の堤間湿地で得られた年代値や砂州上に立地する考古遺跡の分布傾向から，砂州Ⅲは遅くとも弥生時代までに，砂州Ⅳは少なくとも2,000年前以降にそれぞれ形成されたと推定されている（松原2004，2007）．

　浜名湖は南海トラフ沿いに位置するため，トラフ沿いで生じた巨大地震やそれに付随する津波によって被害を受けてきた．たとえば，現在の湖口部である今切口は1498年の明応地震の際に生じた津波あるいはその後に発生した高潮によって湖口部を塞ぐ砂州が破壊されて生じたとされる（静岡県1996）．氾濫原を東流する浜名川は中世までは現在と異なって浜名湖から遠州灘に流れており，明応地震の津波による土砂移動によって河道が閉塞された可能性が指摘されている（藤原ほか2010）．

14.3　湖底堆積物から推定された浜名湖周辺の環境変遷とその問題点

　浜名湖ではこれまでに主に湖底堆積物の解析・分析がおこなわれ，完新世の相対的海水準変動に関連した湖水環境や地形変化の復元が試みられてきた（池谷ほか1990）．

　堆積学的にみると，浜名湖の湖底堆積物は下位の上方細粒化シーケンスとそれを覆う上方粗粒化シーケンスから構成される（斎藤1988）．上方細粒化シーケンスは海進に伴って河谷地形が溺れ，河口部の砂質堆積物から潟内の泥質堆積物へと変化することで形成された．一方，上方粗粒化シーケンスは主に9,000～6,000 yrBPの堆積物からなり，潮汐デルタが陸側に前進することによって形成されたとされる．その後4,000 yrBP頃までは海退に伴って湖口部で潮汐デルタなどが一部離水し，下位層を削剥しながら陸側へ前進していたと推定されている．4,000 yrBP以降は潮汐デルタにおいて堆積が認められないことから，潮汐デルタの離水が進行したと考えられている．

　また，湖底堆積物からは有孔虫や珪藻などの微化石が産出し，群集組成の変化から湖水環境が復元されている．有孔虫に関する分析から海水流入量の変化が復元され，砂州による湖口部の閉塞状況の変化を示すと考えられている（松原2001）．浜名湖では10,000 yrBP頃に内湾が形成されはじめ，8,000～7,000 yrBPには湾外からの海水流入が強くなった．その後，7,000～6,000 yrBPになると，砂州による閉塞が進んで潟湖化が進行したとしている．また，珪藻分析からは6,000 yrBP以降に塩分濃度が低下し，3,000～1,000 yrBPには淡水・汽水が混合した時期したと推定されている（鹿島1988）．

　これら湖底堆積物の解析・分析結果は，浜名湖周辺で縄文海進高頂期以降の海退に伴って湖口部の砂州地形が発達することによって，内湾から汽水あるいは淡水湖沼へと環境が変化したことを示唆している．しかし，完新世後期の環境変化をさらに詳細に検討すると，海退期とされる6,000 yrBP以降にも複数の環境変化が認められている．森田ほか（1998）は6,300 yrBP以降の堆積物についてさらに高密度に分析をおこない，2,300 yrBP頃と明応地震後に湖水の塩分濃度の上昇が，1,600 yrBP頃に塩分濃度の低下が生じたことが明らかにした．こうした「短周期で生じた環境変化」は，湖口部の砂州地形が成長と決壊

を繰り返したためと考えられている.

その一方で，3,000 yrBP よりも前の環境変化については，これまでに十分に検討されてこなかった.浜名湖周辺の地形・地質的特徴や過去の地震履歴を考慮すると，3,000 yrBP 以前にも森田ほか（1998）が示すような「短周期の環境変化」が生じていた可能性は高いと想定される.湖底堆積物は浸蝕されにくく連続的に環境変遷を復元できる一方で，堆積速度が遅いために時間分解能が悪くなるおそれがある.とくに既存研究でおこなわれた分析の間隔は数 10 cm 程度と粗いことを考慮すると，分解能が十分であったとは言いがたい.このため，3,000 yrBP において生じた環境変化を見落としている可能性があると考えられる.

14.4 調査・分析方法

浜名湖沿岸に分布する沖積低地のうち，南東岸の六間川低地と西岸の新所低地とを対象として調査を行った.沖積低地を構成する堆積物は湖底堆積物よりも速い堆積速度で堆積したと考えられ，より詳細な環境変化を検知できると考えられる.各低地の堆積物の層序と層相を明らかにするため，ロシアン式サンプラー，ハンドコアラーおよびポータブル・ジオスライサーを使って堆積物の採取を行った（写真 14-1）.各低地の掘削地点を図 14-1B および C に示す.

掘削調査によって得られたコアから深度方向に 1～5 cm 間隔で試料を採取し，珪藻分析用のプレパラートを作成した.有機物の少ない試料については，試料 1 mg 程度をマイクロ遠沈管に入れ，蒸留水を 1.3 ml 程度加えて撹拌して混濁水を作成した.他方，有機物を多く含む試料については小杉（1993）の方法に準拠して過酸化水素水による酸処理を行った.具体的には試料約 1 g に約 5 ％の過酸化水素水を加えて 40～50 ℃程度の温水中に 3 時間以上放置し，有機物を分解させた.その後，2,500 rpm で 10 分間遠心分離して過酸化水素と細粒物質を除去し，混濁水を作成した.珪藻化石の濃度が適切になるよう調整しながらカバーガラスに 1 mg 程度混濁水を滴下してホットプレート上で乾燥させた後，マウントメディアを封入剤として分析用のプレパラートを作成した.分析は光学顕微鏡を用いて 1,000 倍の倍率でおこない，試料当たり 200～300 殻以上となるよう種同定・計数を行った.コア中から産出した主な珪藻

写真 6-1　ロシアン式コアサンプラーを用いた掘削調査の様子
撮影者：Go Arum　（2010 年 5 月 11 日撮影）

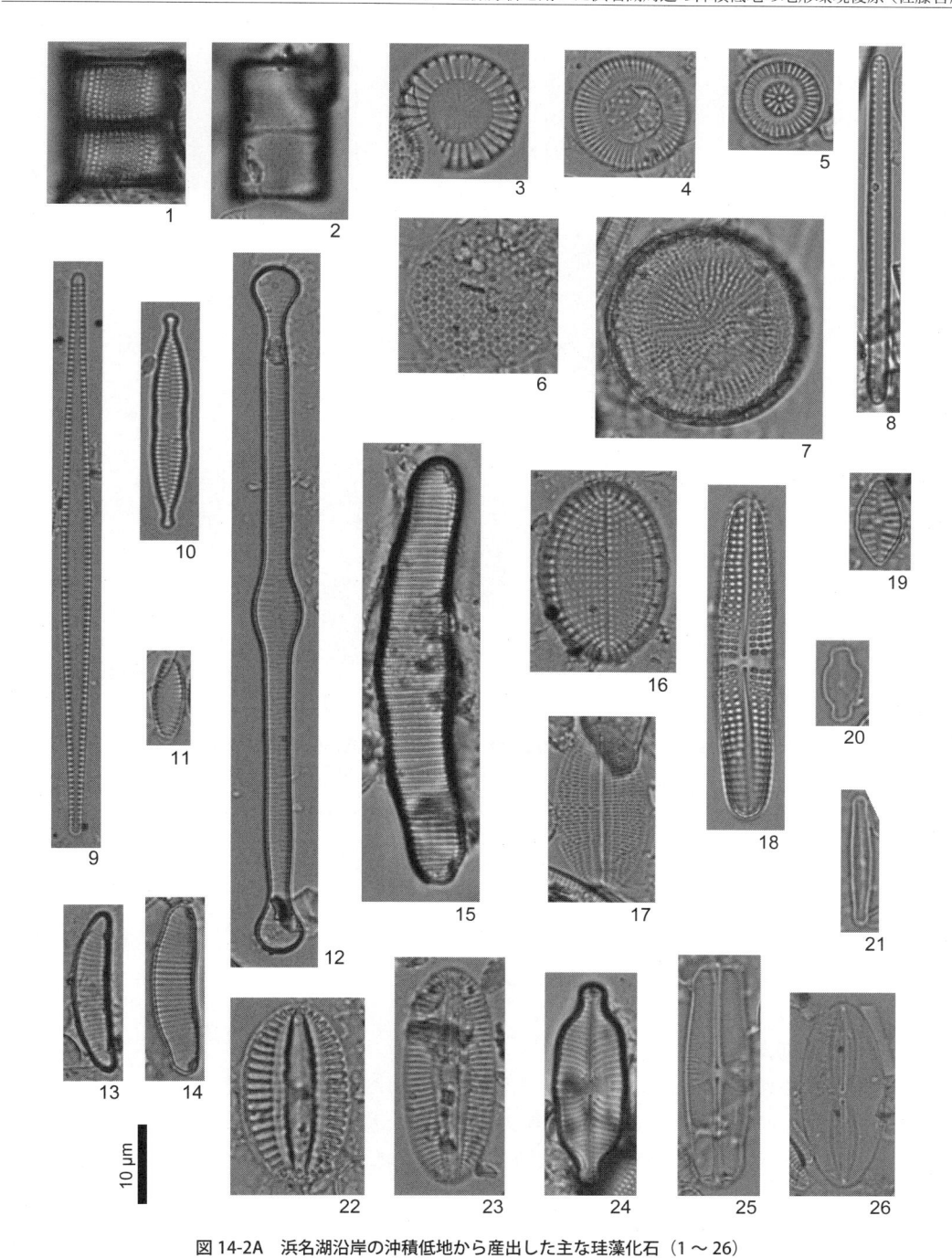

図 14-2A　浜名湖沿岸の沖積低地から産出した主な珪藻化石（1～26）

1: *Aulacoseira granulata*, 2: *Melosira sp.*, 3: *Cyclotella meneghiniana*, 4: *Cyclotella striata*, 5: *Cyclotella stelligera*,
6: *Thalassiosira sp.*, 7: *Thalassiosira bramaputrae*, 8: *Thalassionema nitzschioides*, 9: *Tabularia fasciculata*,
10: *Fragilaria sp.*, 11: *Staurosira construens*, 12: *Tabellaria fenestrata*, 13: *Eunotia veneris*, 14: *Eunotia minor*,
15: *Eunotia monodon*, 16: *Cocconeis scutellum*, 17: *Cocconeis placentula*, 18: *Achnanthes brevipes*,
19: *Achnanthes hauckiana*, 20: *Achnanthes submarina*, 21: *Achnanthes minutissima*, 22: *Diploneis suborbicularis*,
23: *Diploneis pseudovalis*, 24: *Navicula elginensis*, 25: *Navicula pupula*, 26: *Naviucula pygmaea*,

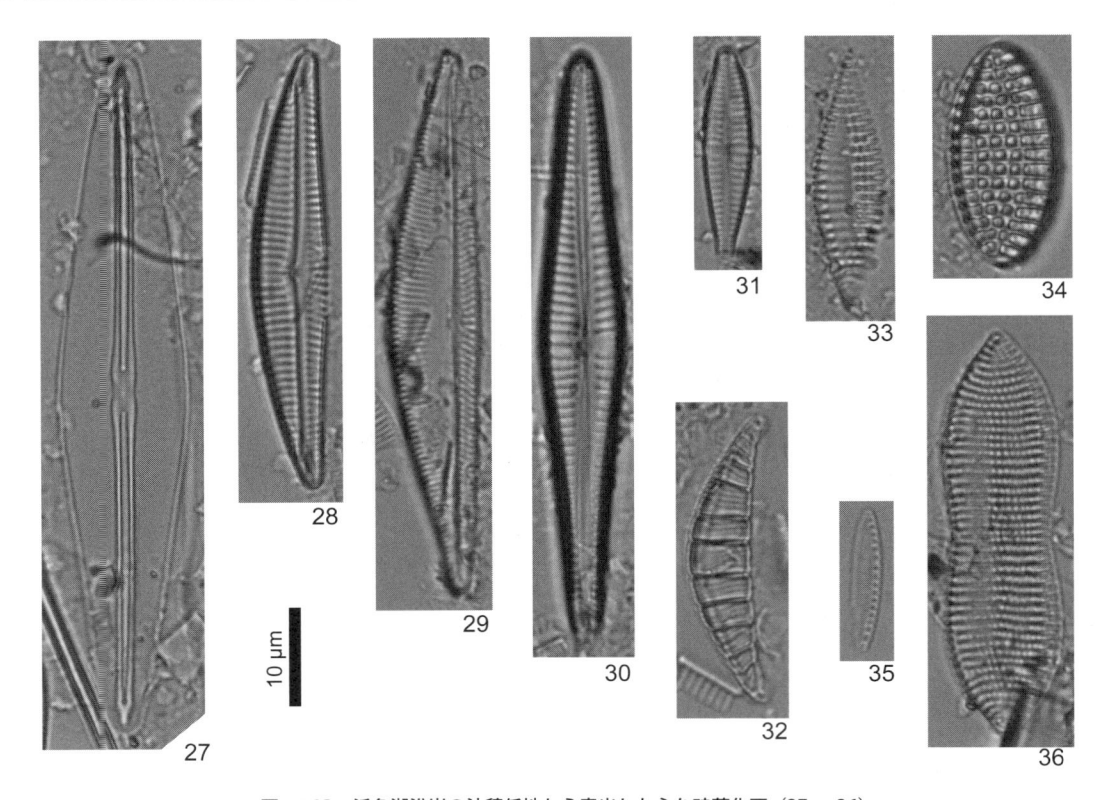

図 14-2B　浜名湖沿岸の沖積低地から産出した主な珪藻化石（27 〜 36）
27: Frustulia rhomboides, 28: Encyonems gracule, 29: Amphora ventricosa, 30: Gomphonema gracile,
31: Gomphonema parvulum, 32: Rhopalodia gibberula, 33: Tryblionella lanceolata, 34: Tryblionella granulata,
35: Nitzschia frustulum, 36: Nitzschia coarctata

種の検鏡写真を図 14-2 に示す．

14.5　浜名湖沿岸の沖積低地における環境変遷

14.5.1　六間川低地

　六間川低地は浜名湖南東岸を南流する六間川下流に形成された沖積低地で，奥行きおよそ 3 km，幅は最大でおよそ 0.7 km である（図 14-1B）．低地の中部〜南部は標高 0.5 〜 1 m 程度で，自然堤防などの微地形は形成されていない．低地の出口には標高 2 〜 3 m 程度，幅 1.5 km 程度の砂州で塞がれている．この砂州は砂州 I または II に相当する．

　六間川低地の堆積物は下位から順に泥層，砂泥層，細砂層，砂層および泥炭層の計 5 層からなり，砂泥層・泥層と泥炭層の互層が認められる（図 14-3，佐藤ほか 2011a）．砂泥層は生痕化石の発達する細砂とシルトの細互層からなり，"潮汐堆積物（坂倉 2004）" の特徴とよく合致する．泥層と砂泥層の境界は不明瞭で，砂泥層は低地南側から北側へ次第に細粒化して泥層へ漸移する．得られた年代測定値（佐藤ほか 2011a）から，遅くとも 6,200 calBP 頃までには砂泥層や泥層が堆積するようになったと考えられる．他方，泥炭層は低地中央部で上下 2 層（上位・下位泥炭層）に細分され，下位泥炭層は標高 − 1 〜 − 1.5 m 付近に，上位泥炭層は標高 − 1.0 〜 − 0.5 m 付近より上位に分布する．得られた年代値（佐藤ほか 2011a・

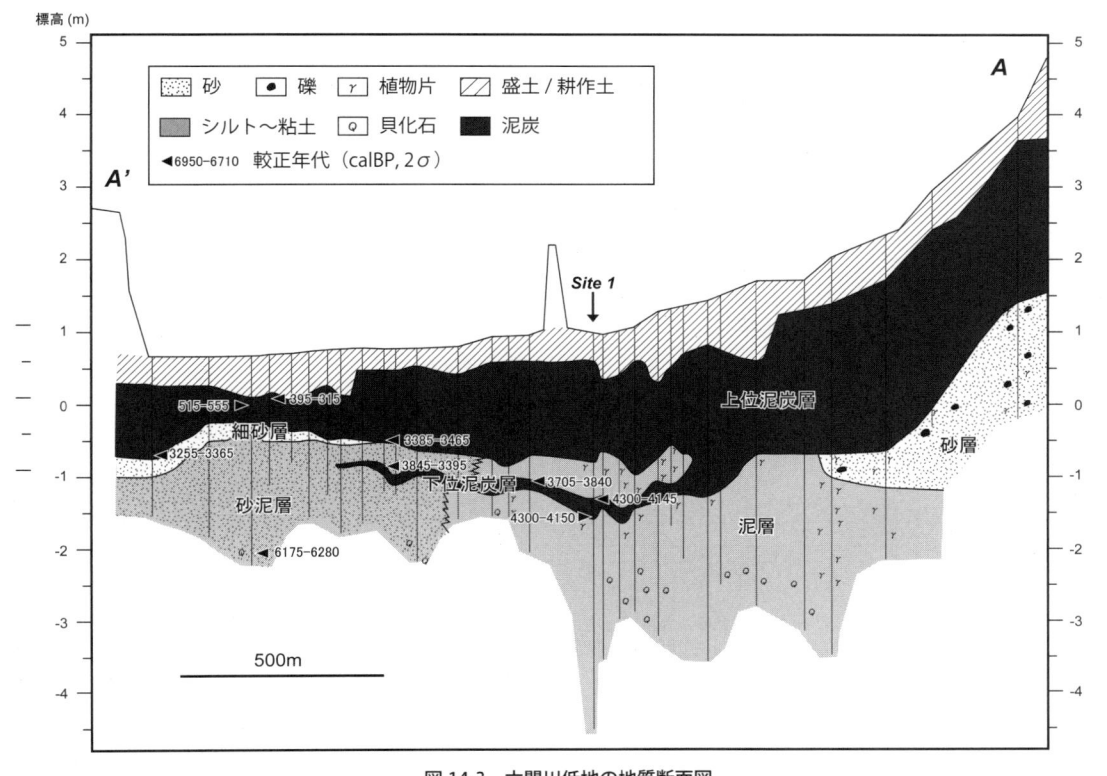

図14-3 六間川低地の地質断面図
佐藤ほか（2011a・b）より引用，一部改変．出典：佐藤善輝・藤原治・小野映介・海津正倫・鹿島薫（2011）

b）から，下位泥炭層は4,200[SY2]〜3,800 calBP頃にかけて，上位泥炭層は3,400 calBP以降にそれぞれ堆積したと考えられる．

　低地中央部のSite 1で得られたコア試料（掘削長550 cm）について珪藻分析を行った結果，堆積物が計7帯の珪藻帯に区分できることが明らかになった（図14-4，佐藤ほか2011b）．珪藻帯はコア試料の層相の違いとよく対応しており，泥層と泥炭層とで珪藻の種構成が大きく異なる．

　泥層に相当する珪藻帯Ⅰ〜Ⅳおよび珪藻帯Ⅵでは汽水〜海水生種が多く産出する．珪藻帯Ⅰは汽水〜海水生種浮遊種の *Cyclotella striata* が優占して内湾堆積物であることが示唆される．これを覆う珪藻帯Ⅱでは *C. striata* に代わって淡水〜汽水生種である *Staurosira construens* が優占するようになり，塩分濃度が低下したと考えられる．珪藻帯Ⅲでは海水藻場指標種群の *Cocconeis scutellum* や海水泥質干潟指標種群の *Tryblionella granulata* や *Diploneis suborbicularis* が多くなることから，海水の影響を強く受ける泥質干潟で堆積したと推定される．珪藻帯Ⅳでは *C. scutellum* などに付随して淡水〜汽水生種の *S. construens* や *Rhopalodia gibberula* が多産するようになることから塩分濃度が再度低下したと考えられる．また，珪藻帯Ⅵは上位・下位泥炭層に挟在する泥層に対応し，*D. suborbicularis* や *C. scutellum* などが多産することから泥質干潟で堆積したと推定される．

　一方，泥炭層は上位・下位ともに淡水生珪藻が多産する傾向を示す．下位泥炭層に相当する珪藻帯Ⅴでは淡水生種の *Aulacoseira* 属，*Pinnularia* 属，*Eunotia* 属が優占して産出することから，淡水池沼または湿地で堆積したと考えられる．また，上位泥炭層に相当する珪藻帯Ⅶでは最下部で淡水生種の *Aulacoseira*

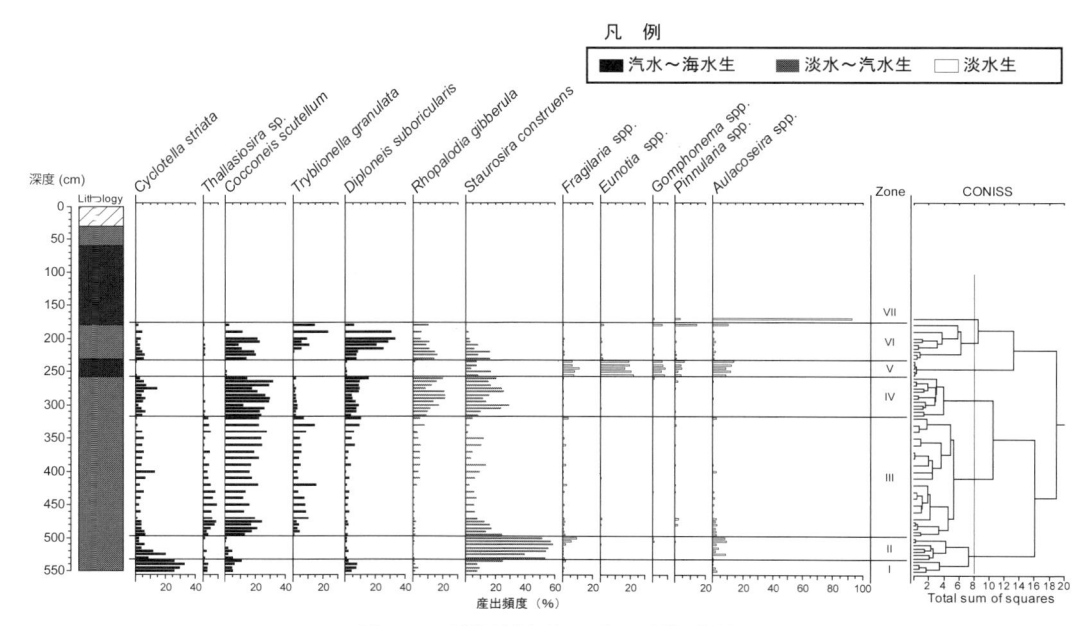

図 14-4 六間川低地（Site 1）の珪藻分析結果
掘削地点の位置を図 14-1B に示す．柱状図の凡例は図 6-3 と共通する．出典：佐藤善輝・藤原治・小野映介・海津正倫・鹿島薫（2011）

属が優占し，それより上位では珪藻化石がほとんど産出しなくなる．このことから，上位泥炭層は淡水池沼で堆積し始め，その後陸化したと考えられる．

堆積物の層序・層相や珪藻分析結果から，六間川低地の地形環境は以下のように変遷したと考えられる．後氷期海進によって遅くとも 6,200 cal BP 頃までには内湾が形成され，具体的な年代は不明であるものの内湾域の塩分濃度が一時的に低下した時期があった．その後，再び塩分濃度が上昇して泥質干潟が形成されたが，4,200 calBP 頃に海水の影響をほとんど受けない淡水池沼・湿地の環境へ移り変わったと考えられる．3,800 calBP 頃になると再び海水の影響を受けるようになり，下位泥炭層を覆って泥層や砂泥層が堆積した．海水の影響は，上位泥炭層の基底の年代測定値を考慮すると，3,400 calBP 頃まで継続したと考えられる．3,400 calBP 以降，低地には上位泥炭層が堆積する淡水池沼が広がった．

なお，低地南部では上位泥炭層基底に，上方細粒化を示し斜行層理などの堆積構造が発達する淘汰のよい細砂層が認められる．この砂層は低地南部において層厚約 20 cm と最も厚く，陸側に向けて薄くなる．細砂層は分布形態や層相から海側から供給されたと考えられ，津波堆積物である可能性がある（藤原ほか 2010）．

14.5.2　新所低地

新所低地は浜名湖南西部に位置し，天伯原面を開析する谷に発達する幅約 150 m，奥行き約 750 m の小規模な沖積低地である（図 14-1C）．低地谷口部には砂州 I に相当すると推定される小規模な砂州が分布する．

新所低地の堆積物は下位から順に泥層，泥炭層，砂層から構成される（図 14-5，佐藤ほか 2011b）．泥層は標高 −2 m 以深で貝化石を多く含み，最下部はやや砂質である．また，低地奥部では泥層最上部で礫を多く含むようになり，表層部の数 10 cm 程度は耕作土となっている．低地の中央部では六間川低

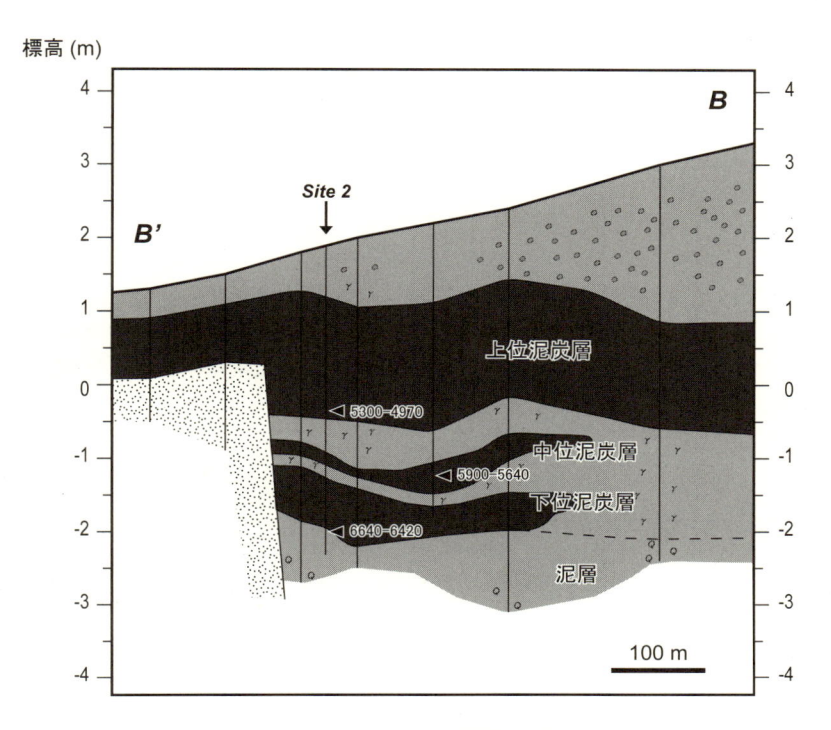

図14-5 新所低地の地質断面図
佐藤ほか（2011b）より引用，一部改変．凡例は図14-3と共通する．出典：佐藤善輝・藤原治・小野映介・海津正倫・鹿島薫（2011）

地と同様に泥炭層と泥層の互層が認められる．側方への連続性から泥炭層は下位泥炭層（標高約−1.0〜−2.0 m），中位泥炭層（標高−1.0 m付近）および上位泥炭層（標高約1.0〜−0.5 m）の計3層に細分される．各泥炭層から得られた年代測定値（佐藤ほか2011）から，下位泥炭層基底が6,500 calBP以降に，中位泥炭層は5750 calBP頃前後に，上位泥炭層が5150 calBP以降に堆積したと考えられる．

低地中央部に位置するSite 2で得られたコア試料（掘削長425 cm）について珪藻分析を行った結果，計7帯の珪藻帯に区分された（図14-6，佐藤ほか2011b）．各珪藻帯の境界は概ね層相変化と対応している．

泥層に相当する珪藻帯Ⅰ，ⅢおよびⅤは，汽水〜海水生種が優占することで特徴付けられる．とくに，内湾指標種群の*Cyclotella striata*や海水藻場指標種の*Cocconeis scutellum*などが多産することから，内湾あるいは干潟堆積物と推定される．また，下位泥炭層の上位に認められる珪藻帯ⅢおよびⅤでは，下部で淡水〜汽水生種の*Nitzschia frustulum*が多く，上方へ向けて汽水〜海水生種の*Achnanthes submarina*が増加する傾向を示す．このことは低地に存在した水域の塩分濃度が徐々に増加したことを示唆する．

他方，泥炭層に相当する珪藻帯Ⅱ，Ⅳ，ⅥおよびⅦでは汽水〜海水生種がほとんど産出せず，それらに代わって淡水〜汽水生種の*Staurosira construens*や淡水生種の*Aulacoseira*属，*Tabellaria fenestrata*が多産する．このことから，湖水の塩分濃度が低下して淡水池沼が形成されたために泥炭層が形成されるようになったと推定される．また，淡水生種の産出頻度の差異から，珪藻帯Ⅱはさらに3帯に細分される（下位からa・b・cとする）．珪藻帯Ⅱ−bでは上下の珪藻帯Ⅱ−aおよびⅡ−cに比べて*S. construens*の産出頻度が低く，淡水生種である*Aulacoseira*属と*Tabellaria fenestrata*が優占する．このことから，珪藻帯Ⅱ−bでは水域の塩分濃度がとくに低下していたことが示唆される．なお，上位泥炭層の中〜上部に相

図 14-6 新所低地（Site 2）の珪藻分析結果
掘削地点（Site 2）の位置を図 14-1C に示す．柱状図の凡例は図 14-3 と共通する．出典：佐藤善輝・藤原治・小野映介・海津正倫・鹿島薫（2011）

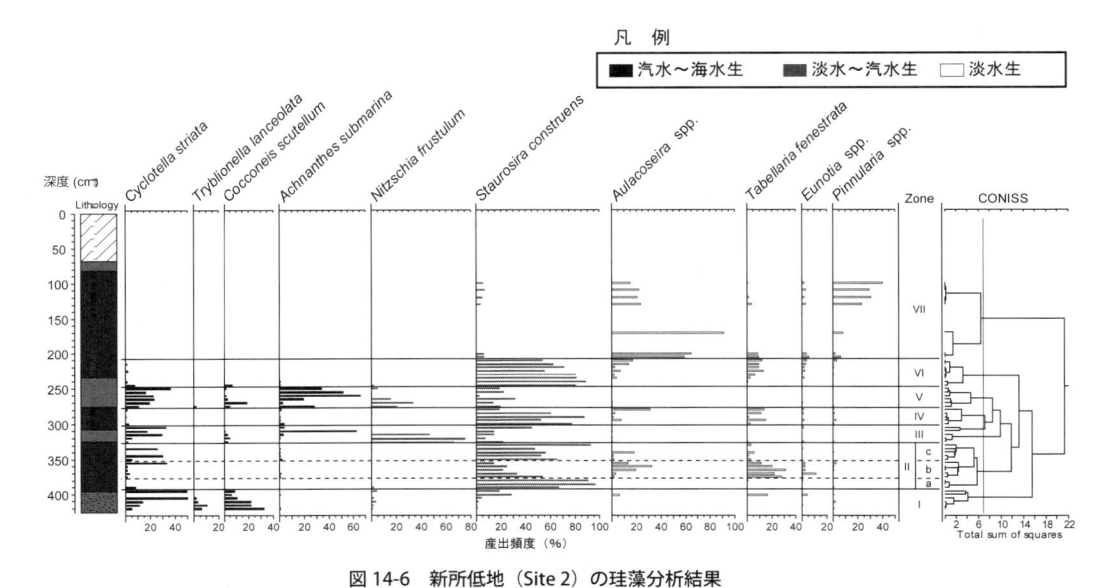

当する珪藻帯Ⅶでは，S. construens がほとんど産出せず A. garnulata や Pinnularia 属が優占することや珪藻化石の保存状態が悪くなることから，淡水の湿地あるいは陸化が進行した可能性がある．

堆積物の層序・層相や珪藻分析結果から，新所低地の地形環境は以下のように変遷したと考えられる．新所低地では縄文海進に伴って海域（内湾）が形成されて泥層が堆積したが，6,500 calBP 頃以降には塩分濃度が低下して淡水〜汽水環境が形成されるようになり，泥炭層が発達するようになったと考えられる．これは低地前面に分布する砂州の発達の影響を示唆すると推定される．その後，6,500 calBP 以降は泥炭層と泥層の互層が示すように，淡水〜汽水環境は不安定で塩分濃度の増減が繰り返し生じたと推定される．塩分濃度の低下は少なくとも 3 回認められ，その時期はそれぞれ 6,500 calBP 頃，5750 calBP 頃，5150 calBP 頃と推定される．5150 calBP 以降は淡水湿地の環境が継続したと考えられ，その後堆積物の埋積に伴って陸化が進行した．

14.6 浜名湖周辺における地形環境変化

六間川低地と新所低地で行った掘削調査と珪藻分析の結果から，各低地の詳細な環境変遷が復元できた．各低地の環境変遷を図 14-7 に示す．

六間川低地と新所低地の環境変遷を対比すると，浜名湖沿岸の沖積低地では湖水の塩分濃度の低下が 6,500 〜 5,000 calBP 頃以降に共通して生じたことが読み取れる．この環境変化の年代は湖底堆積物の解析から推定された潟湖化が進行した時期（7,000 〜 6,000 yrBP 以降，松原 2001）と重複しており，砂州Ⅰの形成・発達によって内湾が閉塞された影響が沿岸の沖積低地においても顕著に認められることが明らかになった．また，六間川低地で 3,400 calBP 頃以降に生じた内湾から淡水池沼・湿地への環境変化は，湖底堆積物から示唆された 3,000 yrBP 頃の顕著な淡水化（森田ほか 1998）に対応する可能性が高いと考えられる．この環境変化の要因としては浜名湖の湖口部を塞ぐ砂州が成長したことが考えられ，砂州の形成時期を示唆する年代値や遺跡分布（松原 2007），砂州の分布傾向などを考慮すると，砂州Ⅲの形成

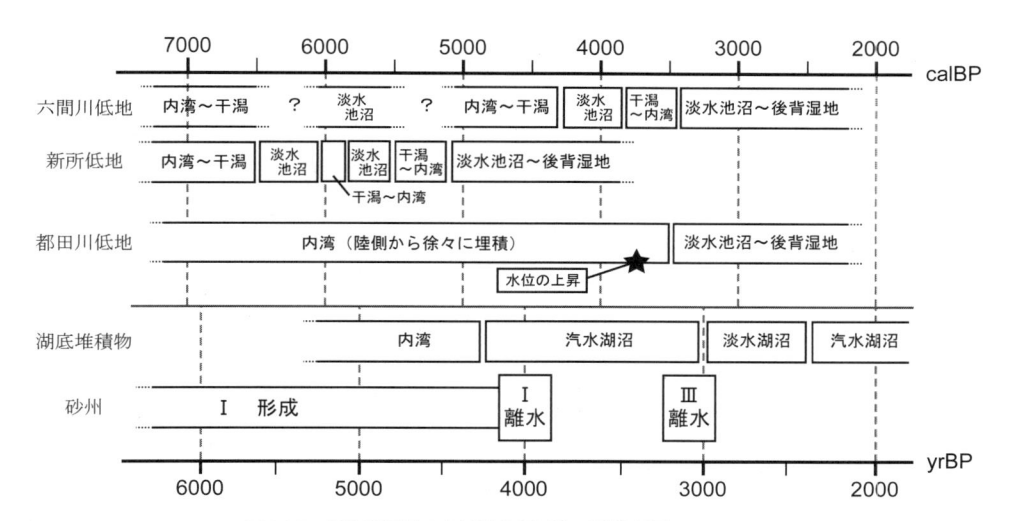

図14-7 浜名湖周辺の完新世中期以降の環境変遷
都田川低地の環境変化は佐藤ほか（2011a），湖底堆積物の環境変化は森田ほか（1998），遠州灘沿岸の砂州・砂丘列の形成過程は松原（2000，2004）による．暦年未補正値と暦年較正値との対比は暦年較正曲線（Reimer *et al.* 2004）を参考とした．

が淡水化の原因であった可能性が高いと推定される．

　このように，浜名湖では縄文海進高頂期以降に発達した砂州の影響により，湖水の塩分濃度がしだいに低下していった傾向が示唆される．その一方で，六間川低地および新所低地では塩分濃度が急激に増加した時期が複数存在することが明らかになった．新所低地では 6,500～5150 calBP 頃に塩分濃度が少なくとも 2 回増加する層準が認められた．また，六間川低地では 4,300 calBP よりも前と 3,800～3,500 calBP の期間に海水の影響が再び強まった．これらの「短周期の環境変化」は湖底堆積物の分析からは検知されていなかった年代に生じたものであり，沖積低地において高密度に掘削調査や分析を行うことによって初めて検知することができた．

　これらの環境変化の引き起こした要因を特定するデータはまだ得られていないが，過去の地震履歴や堆積物の特徴を考慮すると地震や暴風雨などのなんらかのイベントや相対的な海水準変動に起因する可能性が高いと考えられる．本章で扱った沖積低地の堆積物には直接的な波浪の影響が認められないことから，両低地の前面に発達する砂州は塩分濃度が上昇した後にも依然として存在していたと考えられる．従って，砂州の一部が切れるか水没して浜名湖内へ海水が侵入しやすくなったと考えられ，地殻変動や高潮などによって一時的な砂州の決壊が生じた可能性が考えられる．また，六間川低地で淡水池沼の環境に戻るまでに 300 年程度を要していることや，新所低地で徐々に塩分濃度が増加していったことが示唆されることから，より長期的な相対的海面変化（相対的な海面上昇）の影響によって砂州地形が変化した可能性も考えられる．

15
液状化現象と地形・地質条件との関係

林　奈津子

15.1　液状化「しやすい」・「しにくい」微地形

　液状化現象と地形・地質条件との関係を論じた研究では，噴砂地点と沖積低地の粒度条件を反映する微地形との関係について検討がおこなわれてきた（たとえば，草野（1989），若松（1993））．これらの研究では，地下水位が高く，かつ，砂などの粗粒堆積物により構成される微地形—たとえば，旧河道，自然堤防縁辺部，砂丘末端部—で液状化の可能性が高いと指摘されている（表15-1）．

　ただし，実際に過去の地震で発生した噴砂の分布（たとえば，小笠原1949, Office of Engineer, General Head Quarters, Far East Command 1949，若松1991）を検討すると液状化「しやすい」とされる微地形と，必ずしも対応しない場合がある．たとえば，砂などの粗粒な堆積物が想定されにくい後背湿地においても，噴砂が集中して分布するといった例が挙げられるが，従来研究ではこうした点について言及されてこなかった．

　そこで本章では後背湿地といった，従来，液状化「しにくい」とされてきた微地形に分布する噴砂の発生を規定した要因について考えてみたい．対象としたのは，1944年の昭和東南地震によって甚大な液状化被害が生じた静岡県西部の太田川下流低地と，過去の地震に伴う噴砂痕が多く残る福井平野である．

表15-1　微地形分類による液状化被害の可能性（若松1993）

微地形 区分	細区分	震度Ⅴ程度の地震動による液状化被害の可能性
谷底平野	扇状地型谷底平野	小
	デルタ型谷底平野	中
扇状地	急勾配扇状地・沖積錐	小
	緩勾配扇状地	中
自然堤防	自然堤防	中
	比高の小さい自然堤防	大
	自然堤防縁辺部	
ポイントバー（蛇行洲）		大
後背湿地		中
旧河道	新しい（明瞭な）旧河道	大
	古い（不明瞭な）旧河道	中〜大
旧池沼		大
湿地		中
河原	砂礫質の河原	小
	砂泥質の河原	大
デルタ（三角州）		中
砂州	砂州	中
	砂礫洲	小
砂丘	砂丘	小
	砂丘末端緩斜面	大
海浜	海浜	小
	人工海浜	大
砂丘間低地	—	大
干拓地	—	中
埋立地	—	大
湧水地点（帯）	—	大
盛土地	—	大

15.2 太田川下流低地の事例

図 15-1 は，1944 年東南海地震の際，静岡県西部の太田川下流低地で発生した噴砂地点の分布図である．1944 年東南海地震は，1944 年 12 月 7 日午後 1 時 36 分に発生した，熊野灘を震源とするマグニチュード 7.9 の地震である．表 15-2 は，飯田（1977）で示された東南海地震による被害である．全体と比較し

表 15-2　1944 年東南海地震被害

	死者（含行方不明）	負傷者	住家 全壊（件）	住家 半壊（件）	非住家 全壊（件）	非住家 半壊（件）	住家 被害率[1]	住家 全壊率
静岡県	295	843	6,970	9,522	4,862	5,553	3.1	1.9
全体	1,223	2,864	17,611	36,565	17,347	24,473	1.5	0.7

て静岡県での被害率および全壊率が高いことがわかる．この値は，太田川下流低地をはじめとする軟弱な泥層が厚く堆積する沖積低地に被害が集中することでもたらされた．たとえば，低地内に位置する旧今井村（現袋井市今井）の住居全壊率は 98.5％ に達している．すなわち，太田川下流低地は，1944 年東南海地震の際，最も甚大な被害を受けた地域であるといえる．

なお，当時は太平洋戦争末期にあたり，情報統制がおこなわれたため，詳細な被害の様子が明らかにされていない．静岡県立磐田北高等学校科学部（1987）は，地震体験者に対して大規模なアンケート調査および聞き取り調査を実施することにより，静岡県西部における詳細な被害状況を明らかにした．図 15-1 における噴砂地点の分布も，磐田北高等学校科学部（1987）の調査により明らかにされたものである．

図 15-1 に黒丸で示される噴砂地点は，砂丘縁辺部や，自然堤防，旧河道などの従来液状化「しやすい」とされてきた微地形に対応している．一方，白丸で示される噴砂地点は，後背湿地など液状化「しにくい」とされてきた微地形に対応している．この液状化「しにくい」とされてきた微地形においても，噴砂の集中がみられることから，地表面の微地形を構成する堆積物だけでなく，地下浅層部の堆積物も考慮する必要がある．

噴砂の母材は，浅層部の粗粒堆積物から供給されるが，地表の微地形を構成しているとは限らない．高橋（2003）は，現況の地形分類図や土地条件図は，

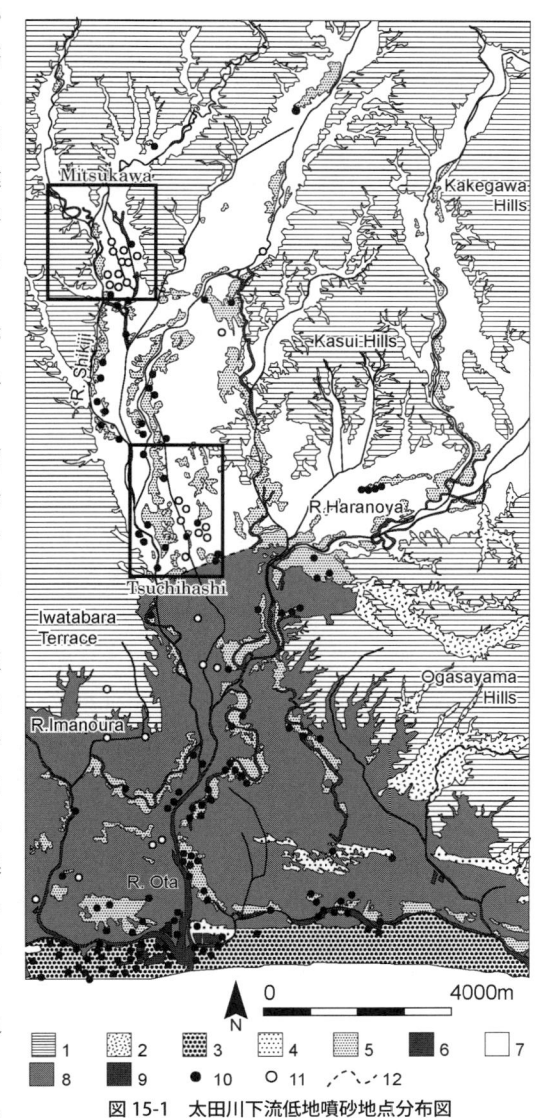

図 15-1　太田川下流低地噴砂地点分布図

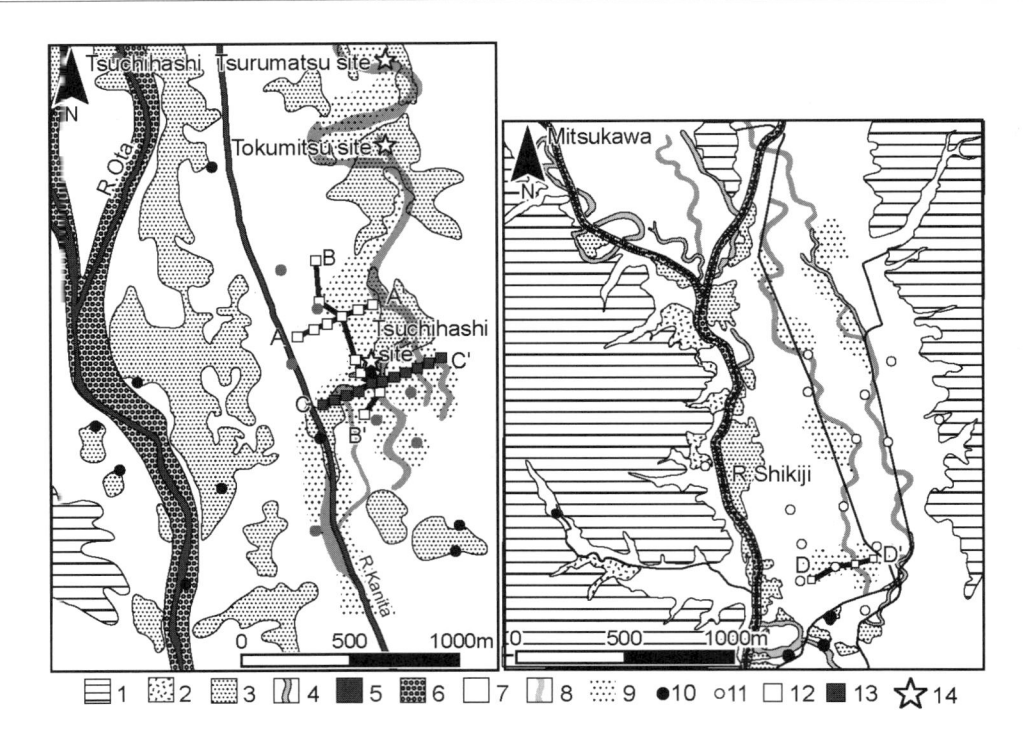

図 15-2 土橋地区（右），三川地区（左）地形分類図

　近世後半以降形成された微地形のみを反映しており，それ以前に形成された，地表面では認識できない微地形のことを「埋没微地形」と定義した．
　そこで従来，液状化「しにくい」とされてきた微地形であるのにもかかわらず，噴砂が集中して発生した低地北部の三川地区，中部の土橋地区において埋没微地形の認定を行った（図 15-2）．埋没微地形は，モノクロ空中写真のトーンとして現れる（高橋 1989）が，判読の結果，明るいトーンのパッチ状の部分と，暗いトーンの筋状の部分とに分類可能であった．これらはそれぞれ，パッチ状の部分が埋没自然堤防，筋状の部分が埋没旧河道に相当すると考えられる．
　低地北西部に位置する三川地区および，中部に位置する土橋地区において掘削調査をおこなったところ，後背湿地を構成する細粒な堆積物の下位に，細砂やシルト混じりの砂といった，粗粒堆積物が検出された（図 15-3）．これは，空中写真から判読した，埋没自然堤防および埋没旧河道の存在を裏付けるものである．
　さらに，土橋地区周辺に立地する鶴松遺跡（袋井市教育委員会編 1992），徳光遺跡（袋井市教育委員会編 1967），土橋遺跡（加藤 1985）の調査から，自然堤防構成層とみられる粗粒堆積物および旧河道とみられる凹地が認定されている．土橋地区周辺で検出された遺跡の遺構面は，この自然堤防上に位置する（袋井市教育委員会編 1992，袋井市教育委員会編 1967，加藤 1985）ことから，遺跡の遺構面すなわち，旧地表面より下位に粗粒堆積物が存在するといえる．つまり，1944 年東南海地震の際には，現地表面を構成する微地形構成層に加えて，旧地表面以下に存在する液状化「しやすい」微地形（埋没微地形）の構成層が液状化した可能性が高い．

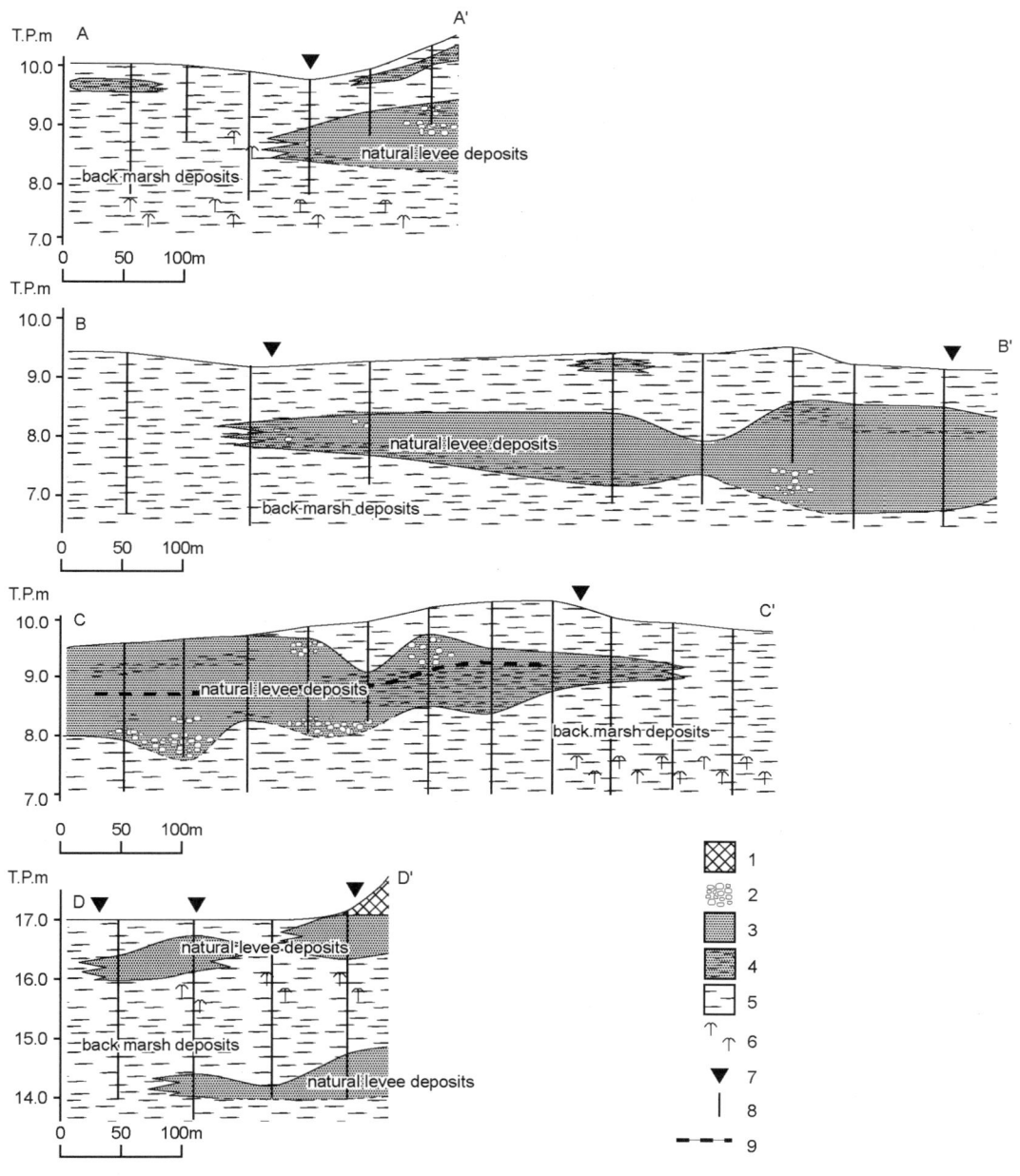

図15-3 土橋地区，三川地区地質断面図

15.3 考古遺跡調査による噴砂痕の認定 ―福井平野の考古遺跡を事例に

　以上で考察した太田川下流低地の事例では，埋没微地形構成層が液状化したという可能性を指摘したにすぎない．埋没微地形構成層の液状化を証明するためには，旧地表面以下に存在する堆積物が液状化して形成された噴砂の痕跡を認定する必要がある．この認定に適しているのが，考古遺跡を対象とした調査である．考古遺跡では，旧地表面が遺構面という形で確認できるため，通常の掘削調査よりも容易に旧地表

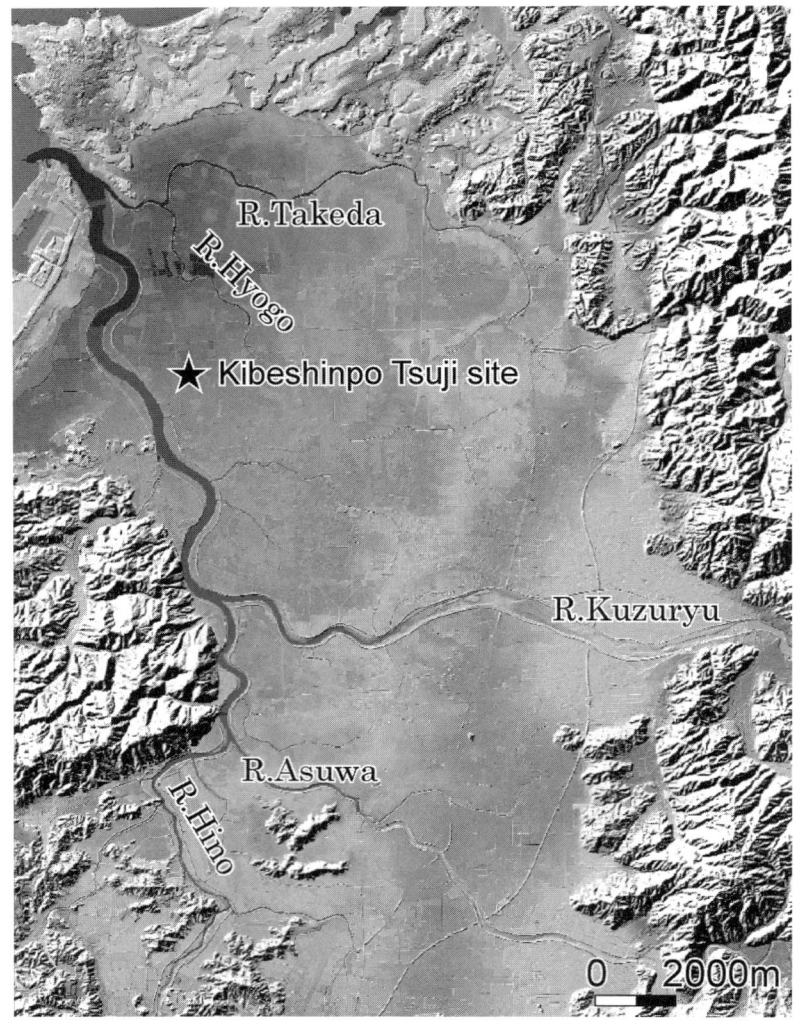

図15-4　木部新保・辻遺跡位置図

面を認定できる（寒川1992）.

　本節では福井平野に立地する考古遺跡を事例として，この問題を検討したい．福井平野北部の九頭竜川と兵庫川にはさまれた後背湿地のほぼ中央部に位置する木部新保・辻遺跡（図15-4）で検出された，噴砂痕の写真を図15-5に示す．本遺跡では，地表面下1mで，弥生時代・古墳時代の遺構および遺物が検出されている．また，遺跡の調査区内では，図15-5で示した噴砂痕を含め，計5箇所の噴砂痕が検出された．いずれも，南北方向に割れ目を持ち，幅は広いもので10cm程度である．

　検出された噴砂は，地表面下約2.1mの細砂層が母材となっており，その上位に位置する砂混じりシルト層を切り，地表面下1mの遺構面に達し，層厚1m程度の耕作土および盛土により覆われる．細砂層は，淘汰がよく，粘土やシルトといった細粒分をほとんど含まないことから，河床〜ポイントバー堆積物に相当すると考えられる．また，その上位に位置する砂まじりシルト層には，アシ類が多く含まれることから後背湿地に相当する可能性が高い．さらに，耕作土および盛土は，1960年代の圃場整備により，それまでの耕作土を入れ替えることにより形成されたことが聞き取り調査から明らかになっている．

ここで，この噴砂痕が形成された時期について考えてみたい．噴砂痕は，弥生時代・古墳時代の遺構面を切り，1960年代の耕作土により覆われることから，弥生時代・古墳時代以降，1960年代以前に発生した地震により形成されたといえる．この期間において福井平野で発生した液状化を発生させうる規模の地震は，1948年の福井地震が知られている．すなわち，この噴砂痕は福井地震の際に形成された可能性が高い．

認定した噴砂の母層の広がりを，遺跡周辺で掘削調査を実施し確認した．その結果，地表面から地表面下約2mまでに，アシ類を含むシルト層が位置し，その下位に細砂層が認められた．この細砂層は，淘汰がよく，細粒分をほとんど含まないことから，遺跡で検出された細砂層，すなわち噴砂の母材に相当すると考えられる．この結果から，遺跡の遺構面，すなわち旧地表面以下の河床～ポイントバー堆積物が母材となった噴砂が認められたことから，埋没微地形構成層が液状化する証拠を得られたといえる．

ところで，1948年福井地震では福井平野全域で液状化現象が発生しており，その被害の様子は米軍により地震直後から撮影された空中写真により知ることができる．この空中写真で撮影された噴砂と，地表の微地形との対応関係を検討すると，後背湿地の中央部で噴砂が発生している場合が多数見受けられる．木部新保・辻遺跡において埋没微地形構成層の液状化が確認されたことから，平野内のほかの場所で発生した噴砂についても，埋没微地形との対応関係を検討する必要があるだろう．

15.4 まとめ

従来，液状化現象と地形・地質条件との関係を検討する場合，噴砂の分布と地表の微地形との関係のみが注目される場合が多かった．本章では，埋没微地形を考慮して噴砂と地形・地質条件との関係を検討した結果，いままで説明できなかった噴砂の分布を合理的に説明できるようになった．

このように，埋没微地形構成層の液状化が確認されたことから，これまでは地表の微地形のみが対象とされてきた（たとえば，Kotoda *et al.* 1988）液状化危険度の評価においても，今後は，埋没微地形を考慮に入れる必要があるだろう．そのためには，既存の試錐資料のみならず，考古遺跡の発掘調査結果やハンドボーリング試料など，さまざまな精度の地質資料を組み合わせて議論することが重要である．

ただし，本章で取り上げたのは，あくまで噴砂の分布と地形・地質条件との関係であり，液状化発生地点すべてを網羅しているわけではないことを注意したい．地表面には表れないが，噴砂の母層より深くに位置する層も液状化している可能性がある．したがって，噴砂として地表面に表れる液状化は，どの程度の深さの層で発生するのか，そして，その層はいつごろ堆積したものなのか，を検討することにより，液状化危険度評価の精度向上につなげることができるだろう．

注
1) 全壊戸数に半壊戸数の1/2を加え，総戸数で割った値（飯田1977）

16
海岸平野における地形と津波の挙動

海津正倫

16.1 はじめに

　2011年3月11日に発生した東北日本太平洋沖地震による大規模な津波は東北地方の太平洋岸を中心に日本列島の太平洋岸に襲来し，沿岸各地に多大な被害を引き起こした．なかでも，宮城県の仙台平野や石巻平野においてはこのたびの津波は仙台平野で海岸から約5 kmにも達し，石巻平野でも北上川沿いに遡上した部分を除いても海岸から4 km以上の距離にまで達している．これは貞観11年（869年）の貞観地震以来の大規模な津波であり，貞観地震による津波（宍倉ほか，2010）に匹敵する規模であった．また，内陸への津波の遡上距離が約4 kmに達した2004年のスマトラ島沖地震によるバンダアチェ海岸平野の津波におけるのと勝るとも劣らない規模でもあった．

　わが国ではこれまでも1896年の明治三陸津波や1933年の昭和三陸津波，1960年のチリ地震津波などの大きな被害を受けてきたが，多くの研究は海岸部における津波高やそれらにもとづく津波発生・襲来モデルに関する研究が多く，低地への津波の遡上を扱った研究においても主として遡上範囲の認定にとどまっていて，遡上した津波が陸上でどのような挙動を取ったのかに関する研究はほとんどおこなわれてこなかった．本稿では，スマトラ島沖地震にともなうインドネシアやタイの海岸平野における津波の挙動と東日本大震災の際の仙台・石巻平野に遡上した津波の挙動について陸上の地物や土地条件との関係をふまえて検討する．

16.2 津波痕跡の認定

　陸上に遡上した津波はその痕跡をさまざまな形で地上に残す．Umitsu et al.（2007）は2004年に発生したインド洋大津波の陸上における挙動を津波によって倒された家屋の柱やフェンスの支柱，電柱などの示す方向や，津波が覆った地表にみられる植物の倒された方向等にもとづいて検討し，家屋の柱やフェンスの支柱，電柱などの示す方向が主として押し波（遡上波）の侵入方向を示し，草本の倒れた方向が，引き波（戻り流れ）の方向を示すことを明らかにすると共に，それらにもとづいて平野に上陸した津波がどのように流れたのかを明らかにした．

　東北地方太平洋沖地震によって引き起こされた津波の痕跡のうち，仙台平野・石巻平野において被災直後の空中写真によって把握された押し波の痕跡には1. 瓦礫の集積，2. 電柱や樹木の倒れ，3. 堆積物の痕跡，4. 地表面に残された擦痕状の痕跡，といったものがみられる．このうち，瓦礫の集積は，破壊された建物等の残骸が集積したもので，何かの障害物にぶつかって集まっている場合やわずかな段差の部分で集積しているものなどがある．多くは集積して止まった前面の反対側から押し寄せたことが推定され，

瓦礫集積の後ろ側の面に直交する方向が津波の襲来方向と考えられる．2の電柱や樹木の倒れについては，大縮尺の空中写真ではかなり良好に写っており，海津がインド洋大津波の際に現地で調査したような倒れた電柱などを空中写真上で観察できるので有効である．ただし，東日本大震災の場合はインド洋大津波の場合に比べて木質の瓦礫が多いためか，押し波によって倒された電柱がその後の瓦礫の移動によって別の方向を向いてしまったというものも認められ，また，調査地域がかなり広域にわたる平野の広い範囲についての調査に対しての作業能率という点から今回は検討から外した．3の堆積物の痕跡については，海岸からの砂質堆積物などが堆積した所で比較的良好に認められ，堆積物が筋状にのびているような状態で顕著に把握することが出来た．さらに，4の地表面に残された擦痕状の痕跡は水田面などの均質な地表面に津波によって運ばれた樹木などが筋状の跡を付けたものであり，これも津波の流動方向を示すものとして認定した．一方，引き波の痕跡については，津波によって覆われた水田のコーナーに集積物が存在することが認められ，この集積物が稲刈り後の水田面に残った藁が津波の流れで移動して水田区画のコーナーにたまったものであることを現地調査において確認した．このような藁屑はわずかな水深の流れでも移動すると考えられ，これらによって津波が引いた際の最後の流れを明らかにすることが出来た．

16.3　スマトラ島沖地震によるスマトラ島北西部の津波災害

　2004年12月26日にスマトラ島沖を震源とする巨大地震（M = 9.1 USGS）によって引き起こされた津波は，インドネシアのスマトラ島沿岸地域の死者・行方不明者が170,000人にもおよぶ多大な被害を引き起こした．なかでも，バンダアチェ市を含むスマトラ島の北部および北西部における被害は著しく，犠牲者の大部分は，バンダアチェ市のほかスマトラ島北西部のアチェベサール郡，アチェジャヤ郡，アチェバラト郡と北東部のシグリ郡に集中している．

　津波前のバンダアチェ市の人口はおよそ20万人から25万人といわれており，この津波によってその4分の1に達する6万人以上の人々が犠牲になった．バンダアチェ市はアチェ川のつくる楔形沖積平野の臨海部にひろがる東西約20kmの幅をもつ海岸平野に立地しており，海岸平野の地形はその中部および西部に広がるアチェ川沖積地末端のデルタ性低地および干潟からなる部分と東部の浜堤列の発達する部分とからなる．

図16-1　スマトラ島北部の鳥瞰図とバンダアチェの位置

　SRTM-DEMを用いた起伏の把握および衛星画像判読と現地調査によって作成した地形分類図（図16-3）に示すように，平野の内陸側東部にはより古い地形面と考えられるわずかに高い台地（段丘）が広がる．平野の中央部にはアチェ川が蛇行しながら流れ，その下流部には自然堤防が発達する沖積低地が広がる．また，海岸域の西部および中央部には1～1.5kmの幅で干潟の発達する潮汐平野が認められる．

一方，台地の存在によってアチェ川による堆積が直接及ばない海岸平野の東部には幅 100 〜 200 m 程度の浜堤列が数列発達していて，現在の海岸線付近には小規模な砂丘も認められる．

バンダアチェの市街地はデルタ性低地の末端部付近に位置し，市街地北西部の海岸線付近には小規模な浜堤も発達していて，ウレレの集落などが立地する．バンダアチェ市街地とこの海岸地域との間には広大な三角州性低地や干潟がひろがり，平野西部の地域と同様に干潟の大部分は養殖池として利用されていた．

津波は海岸線から4kmほど内陸にまで及び，海岸部では10mを超える津波によってとくに著しい被害が引きおこされた．バンダアチェ市によれば，津波による家屋の被害は全壊家屋1万4千棟，半壊家屋3千棟，一部損壊家屋4千棟ほどをそれぞれ数えたとされるが，こうした被害状況には顕著な地域差があり，そのような違いは基本的には津波の水深と関係していて，水深3m付近を境にそれより津波高の高い地域では全壊家屋が卓越するのに対し，3m〜1mの範囲では一部損壊家屋数が卓越するようになる．また，津波高が1m未満の地域では家屋の破壊ではなく浸水による被害が卓越した（海津・高橋2007）．

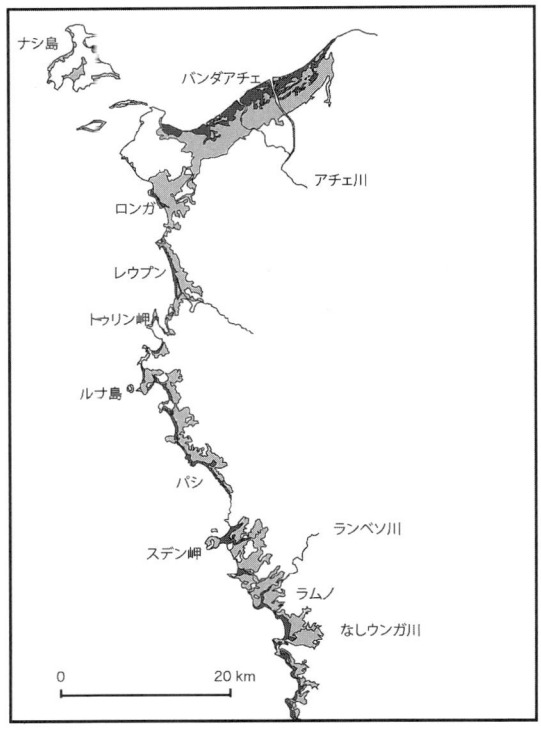

図 16-2　スマトラ島北西部における津波浸水地域（衛星画像の判読にもとづく．濃い灰色の部分は侵食あるいは長期間水没した地域）

なかでも，バンダアチェ市の海岸部に位置するウレレ地区では顕著な海岸侵食によって海岸線から数十メートル〜百メートルほどの北半分の部分が完全に消失し，東側の港湾地区との間の部分も侵食によって水域となってしまった．また，残された土地に立つ建物もほとんどが土台を残すのみとなった．さらに，ウレレ地区の西側に広がるラムウェノ地区では臨海部に広がっていた養殖池が津波によって完全に破壊され，満潮時には海面下に没する本来の干潟の状態に戻った．一方，臨海部にひろがる干潟の背後の地域でも著しく破壊された家屋が多く，海岸線から2kmほどの地点に

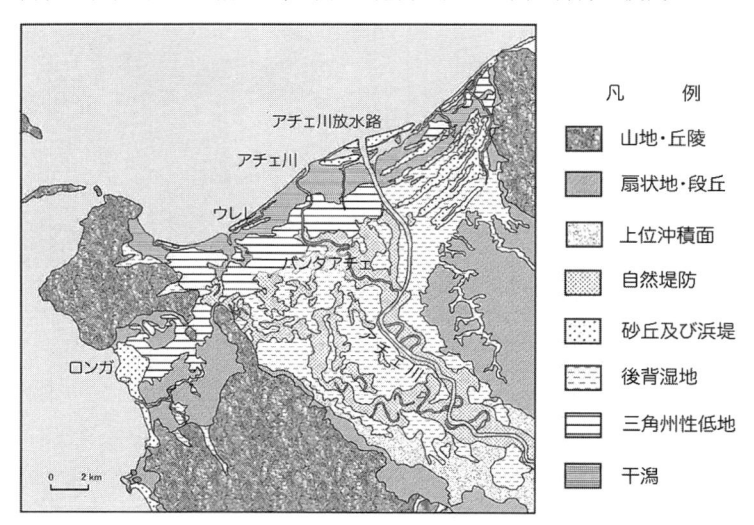

図 16-3　バンダアチェ海岸平野地形分類図

おいても建物の2階部分まで破壊され，2階の壁が大きく破壊されている建物が多数存在した．とくに，市役所とウレレ地区とを結ぶ道路沿いやその背後の地域では比較的内陸まで著しく破壊された建物が分布しており，ウレレ港沖合から津波によって運ばれた巨大な発電船が漂着したのもこの付近である．

これに対して，海岸平野の東部でも海岸よりの浜堤上に立地していたパシ地区やカデック地区の集落がほぼ完全に消失し，堤間地の養殖池も完全に破壊されてしまったが，島の東海岸へと伸びる主要道より内陸側の地区では建物の残存度が高く，破壊状況も内陸に行くに従って急激に小規模なものとなり，それより内陸側では2階まで破壊された建物は急激に少なくなる．また，海岸から2kmほど内陸の地点における浸水高も平野の中・西部では4～6mにも達するのに対し，東部では3m以下となっており，内陸に向けての浸水高の減衰が顕著であった．

一方，アチェ州西海岸における顕著な津波被災地はバンダアチェ市街地からそれぞれ10 km, 150 km, 270 kmの距離に位置するロンガ，チャラン，ムラボーなどの町である．とくに，バンダアチェ特別市の北西部に位置するロンガ地域では10 mを超える津波が襲来し，丘陵斜面を這い上がった津波の高さが15mを上回り，30m以上に達したところもある．その結果，ロンガ地域はほぼ完全に破壊され，その他のほとんどの建物が消失すると共に多くの住民が犠牲となった．ロンガ地域の海岸平野は，狭窄部を通してバンダアチェ海岸平野に連続しており，津波は，低地の全域を洗い流すと共に，バンダアチェ海岸平野との間の狭窄部にまで達した．ロンガからさらに南のチャランへと続く西海岸の地域では，スマトラ断層の西側に発達する山地が海岸線に迫っている．この地域では，岩石海岸と小さなポケットビーチが分布し，山地から流下する河川沿いには小規模な沖積低地が発達している．道路沿いには小規模な集落が発達しており，小河川の河口付近は楔形に拡大して橋が流されるなど，海岸線に沿って走っている唯一の道は津波によってひどく損傷し，物資の輸送に多大な影響が引き起こされた（Umitsu 2012）．

16.4　スマトラ島アチェ州の海岸平野における津波の挙動

バンダアチェ海岸平野において，建物等に残された津波痕や，津波による建物の破壊部分と非破壊部分との境界などを周囲と比較しながら津波高を測定し，さらに，破壊された建物の柱の倒れた方向，床に残された擦痕にもとづいて津波の流動方向を把握した．その結果，バンダアチェ平野では全体として津波の進入がほぼ北西から南東の方向を示しており，海岸平野の東部では海岸線に沿って発達する砂丘や浜堤の切れ目の部分から内陸に向けて掌状に進入した流れも見られ，平野の西部では，海側から内陸に向けて侵入した津波の流れがアチェ西海岸から到来した津波の流れとぶつかる状態や，南側の山地に遮られる形で東に向きを変えた様子も認められた．

バンダアチェ海岸平野における海岸付近の津波高はおよそ10 m前後と考えられるが，平野の西部では海岸から2 km付近の地点においても地表から4～6 mの高さにまで達しているところがあり，東部に比べて高く，内陸側への遡上距離も東部に比べて長くなっている．このような違いは，中央部と西部が干潟の広がるデルタ性の低地，東部が浜堤列や砂丘の分布する砂堤列低地というバンダアチェ平野の地形の違いを反映していると考えられる．すなわち，中・西部では海岸域が三角州および潮汐平野の性格を持っており，地盤高は相対的に低いため，津波に対してはきわめて脆弱で，近年エビなどの養殖池として利用されていた潮汐平野の部分が容易に破壊されてしまい，津波が減衰しないまま内陸部にまで到達したと考えられる．これに対して，東部では東西に延びる砂丘や砂堤列の存在による地表の起伏が津波の進入を阻害する傾向がみられ，内陸に向けての津波エネルギーの減衰が顕著になったと考えられる．なお，アチェ

川放水路では津波の遡上距離が 8 km にも達していて，津波が河川に沿って内陸まで進入しやすいということも確認された．

16.5 仙台・石巻平野の地形

　東北地方太平洋沖地震による津波は仙台湾に面した海岸平野にも襲来し，ここでも多大な被害を引き起こした．この地域の海岸平野は仙台平野として一括して扱われることもあるが，本稿では広義の仙台平野のうち，松島湾付近より東側の海岸平野の部分を石巻平野，西側及び南側の南北に連なる部分を狭義の仙台平野とよぶ．両平野のうち，仙台平野は仙台湾および太平洋に面して大きく弓なりにのびる平野で，沖積低地の部分は南北約 40km，奥行き最大 8〜9 km の広がりを持つ．低地の幅は北部の多賀城市付近でほぼ 7〜8 km 程度であり，中央やや北寄りの部分を流れる名取川流域付近で最も広く 9 km 程度に達する．それより以南は徐々に狭くなり，南部の山元町付近で 5 km 程度，さらにそれ以南では 3〜4 km 以下となる．低地の地形は海岸線から約 4 km 付近までの範囲に発達する浜堤列とその背後の沖積地に分けられ，浜堤列は松本 (1984) によって第 I，第 II，第 III 浜堤列に区分されている．また，背後の沖積地には七北田川，名取川，阿武隈川の現流路や旧流路に沿って自然堤防や旧河道が発達しており，それぞれの河川は浜堤列を横断して太平洋に注いでいる．浜堤列のうち，現在の海岸線に沿う第 III 浜堤列は高さ 3 m 以上，最大約 1 km の幅を持ち，かなり連続性がよい．その背後には第 I および第 II 浜堤列に区分されるやや不連続な数列の浜堤列が認められるが，阿武隈川以南の地域ではそれらが比較的良好に発達している．地盤高は全体としては 4 m 以下の土地が広い面積をしめるが，浜堤列や自然堤防の部分では 3 m 前後とやや高く，堤間低地や後背湿地の部分では 3 m 以下の部分が広い面積を占めており，とくに，阿武隈川最下流部の両岸の地域や名取川と七北田川の間では 1〜2 m 程度の低い土地が広がっている．

　一方，石巻平野はほぼ東西方向の海岸線をもつ海岸平野で，平野の内陸側は平

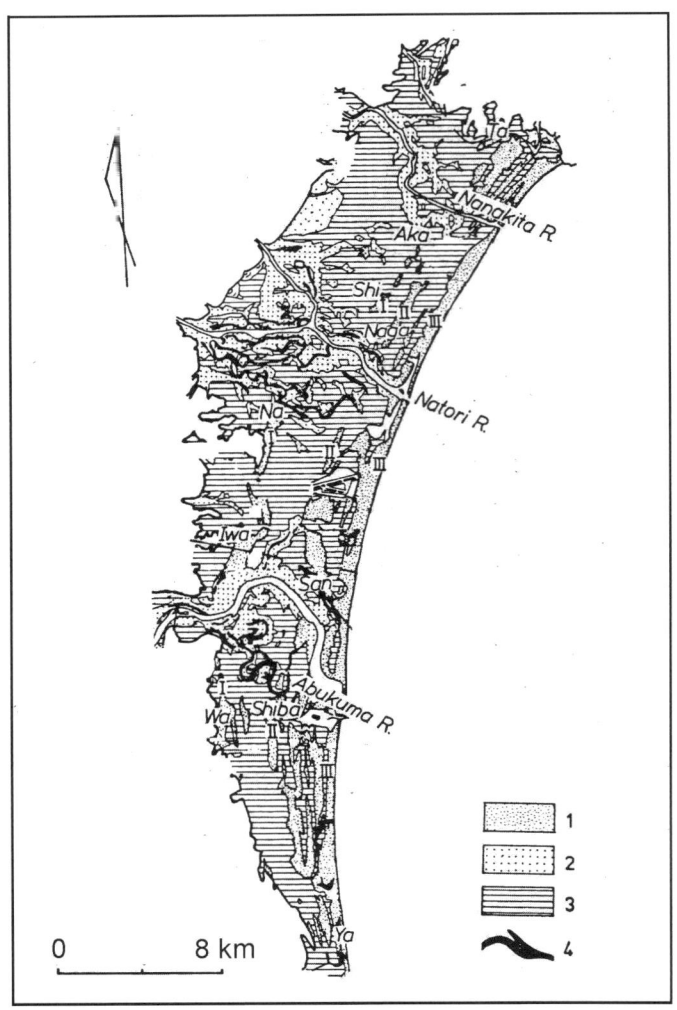

図 16-5　仙台平野地形分類図（松本 1984 にもとづく）
1. 浜堤列，2. 自然堤防，3. 後背湿地，4. 旧流路，Ta: 多賀城，Aka: 赤沼，Shi: 下飯田，Naga: 長屋敷，Na: 名取，Iwa: 岩沼，San: 三軒茶屋，Wa: 亘理，Shiba: 柴町，Ka: 角田，Ya: 山下，I: 第 I 浜堤列，II: 第 II 浜堤列，III: 第 III 浜堤列

野の中央部を流下する旧北上川および定川の沖積低地に連続している．海岸平野の幅は約 12 km で，低地の東部には日和山とよばれる島状の台地が分布し，その東側を旧北上川が流れて仙台湾に注いでいる．海岸平野の微地形は松本 (1984) によって I, I', II, III に区分されている浜堤列とそれらの間に分布する堤間低地とによって特徴づけられ，平野の東西では第 III 浜堤列が，平野の中央部では第 III および第 II 浜堤列が顕著に発達している．地盤高はおおむね 3 m 以下であり，平野中央部及び東部で低い．また，両平野における津波の浸水範囲は日本地理学会災害対応本部や国土地理院などによって示されており（日本地理学会災害対応本部津波被災マップ作成チーム，2011），遡上限界はおおむね標高 3〜4 m の位置にあたっている．

16.6 仙台平野・石巻平野における津波の流動

　仙台平野・石巻平野における津波の挙動に関しては，国土地理院が被災直後に撮影した空中写真にもとづいて検討した．

　空中写真では水田のコーナーなどにみられる集積物の痕跡が各所で認められ，それらにもとづいて津波が引いた際の最後の流れを把握した．また，空中写真を注意深く観察すると，流れに沿う瓦礫の堆積や，水田面などに示された筋状の流れなどの痕跡なども見られる．これらの多くは海岸から内陸に向けて残されており，津波の遡上波の痕跡と考えられる．本稿ではこれらの遡上波と引き波（戻り流れ）を把握し，建物の分布，土地利用，地盤高などとの関係について検討した．

　陸上に遡上した津波の遡上波は，一般に海岸から内陸に向けてほぼ海岸線に直交方向に流れているが，さらに，詳しく見ると，海岸から内陸に向けて遡上波が放射状に広がったと思われる所や，遡上波が収斂して流れの強い場所と弱い場所とをつくっている

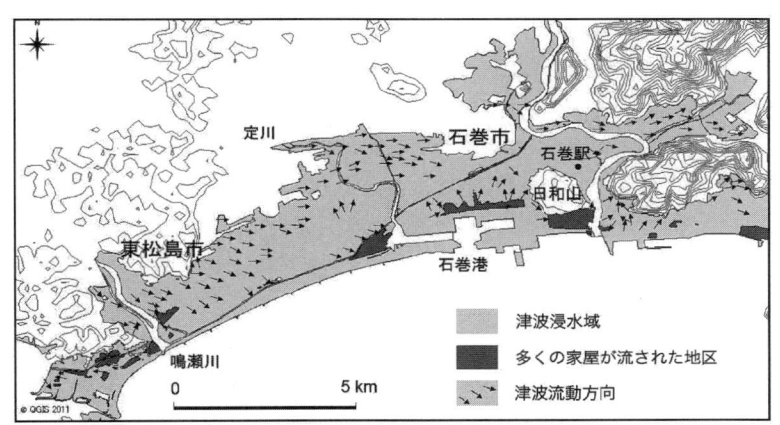

図 16-6　石巻平野における津波の流動（海津 2011 を一部修正）

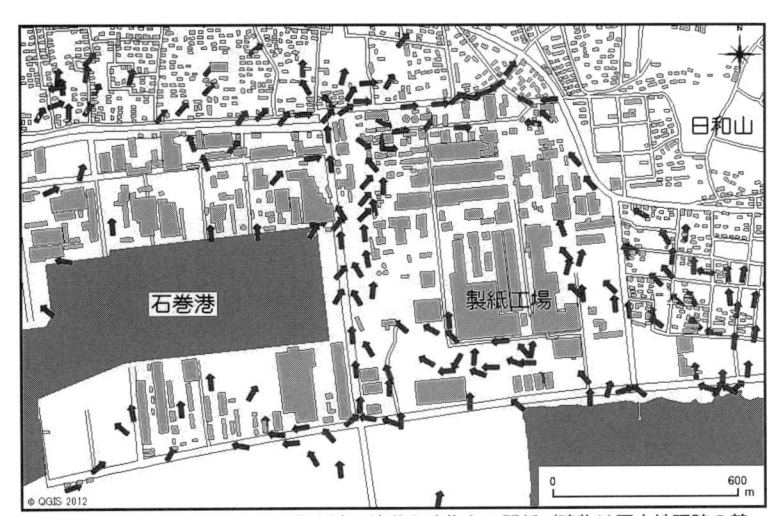

図 16-7　石巻市臨海部における遡上波の流動と建物との関係（建物は国土地理院の基盤地図情報 25,000 の建築物外周線を空中写真にもとづいて修正したものを使用している．また，図の北東部の日和山の部分は幅の広い道路を境として高台となっている．）

ような所も見られた．仙台平野の名取市閖上地区では，名取川の河口から侵入した津波が南西方向に流れ，海岸部から直接侵入した津波との相互作用によって被害を大きくしたことが推定される．ただ，名取川河口からの流れから外れた地区の北西部では家屋の多くが残存しており，局所的な津波の流れが場所による被害の違いを導いたことがわかる．また，仙台平野の亘理町吉田地区や石巻市街地などでは津波が面的に一様に流れたのではなく，幾筋かに分かれて流れた様子も把握することができ，強い津波の流れがよけた部分では家屋の残存度合が高いことも認められた．さらに石巻市の臨海部では工場や倉庫などの大きな建物の存在によって津波の流れが曲がったり迂回するといった現象が見られ，迂回した流れが津波の流動方向にのびる道路に集まるという傾向も認められた．

一方，陸上に遡上した津波が再び海に向けて戻る際の引き波（戻り流れ）についてみると，仙台平野では海岸線に直交する方向を示す地域は，主として平野南部の阿武隈川より南側の地域や最も内陸側の遡上限界に近い部分に限られる．このような地域では遡上した津波は遡上限界に達したあと，折り返す形でまっすぐに海の方に向けて戻ったと考えられるが，そのほかの仙台平野中央部や北部では，引き波の方向は全体としては海に向かう傾向を持つものの，その方向はかなり多様である．これらの地域では引き波（戻り流れ）に平野の中でもとくに低い部分に向けて流れるといった傾向を示している（図 16-8 カラー頁）．

また，石巻平野でも海岸に向けてまっすぐに戻る流れはほとんど見られない．平野西部では，内陸から海に向けて戻る流れが比較的はっきりと見られるが，それらは全体的には東〜東南東方向に流れており，海岸に対しては斜めに戻る形となっている．さらに，東側の平野中央部にかけての地域や平野の奥でも東西方向，すなわち，遡上限界線に沿うように流れたことが示されている．石巻平野において東向きの流れが卓越している現象は，国土地理院によって公表された 5 mDEM を用いて平野の地盤高との関係を検討してみると，石巻平野においても仙台平野と同様に引き波の流れの方向は低地の低所に向けた方向性と良好に対応していることが明らかになった．

一方，仙台平野南部では海岸部が開口し，海岸線が複雑な形をなすに至った場所が数多く出現した．このような海岸線の変化は一般的には海域からの津波の襲来によって引き起こされたと考えられるが，空中写真を注意深く観察すると津波が直撃して開いたと思われる開口部が海岸線付近の砂州の切れた部分と対応していない場合や，海側の離岸堤が破壊されずに残っている部分の背後で大きく開口している場所があるなど，かならずしも津波の直撃によって侵食されたものではないと思われる場所が多く存在する．海津が調査を行ったタイのナムケム・カオラック平野では楔形に開いた小河川河口付近の開口部が津波の海からの作用によってつくられたのではなく，陸上に広がった津波が引く際に周囲より低い小河川の部分に集中して河岸を侵食し，楔形の平面形を持つ河口部となったことを明らかにしているが（海津 2006），仙台平野における海岸線の開口部の多くにもそのようにして形成されたものが多くみられた．

16.7　海岸平野の地形・地物と津波の挙動

以上，インド洋大津波の被害を受けたバンダアチェ海岸平野やスマトラ島西海岸の低地，東北地方太平洋沖地震による津波被害を受けた仙台平野と石巻平野における津波の流れを現地調査や空中写真に示された津波の痕跡などにもとづいて検討した結果，陸上に遡上した津波の流動に関しては次のようなことが明らかとなった．

バンダアチェ海岸平野では，平野の中・西部と東部とでは津波の遡上距離にかなりの違いが認められ，また，海岸線からほぼ同じ距離の地点における津波高にも顕著な違いが認められた．これは，中・西部が

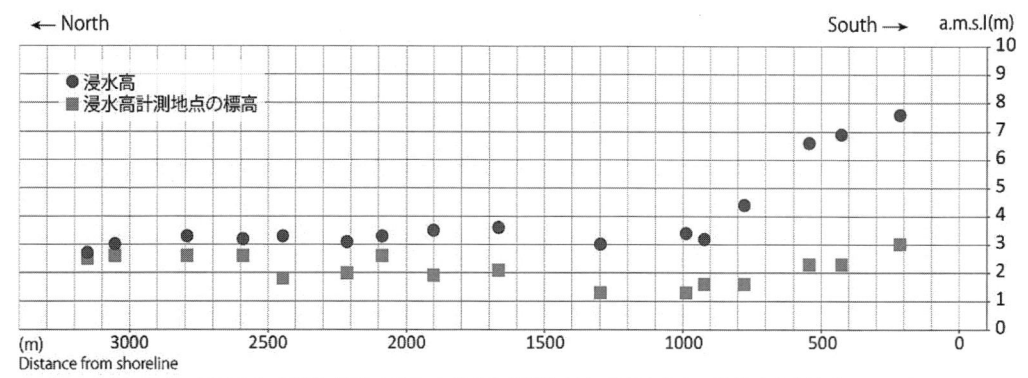

図 16-9　石巻平野中央部における海岸線に対して直交方向の地盤高と浸水高
（石黒ほか 2011；現地調査は海津・堀が担当）

デルタ性の低平な土地からなり，とくに，海岸部には広大な干潟が広がっているのに対し，東部では顕著な浜堤列が発達していて，津波エネルギーの減衰度合いに顕著な違いがあることによると考えられる．同様の現象は，石巻平野における地形・地物と津波高の変化に関する調査結果（石黒ほか，2011）でも認められた．石巻平野中央部の水田が広く分布する地域では，海岸線付近の砂堆の存在によって津波高が 7〜8 m から 3〜4 m 前後へと急激に変化するものの，その背後の低平な水田地帯の部分では地盤高が 3 m ほどとなる内陸の遡上限界まで津波の高さがほとんど変わらなかったのに対し，石巻市街地の日和山付近では密集した建物を破壊しながら津波が遡上したことにより，内陸に向けて津波の浸水高が連続的に現象するという状態が把握されている（図 16-9）．また，建物が密集した市街地では津波が建物に遡上を阻まれ大きく迂回したり，道路などに集まる形で流れたりしているほか，障害物の存在によってかなり明瞭に曲がる状態も見られた．

一方，陸上に侵入した津波が海へ戻る引き波（戻り流れ）では地形（地盤高）の違いによって海岸方向にまっすぐ引かず，さまざまな経路で海に向かっていることが判明した．とくに，仙台平野の阿武隈川最下流部や仙台空港北側の名取川河口付近にかけての地域では北東に向けた流れが顕著に認められ，全体としてわずかに低い部分に向けて引き波（戻り流れ）が流れたことが明らかになった．また，石巻平野でも東に緩く傾斜する地形と東西方向に発達する浜堤列の存在によって，平野の奥まで遡上した津波は東方向に流れ，弧を描くような時計回りの経路をたどった．

ところで，仙台平野では引き波（戻り流れ）が低所に向けて流れるとともに，地盤高のやや高い仙台平野南部では海岸線近くでとくに低い部分に集中し，外洋に向けて楔形の平面形をなす小規模な谷が形成された．しかしながら，インド洋大津波の際に津波が広い範囲に拡大したインドネシアのバンダアチェ平野ではそのような楔形の河口部の状態が見られない．これはバンダアチェでは干潟が広く広がり，地盤高が極めて低いために，引き波が面的に引いたことによると考えられる．タイのナムケム平野・カオラック平野やスマトラ島北西海岸の平野では地盤高が 2〜3 m 程度あり，引き波が小河川河口部など特定の場所に集中して，線的な侵食が起こったという違いによると考えられ，このことは仙台平野において中部および北部の地盤高の低い地域の海岸線において楔形の開口部がほとんど見られないのに対し，地盤高のやや高い南部において開口部が多く見られることとも対応している．

本研究を進めるにあたり，5 m DEM 使用の便宜を図っていただいた国土地理院小荒井衛氏に謝意を表します．

17
マレー半島海岸平野の地形発達と酸性土壌

海津正倫・Janjirawuttikul Naruekamon

17.1 はじめに

　熱帯域の海岸平野では酸性硫酸塩土壌という著しく酸性度の高い土壌が存在し，地域の農業生産において大きな問題となっている．また，この問題に関連して地下水の酸性度が著しく高くなったり，生態系への影響が出たりしているほか，錆の発生などによる構造物の劣化などさまざまな問題をひき起こしている．この酸性硫酸塩土壌は，堆積物中のパイライトの生成・蓄積と酸化による硫化物含有堆積物の化学的熟成過程により生成されるとされ，Soil Survey Staff（1999）によりその生成物が sulfidic 物質と sulfuric 物質とに分類されている．久馬（2001）によるとそれぞれの分類基準の特徴は次のように説明されている．
(1) sulfidic 物質：pH>3.5 の無機あるいは有機土壌物質で，可酸化性硫黄を含有するため湿潤・通気条件下で保温培養すると 0.5 以上の pH 低下をきたし，8 週間以内に pH は 4 以下（1:1 水懸濁液）になる．
(2) sulfuric 層：無機あるいは有機土壌物質よりなる 15cm 以上の厚さをもつ層位で，硫酸のために pH ≦ 3.5（1:1 水懸濁液）を示す．ジャローサイトの濃集（色相 2.5Y より黄色で，彩度 ≧ 6），0.05% 以上の水溶性硫酸塩の存在，あるいは sulfidic 物質の直下に出現すること，のいずれかが必要．

　また，このような酸性硫酸塩土壌の生成にはバクテリアの働きがかかわるとともに，とくにマングローブ分布域の堆積物で硫化物が蓄積することが指摘されている（久馬 2001）．

　酸性硫酸塩土壌の分布は世界的に見るとインドネシア，オーストラリア，ベトナム，ベネズエラ，タイなどで広い面積を占めており，それぞれの国の主として熱帯域に位置する海岸平野で広い面積を占めている．このうち，タイではおよそ 8,800 平方キロメートルの酸性硫酸塩土壌の分布が認められるとされ（Land Development Department, 2006），首都バンコクから北のアユタヤにかけて東西 120km，南北 100km の広がりを持つチャオプラヤ川下流のタイ中央平原において広く分布しているほか，スラタニ，ナコンシタマラート，パッタニー，ナラティワなどのマレー半島の海岸平野やチャンタブリやトラートなどのタイ湾岸東部の海岸域などにおいても分布している（図 17-1）．これらの地域の一部では石灰による土壌改良なども進められているが，その範囲が極めて広大なため，未利用地として残されている土地も多く，農業開発の上で大きな問題となっている．

　Janjirawuttikul et al.（2011a, b）はタイ中央平原における酸性硫酸塩土壌の形成と地形発達との関係について検討し，後氷期の海水準の上昇にともなうタイランド湾の拡大にともなって発達した干潟及びそこに発達したマングローブ泥炭の存在との関係を明らかにしている．本稿ではタイ中央平原と同様に後氷期の海進にともなって低地が拡大し，酸性度の高い土壌が広い範囲で分布し，農業上の課題となっているマレー半島中部のナコンシタマラート海岸平野について検討する．

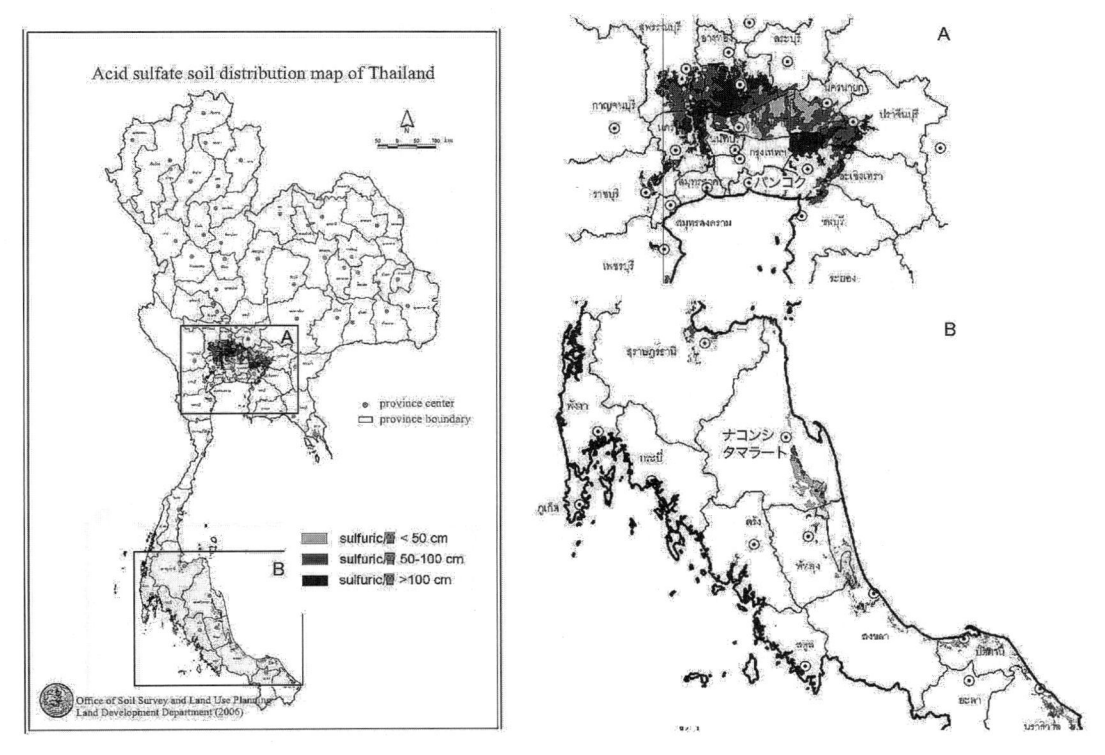

図 17-1　タイ王国における酸性硫酸塩土壌の分布（タイ国土地開発局 2006）

17.2　ナコンシタマラート海岸平野の地形

　マレー半島中部の東岸にはソンクラー湖とよばれる広大な潟湖が分布する．ソンクラー湖は北部のノイ湖（Thale Noi），中部のルアン湖（Thale Luang），南部のサップ・ソンクラー湖（Thale Sap Songkhla）の三つの部分に分かれる琵琶湖の 6 倍にも匹敵する広大な面積を持つ潟湖であり，ノイ湖周辺や中部のルアン湖と南部のサップソンクラー湖との境には広大な湿地がひろがる．また，これらの湖の北から南岸にかけてのパッタルン県ナコンシタマラート市付近から南部のソンクラー県ソンクラー市，ハジャイ市にかけて地域にはタイランド湾に面して東西 30 ～ 40 km，南北約 170 km におよぶ海岸平野が連続する．この平野は全体としてソンクラー湖湖岸平野（平井 1995）ともよばれるが，本稿ではナコンシタマラート市街地からノイ湖の北岸にかけての地域を対象とし，とくにナコンシタマラート海岸平野とよぶことにする．

　ナコンシタマラート海岸平野は東西約 40 km，南北約 90 km の広がりを持ち，その地形は平野北部に向けて収斂する数列の砂州とそれらにはさまれた広い堤間湿地あるいは海岸平野とからなる．低地の標高は砂堆の部分で標高 3 ～ 5m 程度，堤間低地や広大な海岸平野の部分はほぼ 3m 以下であり，砂堆の部分には集落が発達し，堤間低地および海岸平野の部分には水田が広がるほか，海岸平野南西部には広大な湿地が広がり，淡水湿地林が分布している．一方，平野の西側には標高 8 ～ 10m 程度の比較的平坦な土地がひろがる．ソンクラー湖湖岸の地質を明らかにした Chaimanee（1989）はタイにおける地質調

図17-2 地域概観図（鳥瞰図で見たナコンシタマラート海岸平野とソンクラー湖）

査は主として資源調査に重点が置かれているということを述べ，本地域についても第四紀層の細かな区分はおこなわれていないことを述べている．その後も国内の第四紀地質学者が僅か数名程度という現状で第四紀の地形や地質に関しての詳しい調査はおこなわれておらず，本地域についても詳しい検討は進んでいない．また，1999年に刊行されたタイ王国地質図（Department of Mineral Resources 1999）でも第四紀の地質は区分されずに一括して示されている．

一方，ソンクラー湖の西岸には更新世の段丘面が発達しており，平井（1995）はそれらをT1〜T4の4面に区分している．同様の段丘面はナコンシタマラート海岸平野の背後においても認められるが，顕著な段丘崖などは認められず面区分は困難である．段丘面を構成するかなりしまった砂質シルトあるいはシルトからなる堆積物は海岸平野部では沖積面下に連続している．後述するようにこれを覆うきわめて軟弱な堆積物の年代は完新世中期以降の年代を示している．また，Chaimanee（1989）は，ルアン湖東岸において地質調査をおこない，バンコク平野および他のマレー半島における地層の対比にもとづいて，軟弱な沖積層の下位に堆積している堆積物の堆積時期を後期更新世としている．これらのことから，平井が示したソンクラー湖湖岸南西部に見られる段丘面に対比される沖積層の堆積以前に形成された更新世の面であると考えられる．

ところで，ナコンシタマラート海岸平野には顕著な砂州が発達している．最も連続性の良い砂州Ⅰはナコンシタマラートの市街地をのせる砂州で，200〜300m程度の幅を持ち，緩い円弧を描いて平野北部から南南東方向におよそ60kmの長さで連続する．両側の低地との比高はおよそ1〜2m程度であり，その末端はノイ湖の西に存在する孤立丘陵に向けて延びている．ナコンシタマラートの市街地付近ではこの砂州の東側に2列の砂州ⅡおよびⅢがおよそ5〜10kmの長さで緩いカーブを描きながら延びており，それぞれにナコンシタマラートの新しい市街地をのせている．これらの砂州のうち東側の砂州Ⅲは南部でさらに2列に分かれているが北部では1列の砂州としてまとまり，さらに北部では砂州Ⅰ，Ⅱ，Ⅲはまとまっ

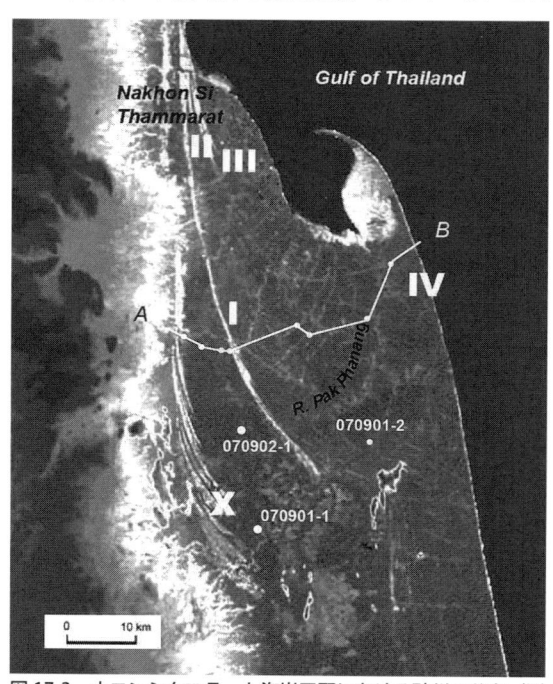

図17-3 ナコンシタマラート海岸平野における砂州の分布（測線および地点は図17-4および図17-6に示す地質断面図およびボーリング地点位置を示す．）

て幅の広い砂州帯をなしている．これらの砂州の間や海岸平野の主要部には低平な土地が広がる．地表面の標高はおおむね 2 〜 3m 程度であり，いくつかの小河川が低地の西部から北東方向に流れている．また，現在の海岸線には南のソンクラー湖岸平野の海岸線から続く連続性の良い砂堆が発達していて，ナコンシタマラート海岸平野の北東部でやや湾曲した形で北北西に向けて突出している．この突出部はタルムプク岬とよばれ，その西側のタイランド湾との間に砂嘴が発達した入り江となっている．この入り江の部分は平野の南西部から北東方向に流れ，さらに北に向けて流れるパクパナン川によって埋積が進行しており，マングローブ林がひろがる泥質干潟をなしている．また，タイランド湾に面したナコンシタマラート市街地の北東には干潟起源の幅の狭い低地が存在する．この部分は以前はマングローブ林におおわれていたが，現在はおびただしい数のエビ養殖池に変化している．

一方，砂州 I の西側の地域にはわずかに地盤高の高い更新世の段丘面と考えられる土地が広がる．この面はおおむね 8 〜 10m ほどの標高を持ち，ナコンシタマラートの市街地の西の丘陵上の部分をのぞいて平野の西側に広がっている．堆積物はかなりしまった灰白色のシルトや砂質シルトなどからなっており，DMR（1999）によるタイ王国地質図や Chaimanee（1989）などによって河成の第四紀層とされているが，その詳細は不明である．ただ，この台地のわずかに高い段丘状の土地の東縁には北部において比較的幅の広い帯状の微高地が，中部から南部にかけて数列の湾曲した微高地が発達する．とくに，後者の分布する段丘状の土地は南部においてその高さが低くなり，沖積面下に埋没する状態となる．そのため，南部では微高地列間の低地の部分やそれらの東に広がる砂州 I との間には極めて低湿な土地が広がり，とくに砂州 I との間には広大な淡水湿地林が形成されている．この帯状の微高地や湾曲した微高地群は段丘面状に発達しており，その堆積物は未固結の中砂からなる砂州 I や II あるいは III などとは異なる灰白色のかなり固結した中〜粗砂よりなるため，完新世の高海水準期に形成されたものではなく，より古い時期に形成された砂州と考え，ここでは砂州 X とよぶ．

17.3　ナコンシタマラート海岸平野の堆積物と地形発達

ナコンシタマラート海岸平野を構成する地層は更新世に堆積したやや堅くしまったシルト質堆積物の上に乗る軟弱な完新統の堆積物によって特徴づけられる．完新統の層厚はその下位に分布する更新統の分布深度によって決まるが，全体としては平野南西部で薄く，東部で厚さを増す傾向を持つ．ただし，ハンドボーリングを用いた現地調査では 7 m 以深までの調査を行っていないのでそれ以上の深度については正確に把握出来ていない．また，本地域の沖積層に関する記述は別稿に譲ることとし，ここではその概略について述べることとする．

完新統の堆積物は砂州 I の東と西とでやや異なり，砂州 I の東側では完新世の海面上昇にともなって堆積した極めて軟弱な海成の粘土層と最上部の陸成層によって特徴づけられる．ナコンシタマラート海岸平野北部のパクパナン付近では表層数十センチメートルの泥層の下位に細砂と泥層との互層からなる潮間帯あるいは浅海成の堆積物が数十センチメートルで堆積し，その下位には緑灰色の極めて軟弱な泥層が連続する．この緑灰色の軟弱な堆積物は本地点がタイランド湾に面していることから，湾の縁辺部にあたる湾底に堆積した海成層であると判断される．同様の浅海成の堆積物からなる地層は砂州 I の東側の地域に広く認められる．なお，平野南部のパクパナン川沿いでは表層に河成堆積物と考えられる腐植物を含む泥層が薄く堆積している．

これに対して，平野東部から東南部の楔形に大きく湾曲する砂州 I と砂州 X との間にはさまれた部分で

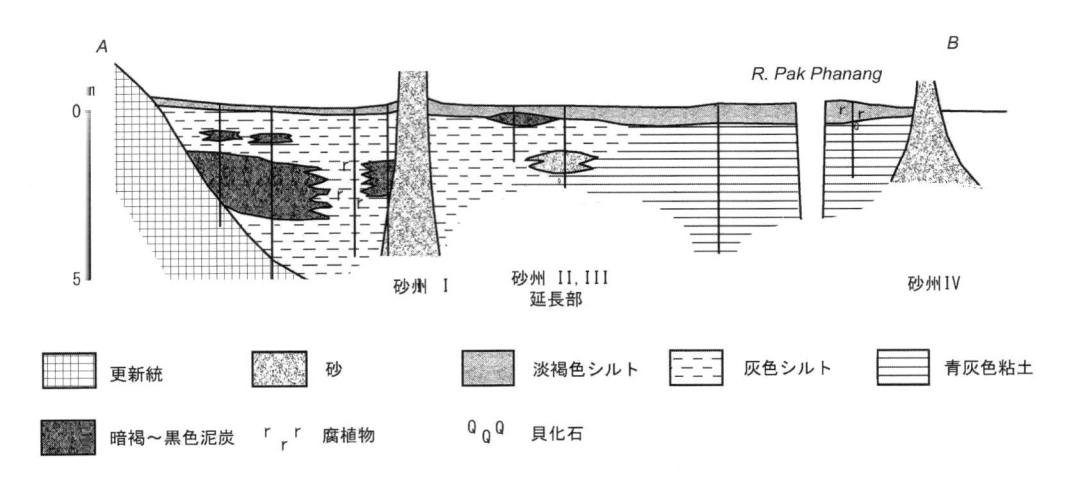

図17-4 ナコンシタマラート海岸平野における東西方向地質断面図（測線位置は図17-3に示す）

は，主として軟弱なシルト質粘土層が分布するほか多くの地点で顕著な泥炭層が発達している．これらの泥炭は木片を多く含み，とくに，その南部では数メートルの厚さの泥炭層が発達する地点もある．なお，これらの場所では完新統と考えられる軟弱な地層の厚さは薄く，泥炭層は地表下数メートルの深さに広がる更新統の堆積物上に堆積している．

これらの堆積物は，他の沖積平野や海岸平野におけるのと同様に，基本的には後氷期の海水準上昇およびその後の海面の安定期に形成された堆積物と考えられるが，そのことを確認するとともに，より詳しい年代を明らかにするために堆積物の年代測定を行った．その結果，砂州Ⅰの東側に分布する軟弱な海成層の年代は多くがおよそ3,500年前以降の年代を示している．このうち，平野南部の砂州Ⅰに近い地点や平野北部の砂州Ⅰと砂州Ⅱとの間の部分では地表下3m前後の堆積物の年代が3,400～3,600年前頃の年代を示しており，さらに東側の平野中央部から東部において地表下1m前後の堆積物について2,000年前から1,500年前の年代が得られている．また，平野北部の最も新しい時期に形成された干潟の部分に相当する地点での地表下2mおよび5mの海成層の年代はそれぞれ約900，700年前と得られており，この土地が極めて新しい時期に形成されたことを裏付けている．

一方，砂州Ⅰの背後の地域における泥炭層の年代はその基底部においておよそ6,000～7,000年前の年代が得られており，表層部付近の地表下1m付近においても約4200年前の年代が得られている．このことは，後氷期の海進にともなって約7,000年前頃に砂州Ⅰと砂州Ⅹとの間の部分に干潟が広がり，マングローブ泥炭層が形成され，完新世中期以降は泥炭の形成がそれほど進行しなかったということを示している．

上に述べた堆積物の特徴と年代からこの地域の地形形成過程は次のように考えられる．本地域においても世界の海岸平野と同様に後氷期の海水準変動の影響を受けて地形変化が進行したと考えられ，最終氷期の最大海面低下期にはタイランド湾からスンダ陸棚にかけての地域は陸域となっていて（Kuenen 1950），マレー半島を流れる各河川もはるか沖合に移動した海岸線に向けてその流れを延長していたと考えられる．しかしながら，ナコンシタマラート海岸平野の地域においては十分なボーリングデータが無く，また，そのような観点からの当時の地形復原に関する研究もおこなわれていないため，当時の河谷は確認されていない．ただ，ナコンシタマラート海岸平野の西側には更新世の堆積物からなる比較的平坦な地形

が広がっており，その堆積物は現在の海岸平野の地下にも連続していることから，当時の平野が段丘などを形成しながら現在の浅海底に向けて広がっていたことが推定される．

その後，世界的な海面上昇にともなってこの地域でも海水準の上昇が進行し，現在のタイランド湾の地域にも海域が拡大した．タイ中央平原では現在の海岸線から約80km内陸のアユタヤ付近にまで海岸線が後退し，バンコク首都圏を含む現在のタイ中央平原は大部分が内湾の一部となった（Tanabe et al. 2003）．ナコンシタマラート海岸平野においてもその大部分は海域の一部となり，海水準はそれまで広がっていた更新世の面より高い水準にまで達して，更新世の地形面の一部は潮間帯〜浅海の環境となった．およそ7,000年前頃には現在のナコンシタマラートの市街地をのせる砂州が大きく円弧を描く形で北から南に形成された．この砂州の発達により，その背後の海面上昇によって水域が侵入しつつあった砂州Xとの間の部分が湿地化した沖積地やマングローブ林の分布する地域へと変化した．

その後，砂州Iの外洋側にナコンシタマラート市街地の北端付近からやや東に向けて円弧を描く形で比較的小規模な砂州IIおよび砂州IIIが形成される．その時期はおよそ3,000〜4,000年前以降であり，それらの部分や砂州の外側には継続して浅海底から潮間帯の堆積物が堆積し続けた．この時期まではナコンシタマラート海岸平野付近の砂州の発達は北から南に向けた形で進行していたが，現在の海岸線に沿って発達する砂州及び砂嘴はこれとは逆の方向性を持って発達していると考えられ，ナコンシタマラート海岸平野に沿って時計回り方向の円弧を描く砂嘴が発達した．この砂嘴の延長によってそれまでの海岸線と新しい延長してきた砂嘴との間の部分は水深が浅くなり，潮間帯へと変化するとともにマングローブ林が広がる．この地域における表層堆積物の年代から，最も新しい砂嘴の形成は1,000年前頃には始まっていたと考えられる．

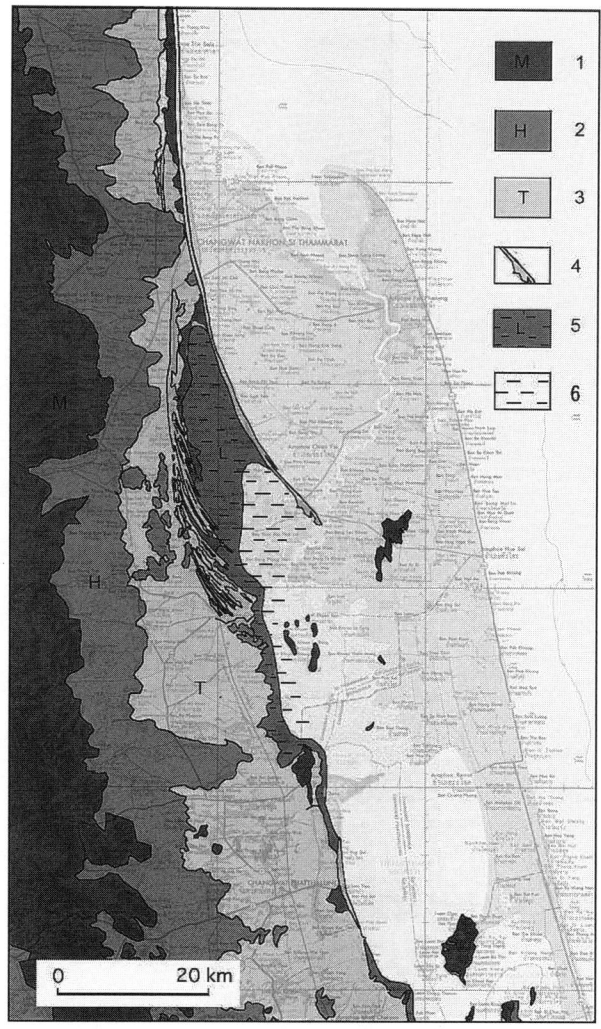

図17-5 ナコンシタマラート海岸平野における6,000-7,000年前の古地理図 1. 山地 2. 丘陵 3. 台地 4. 砂州 5. 海岸低湿地 6. 干潟（潮間帯）

17.4 ナコンシタマラート海岸平野における硫酸塩酸性土壌の分布

ナコンシタマラート海岸平野における土壌はSongsrisuk（1991）によって詳しく分類されている．砂州Iの東側に広がる海岸平野の大部分はBangkok統に区分される土壌の分布地域であり，主として水田

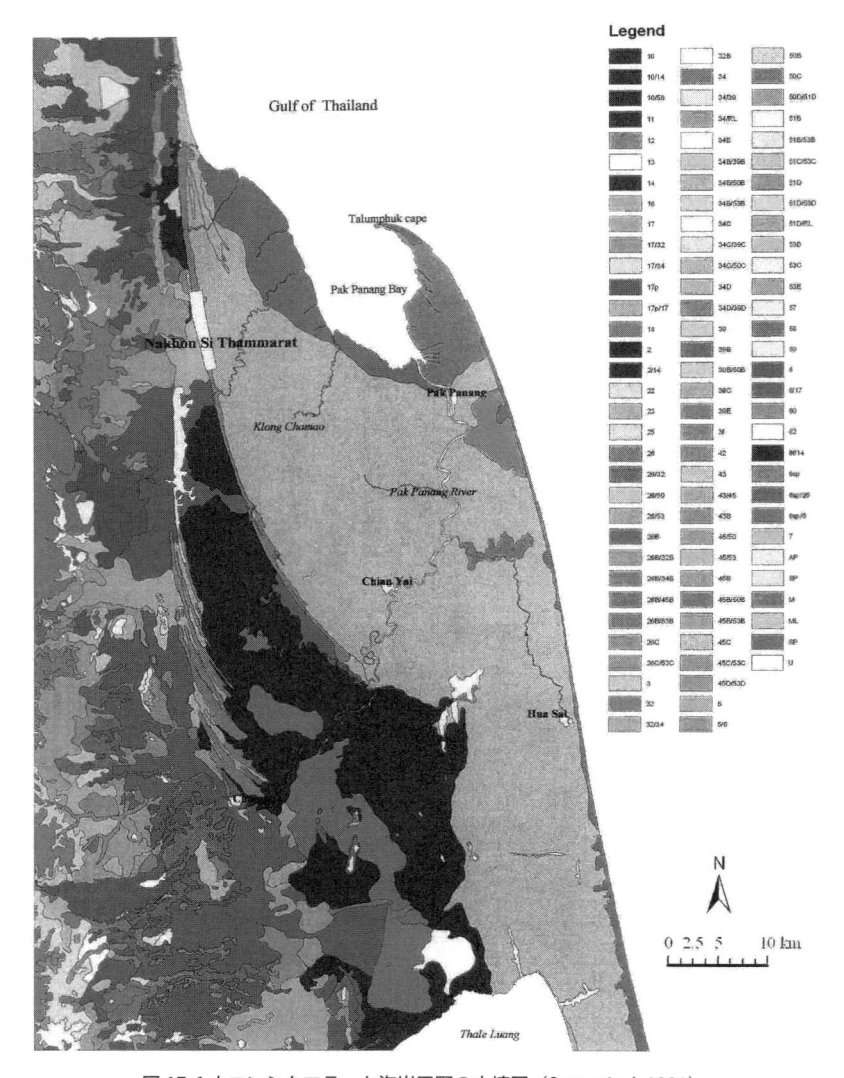

図 17-6 ナコンシタマラート海岸平野の土壌図（Songsrisuk 1991）
黒色部分が酸性硫酸塩土壌：Chian Yai 統，Thanyaburi 統，Narathiwat 統，灰色の広い部分が Bangkok 統

が広がっている．これに対して，パクパナン湾に面した部分にはマングローブ林の発達する潮汐干潟が広く分布していて soil group 12 の Tha Chin 統が分布している．

このうち，ナコンシタマラート海岸平野南部の砂州Ⅰの末端部に近い 070901-2 地点では，地表下 22 cm までが黄色の斑紋のある灰色シルト，22 cm から 140 cm までが黄灰色シルト，140 cm から 300 cm までが貝化石を含む青みがかったシルト質粘土であり，現地で測定した pH は地表下 15 cm 及び 32 cm において 7.0，地表下 75 cm，250 cm において 8.5 であった．

一方，砂州Ⅰと砂州Ⅹとにはさまれた地域には，主として低位湿地に分布する soil group10 の Chian Yai 統と high marsh に分布する 11 の Thanyaburi 統，58 の Narathiwat 統の土壌が分布する．このうち，Chian Yai 統は暗緑灰色の海成粘土層をおおう有機物層あるいは褐色～暗褐色の泥炭質砂質壌土によって特徴づけられ，腐植や泥炭を混入し，40 cm までの深度に sulfidic material が認められるとされている

(Soil Survey Division 1975). 現地調査をおこなった070902-1地点は油ヤシ畑に隣接する荒れ地で，地表下15cmまでの腐植を多く含む暗灰色シルトの下位にpH3.5〜4.5の植物片を混入する明灰〜明灰褐色のシルト質粘土が130cmの深さまで堆積しており，その下位にpH6.5〜8.0の貝化石を含む青灰色〜灰色のシルト質粘土が連続する．また，Narathiwat seriesでは炭化物や木片，植物根などの有機物が全層に認められ，地表下数センチメートル以下にsulfidic materialが認められるとされている（Soil Survey Division 1975）．砂州Xの末端部に近い淡水湿地林の分布する070901-1地点では地表下30cmまでの植物片を多量に含む灰色シルト質粘土層の下位に，地表下160cm付近まで黒褐色〜暗褐色の泥炭層が堆積しており，現地で測定したpHの値はいずれも4.0〜4.5であったが，その下位の160cm〜380cmの深度に発達する植物片を多く含む暗灰色のシルト層およびさらに下位の380〜475cmの緑灰色のシルト質粘土層ではpHの値は7.0〜8.0であった．ただし，380〜475cmの緑灰色のシルト質粘土中にはさまれた345〜346cmの深度の薄い泥炭層のpHを測定したと

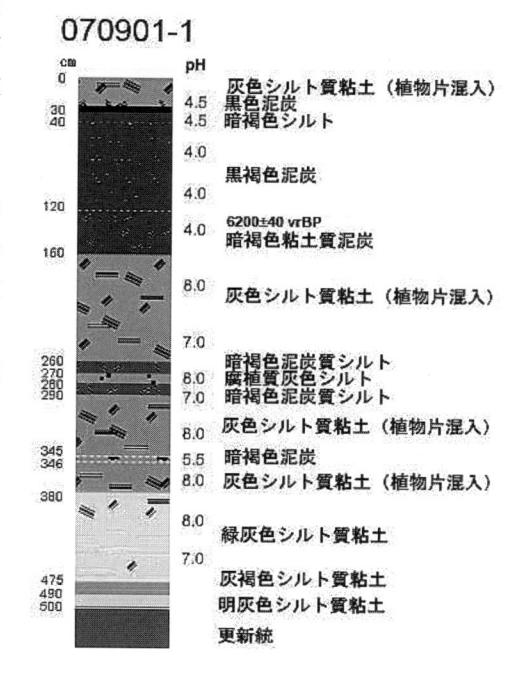

図17-7　070901-1地点のボーリング柱状図と現地で測定したpH値

ころ，その値は5.5であり，その上下のシルト質粘土の8.0という値に比べてpHの値が低くなっていた．
なお，砂州Iと砂州Xとの間の地域の北部には河川沿いに洪水堆積物起源と考えられる氾濫原性の土壌が河川に沿って分布している．この地点でボーリング調査を行ったところ，地表下94cmまでの灰褐色粘土のpHが6.0を示すのに対し，その下位の植物片や褐色斑紋の認められる暗灰色粘土が6.5〜7.0，さらにその下位160〜290cmの黒褐色木質泥炭および290〜315cmの暗褐色シルトが7.0，315cm〜440cmの青灰色〜緑灰色のシルト質粘土は8.0の値を示していて，その部分をはさむ南北の地域とは異なった状態を示している．

17.5　地形発達と硫酸塩酸性土壌の分布

前節で述べたように，ナコンシタマラート海岸平野では酸性度の高い土壌が広く分布しており，その分布域は主として砂州Iと砂州Xとにはさまれた地域にあたっている．すでにのべたように，Janjirawuttikul *et al.*（2011a, b）はタイ中央平原における酸性硫酸塩土壌の形成と地形発達との関係について検討し，後氷期の海水準の上昇にともなうタイランド湾の拡大にともなって発達した干潟に発達したマングローブ泥炭の分布と酸性土壌の分布との関係を明らかにしているが，本地域における酸性硫酸塩土壌の形成についてもこの地域における完新世の地形形成との関係のもとに考えることができる．

これまでのべてきたように，ナコンシタマラート平野の地形は顕著な砂州の発達とパクパナン湾に面してひろがるマングローブ林の分布する干潟の地域を含む広大な海岸平野とからなる．海岸平野の地形形成は後氷期の海面上昇と深い関係を持っており，タイにおいてもこの時期に顕著な海面上昇があったことが

知られている（Sinsakul 1992）．タイランド湾周辺地域においても顕著な海面上昇が始まった更新世末期には海面の高さは現在より100m以上低かったとされるが，その後完新世に入ると急激な海水準の上昇にともなって臨海部に広がっていた低い段丘や低地は順次水没していったと考えられる．ナコンシタマラート海岸平野でも砂州Ⅰと砂州Ⅹとの間の地域では現在の沖積面下に更新統の堆積物が堆積しており，それを覆って海成粘土や泥炭層が堆積している．また，砂州Ⅰの東側の地域では表層付近の氾濫原堆積物や潮間帯起源の堆積物の下位に軟弱な海成粘土層が堆積しており，海進時に拡大した内湾底やその縁辺に堆積した堆積物であると考えられる．とくに，砂州Ⅹと砂州Ⅰとの間の地域では現海面下数メートル以浅の深さに更新世の堆積物と考えられる堆積物が認められることから，この部分は海水準がほぼ現在の高さに達した完新世中期になって海面下に水没し，浅海底あるいは潮間帯の環境になったことがわかる．この地域における潮間帯の部分ではマングローブ林が形成されるのが一般的であり，泥炭層の中に木片が混入していたり，ほとんど木片だけからなる泥炭層であったりすることから，この泥炭はマングローブ泥炭であると考えられる．また，この泥炭層の年代がおよそ7,000～4,000年前頃の年代を示すことからも，これらの泥炭層が後氷期の海面上昇の結果，海水準がほぼ現在の海面の高さに達した時期に形成されたものであることが確認される．

　この砂州Ⅰと砂州Ⅹとの間の地域はこのように完新世中期に広く浅い水域となって広大なマングローブ林が広がっていたと考えられるが，このような比較的安定した湿地環境を作り出していたのは現在のナコンシタマラート市街地付近から南に向けて大きく湾曲して発達した砂州Ⅰの存在がある．この砂州Ⅰはすでに述べたように幅200～500mで長さ50kmにもわたって連続しており，その背後の西側の地域を外洋からほぼ隔てた環境としたが，西側に分布する砂州Ⅹとの間の距離は南側ほど広くなっており，最も南側の部分ではさらに南に広がる潟湖のソンクラー湖（ノイ湖）に向けて開いた形となっていて．ソンクラー湖（ノイ湖）に連続する低地の部分には近年まで広大なマングローブ林が分布していた．

　一方，砂州Ⅰの東側の地域では，完新世中期に形成された泥炭層は発達しておらず，厚い海成粘土層が堆積している．このことから，当時のこの地域は拡大したタイランド湾の西縁にあたっていて，砂州Ⅰの砂浜海岸の東側には比較的水深のある浅海底が広がっていたと考えられる．

　その後の海水準は微変動をともなうもののほぼ現在の高さで安定していたと考えられ，ナコンシタマラート市街地の北東部付近では砂州の発達が活発に進行し，砂州Ⅰが分岐するような形でより新しい砂州Ⅱおよび砂州Ⅲが発達している．ただし，砂州Ⅰに比べてこれらの砂州の形成期間が短かったのではないかと考えられることや，それらの南の延長方向の水深がやや深かったことなどのため，これらの砂州の長さはそれほど延びず，現在のナコンシタマラート海岸平野の主要部の地域には軟弱な海成粘土が堆積し続けたと考えられる．

　その後，南に分布するソンクラー湖の部分を潟湖とする海岸砂州が北に延長し，ナコンシタマラート海岸平野の部分を外洋から隔てるように発達しはじめた．その結果，ナコンシタマラート海岸平野の主要部分ではバンパコン川など西側から流入する河川によって埋積が進んで陸化する．河川沿いには氾濫原堆積物が堆積するが，この砂州Ⅰと砂州Ⅹとの間の地域のようなマングローブ林が長期間継続的に形成されて比較的厚い泥炭層を作るといった状態はみられない．ただし，現在のバンパコン湾の沿岸には広大なマングローブ林が分布することから，砂州Ⅰの東側の地域では陸化の過程でマングローブ林が形成されなかったのではなく，浅海域が潮間帯になってマングローブ林が形成されたもののそれらの土地がさらに陸化してマングローブ林の形成に適した土地が順次海側に移動していったと考えられる．

　これらの地形変化と酸性土壌の分布とを考えると，比較的長期間にわたる継続的なマングローブ林の存

在，およびそれとかかわるマングローブ泥炭の存在と酸性土壌の分布とが良好に対応していると考えられ，久馬（2001）の指摘するように，マングローブ分布域の堆積物で硫化物が蓄積することが裏付けられた．ただ，本地域における結果からは，単なるマングローブ林の存在ではなく，長期間のマングローブ林の立地とマングローブ泥炭の形成が重要な意味をもつことも明らかになった．

17.6　おわりに

　以上述べてきたように，ナコンシタマラート海岸平野の地形形成は後氷期の海水準変動と深く関わりながら現在に至った．そのような中で，砂州Ⅰと砂州Ⅹとの間の地域は海水準の上昇にともなってマングローブ林が生育しやすい環境が長期間継続して，厚いマングローブ泥炭層を発達し続けたと考えられる．同様の完新世中期の顕著な泥炭層は首都バンコクの立地するタイ中央平原にも見られる．ただ，ここにおいても，その分布は現在の海岸線付近ではなく，後氷期海進時に拡大した内湾の縁辺部にあたるアユタヤの東や西の地域に広がっていて，それらの分布域などでは酸性硫酸塩土壌の問題が引き起こされている．本地域でも，土壌の酸性度の高い地域は現海岸線付近ではなく，内陸側の砂州Ⅰと砂州Ⅹとの間の地域にあたっており，後氷期の海水準上昇とそれにともなう顕著なマングローブ林の発達，その結果としてのマングローブ泥炭層の形成とが，酸性土壌の形成と密接な関わりがあることが確認された．

付記

　本地域における現地調査にあたってはタイ王国土地開発局顧問で前 Thaksin 大学学部長の Paiboon Pramojanee 博士，Prince of Songkhla 大学自然資源学部教授の Charlchai Thanavud 博士にさまざまな便宜を図っていただき，現地調査にも同行願った．また，名古屋大学学部生，大学院生，卒業生の皆さんにはさまざまな機会に現地でのボーリング調査に参加していただいた．これらの方々にこの場を借りて感謝の意を表したい．

18
衛星リモートセンシングでみる洪水と微地形

長澤良太

18.1 はじめに

　本章では，衛星リモートセンシング画像やDEM（Digital Elevation Model：ディジタル標高モデル）を用いて，東南アジアの大河川流域に展開する沖積低地の微地形とそこに展開する人間の生産活動について検討した事例を紹介する．熱帯モンスーン気候に属する東南アジア地域は，水稲栽培のための気候条件に恵まれている．しかしながら，水稲の二期作，三期作がどこでも可能であるというわけでなく，「水供給」の条件に大きく左右されている．タイ王国の中央部を流れるチャオプラヤ河は，毎年雨季の後半になると洪水氾濫を引き起こし，沖積低地に展開する水田をはじめとする農地は広く浸水・湛水する（図18-1，カラー頁に示す）．とりわけチャオプラヤ河中流域に位置するピチット県とその周辺地域では，ヨン川，ナン川，ピン川などの大きな支流が合流するため，洪水の規模はとくに顕著で，水稲栽培への影響が大きい地域のひとつである．チャオプラヤ河流域は同国における重要な穀倉地帯となっており，その現状を把握してモニタリングなどの情報整備を進めることは重要な課題である．

　衛星リモートセンシングの手法を用いた沖積低地の洪水・湛水と水稲作付けパターンの関係を議論した研究はおこなわれてきた．たとえば，坂本（2006）は時系列MODIS画像を用いてメコンデルタにおける洪水と水稲栽培の空間分布の関係を議論した．小川ほか（2006）は，時系列MODIS画像を用いてインドシナ半島全体の農業形態別分布を把握し，さらにLandsat ETM+画像を用いることで詳細な土地被覆分類が可能であることを報告している．これらの研究では，湛水状況や土地利用の把握に光学センサが用いられているが，年間を通じて農業生産活動をモニタリングするには雨季の雲被覆の影響が大きな障害となっている．また，地上分解能の低いMODIS衛星では，小規模で集約的，複雑に分布する東南アジア地域の農業的土地利用の詳細を把握するには困難な場合が多い．

　一方，合成開口レーダ画像を用いた研究では，メコン河下流域における水田の湛水の経過について時系列RADARSAT画像を用いて解析した研究（大坪ほか 2000），日本の中部地方で水田への入水時期を時系列RADARSATで区分した研究（小川ほか 2003）などがある．さらに，RADARSATとSPOT画像を併用し水稲作付面積を算出する研究（石塚ほか 2003）がおこなわれており，レーダ画像の有用性が実証されている．しかしながら，洪水による湛水状況と地形との関係，それらが農業的土地利用のあり様に与える影響など，洪水，地形，土地利用の三者の関係を総合的に解析した研究は多く見られない．そこで，ここでは雲の影響を受けやすい雨季の湛水域解析には全天候型センサであるRADARSAT画像，農業的土地利用の解析には光学センサであるALOS AVNIR-2画像を活用し，さらにDEMを用いた地形解析の結果を統合して，タイ国チャオプラヤ河中流域の洪水頻発地域における湛水の時空間分布，地形と水稲の作付けパターンとの関係について検討する．

18.2 研究対象地域と使用データ

18.2.1 対象地域の概要

対象地域は，タイ北部のピチット県，ピサヌロック県，ナコンサワン県，カンパンペット県にまたがるチャオプラヤ河の中流域に位置する．この地域は西部から東部へ緩やかに下るピン川の扇状地地形をしており，扇端部にはヨン川，ナン川が形成した低平な沖積低地が展開している．沖積低地の氾濫原には水田が広がり，自然堤防上には果樹園，扇状地地形にはサトウキビやトウモロコシなどの土地利用がみられる．対象地域内の土地利用の割合は水田が全体の約 75％，果樹園約 6％，サトウキビ約 5％，トウモロコシ約 4％となっており，水田の占める割合が圧倒的に高い地域となっている．

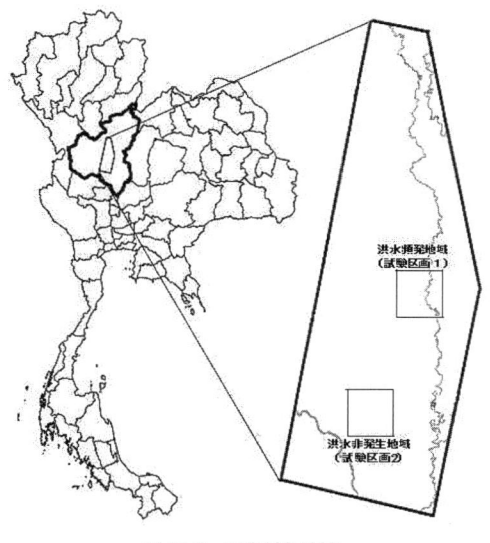

図 18-2 研究対象地域

ここでは地形・洪水と水稲の作付けパターンの関係を把握するため，洪水頻発地域と洪水非発生地域のそれぞれから 10km × 10km の範囲で試験区画 1 と試験区画 2 を選定し，地形，土地利用の特徴抽出を行なった（図 18-2）．

18.2.2 使用データ

洪水調査には，雲の被覆による影響を受けやすい光学センサ画像に代わって全天候型のレーダセンサ画像が有効である．ここでは，2007 年 8 月 17 日，同 9 月 19 日，同 10 月 5 日（いずれも雨季）に撮影された時系列の RADARSAT-1 画像（Wide BeamMode:W2）を用いた．同時に光学センサ画像には，2008 年 1 月 18 日に撮影された ALOS AVNIR-2 画像を使用した．これらの画像の幾何補正には，タイ王立測量局の地形図（縮尺 1:50,000）を用いた．地形解析には，同機関作成の 30m 空間分解能の DEM データを用い，土地利用の特徴把握にはタイ王国土地開発局が 2003 年撮影の空中写真を判読して作成した土地利用図（縮尺 1:25,000）を参照した．

18.3 解析手法と基礎データの作成

18.3.1 時系列湛水域図の作成

雨季に時系列で撮影された RADARSAT 画像から，ALOS 画像及び土地利用図を参照しつつ典型的な水域と陸域の教師（トレーニングサンプル）を取得し，画像毎に水域と陸域を分ける閾値を設定して湛水域分布図を抽出した（図 18-3）．これらを統合し，土地利用図を参照して河川や湖沼等の内水面を除去することで時系列湛水域分布図を作成した（図 18-4，カラー頁に示す）．

18.3.2 現地調査

2009 年 9 月の雨季後半，対象地域において農業的土地利用の観察，GPS 位置情報付きカメラによる現地景観写真の撮影，農家への聞き取り（インタヴュー）を目的とする現地調査を行った．聞き取り項目は，

(1) 年間の作付け回数，(2) 作付け時期と期間，(3) 取水方法，(4) 洪水の有無，(5) 洪水の作付けへの影響，(6) 洪水の発生頻度と期間である．2009 年の調査では洪水頻発地域 6 戸，洪水非発生地域 5 戸に聞き取りを行った．これらの聞き取り結果に過去の聞き取り調査の結果をあわせ，研究対象地域の農業暦を表す水稲作付けカレンダーを作成した（図 18-5）．

18.3.3 地形断面図解析

洪水頻発地域，洪水非発生地域の試験区画において，土地利用図及び時系列湛水域分布図を参照しながら，DEM データから地形断面図を作成した．この地形断面図をもとに，洪水による時間的な湛水域の広がりと地形ならびに土地利用との関係を検討した（図 18-6，カラー頁に示す）．

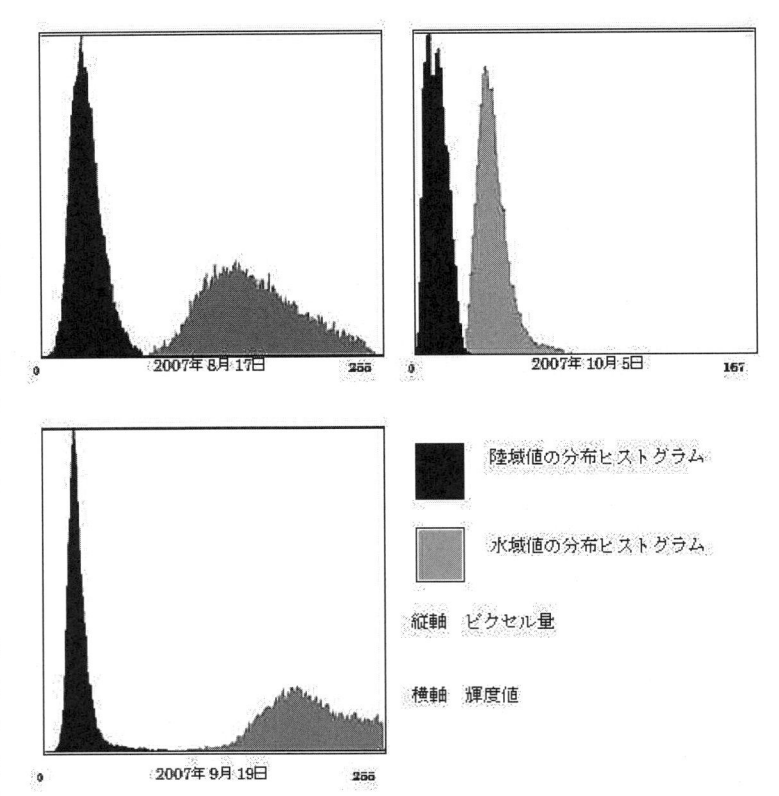

図 18-3 水域と陸域の閾値設定

18.3.4 推定流路図の作成

試験区画で検討した土地利用や洪水による湛水域の広がりと地形要因との関係を研究対象地全域に適用するため，DEM データを用いて，地形的に水が溜まり易い場所，推定される河川流路，集水域データを流向ラスタ解析によって作成し，地形と水の動きの関連について検討した関係性を読み取った．さらに，土地利用図との比較により，沖積低地に展開する微地形が土地利用に与える影響について考察した．

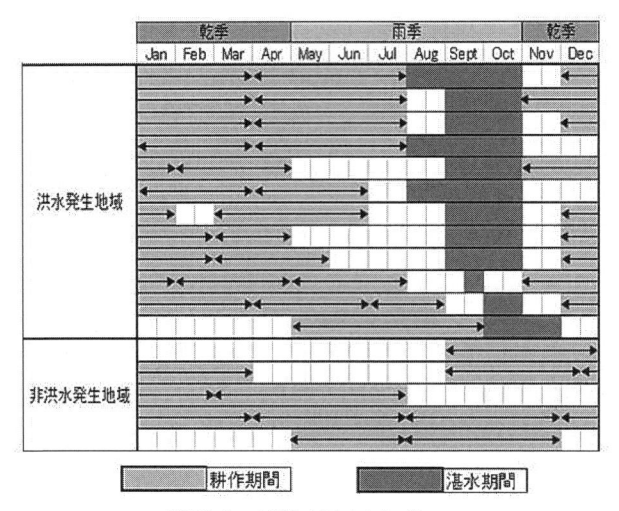

図 18-5 水稲作付けカレンダー

18.3.5 正規化植生指数（NDVI）の算出

洪水が水稲作付けパターンに与える影響を検証するため，解析を行なった 2007 年雨季が終わった後の

乾季前半にあたる 2008 年の 1 月 18 日撮影の ALOS AVNIR-2 画像から NDVI（正規化植生指数）を算出し，相対的な値の高低から水稲作付けの空間的分布状況を把握した．

18.4 結果と考察

18.4.1 湛水域と土地利用

DEM データをもとに土地利用ごとの標高を見ると，洪水頻発地域の水田標高は他の土地利用に比べて低く，総じて河川水面よりも低い（図 18-7）．このため，土地利用ごとの湛水域の割合を見ても圧倒的に水田の湛水割合が高い．毎年洪水の発生している地域では，繰り返された洪水によって形成された自然堤防の上に果樹園，住居，森林が分布し，後背湿地には水田が展開する土地利用景観が広がっている．一方，主要河川からの距離があり，洪水の発生しない地域においても水田の標高は他の土地利用よりも低

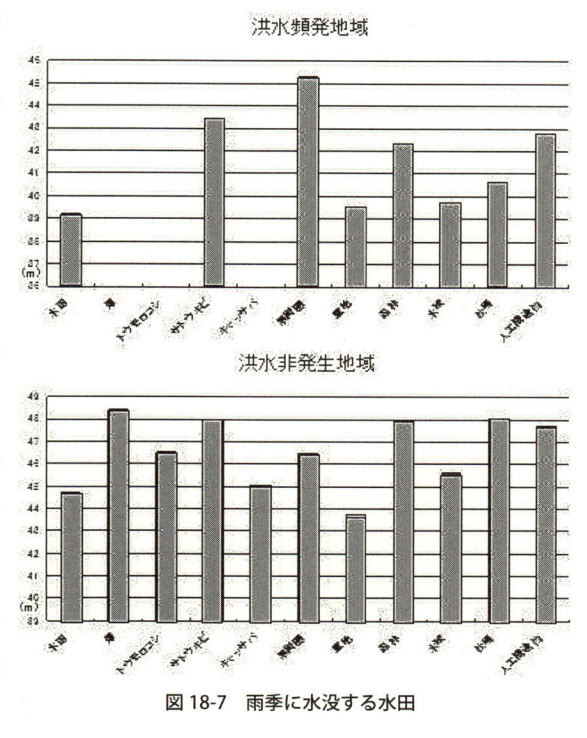

図 18-7 雨季に水没する水田

いが，その高低差は洪水頻発地域に比べて小さい．このような場所では，水田に加えてさまざまな畑地が混在するようになり，洪水頻発地域に比べて，農業的土地利用景観は多様性に富んでいる．

18.4.2 洪水が水稲作付けに与える影響

聞き取り調査によると，例年洪水が発生する洪水頻発地域においては，大半の農家は洪水の影響を回避するため雨季後半の農耕を避け，湛水が退く 11 月～ 12 月にかけて一斉に二期作（Second Rice）の作付けを行なうことがわかった．これは，作付けパターンが灌漑・排水などの水利条件によって農家・農業集落ごとに水稲の作付け時期が異なる洪水非発生地域とは明らかに違った洪水頻発地域独特の作付けパターンである．

聞き取り調査の結果を検証するため，洪水頻発地域に位置する試験区画の 2007 年雨季の湛水範囲（図 18-8，カラー頁に示す）と，その 3 ヶ月後にあたる 2008 年 1 月撮影の ALOS AVNIR-2 から算出した NDVI 画像から推測される水稲作付けの範囲を比較した．この結果，相対的に NDVI 値の高い洪水頻発地域の水稲二期（Second Rice）の作付け範囲と推測される範囲は，雨季に湛水した範囲と完全に一致し，2008 年 1 月に水稲が生育している様子を確認することができた（図 18-9，カラー頁に示す）．このことから，当該地の水稲作付けパターンは洪水によって規定されており，その傾向と分布の様相はリモートセンシングによって高い時空間精度で把握できることが明らかになった．

18.4.3 洪水と地形要因

地形断面図の解析により，対象地域内の湛水分布は標高分布と関係があり，この地域における地表水の移動が地形条件に左右されることが明らかになった．しかしながら，DEM データから推定される流路と

実際に流れている河川流路の位置には違いがあり，地形条件から考えられる最適な排水環境と現実の排水環境の食い違いが研究対象地域の洪水発生リスクを高めていることが推察される（図18-10）．また，時系列湛水域図から推測される洪水発生地域とDEMデータから推定される流路が一致する場所が多数見られたことから，研究対象地域は洪水を引き起こし易い地形をしており，その結果，毎年同じ地域で，同じような洪水を発生させていると推察された．

ここでは，RADARSAT画像から雨季の時系列湛水域図を作成するとともに，ALOS AVNIR-2画像から水田の作付け範囲を抽出し，さらにDEMや土地利用図などのGISデータを総合的に解析することで水稲作付けパターンと地形・洪水の関係を検討した．対象地域の水稲作付けパターンは洪水によって規定され，その洪水は地形要因によって発生する．地形要因はさらに水田をはじめとする土地利用のあり方に影響を与えており，洪水・土地利用・地形と作付けパターンが密接な関係を持っていることが明らかになった．これらの結果から，タイ国をはじめ，これまで複雑と言われてきた東南アジアの水稲作付けパターンは，沖積低地の地形，水，標高などのデータを統合的，複合的に用いることで系統的に分類することができた．

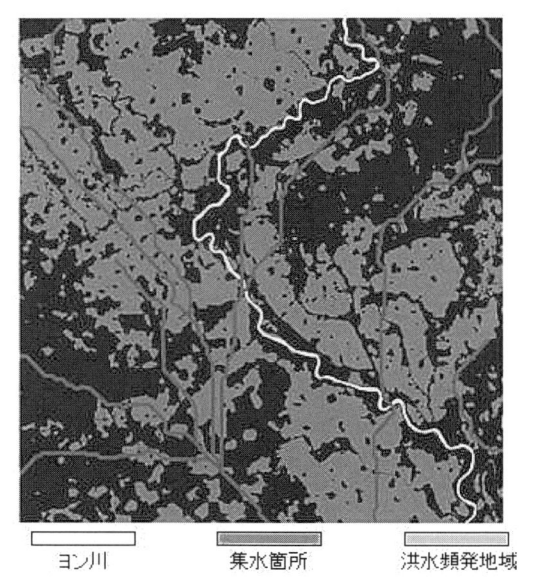

図18-10 洪水頻発地域における現流路と集水地域

付記

本研究は，独立行政法人国際農林水産業研究センターが実施する研究プロジェクト 「アジア地域の降雨特性が農業生産に及ぼす影響評価」の委託研究の一部として行った．研究の遂行にあたり，鳥取大学大学院農学研究科（現：国際航業株式会社）髙橋 優氏，タイ地理情報宇宙開発機構（GISTDA）ジオインフォマティクス局長のDr.Chaowalit Silapathong氏は共同研究者であったことを明記しておく．

19 文献

愛知県埋蔵文化財センター（2003）『猫島遺跡』．愛知県埋蔵文化財調査センター調査報告書，第 107 集．
愛知県埋蔵文化財センター（2002）『八王子遺跡』．愛知県埋蔵文化財調査センター調査報告書，第 92 集．
青木滋・歌代勤・高野武男・茅原一也・長谷川正・長谷川康雄・藤田至則（1979）越後平野の形成とその災害をめぐって．アーハンクボタ，17，22-43．
赤松良久・Parker, G.・武藤鉄司（2006）海水準上昇に対する河川デルタの応答．土木学会論文集 B，62，169-179．
有賀友子（1982）安倍川下流沖積低地における砂礫分布範囲の変化．東北地理，34，88-98．
安藤一男（1990）淡水産珪藻による環境指標種群の設定と古環境復元への応用．東北地理，42，73-88．
安藤萬壽男（1988）『輪中—その形成と推移—』．大明堂．
安八町（1975）安八町史通史編，安八町，956p．
飯田汲事（1977）『昭和 19 年 12 月 7 日東南海地震と震害と震度分布』．愛知県防災会議．
飯田汲事（1987）『天正地震誌』名古屋大学出版会，552p．
池田安隆（1996）活断層研究と日本列島の現在のテクトニクス．活断層研究，15，93-99．
池田安隆（1999）飛騨高原と近畿三角帯の鮮新世以降のテクトニクスはマントルリットのテラミネーションで説明できるか．月刊地球，21，137-144．
池本正明・森勇一・樋上昇・伊藤隆彦・永草康次・楯真美子・中村俊夫・野口哲也（1990）『岡島遺跡（愛知県埋蔵文化財センター調査報告書第 41 集』．財団法人愛知県埋蔵文化財センター．
池本正明・森勇一・松田訓・樋上昇・野本鉄也・大橋正明・川井啓介・楯真美子・永草康次（1993）『岡島遺跡 II（愛知県埋蔵文化財調査報告書第 43 集』．財団法人愛知県埋蔵文化財センター．
池谷仙之・和田秀樹・阿久津浩・高橋実（1990）浜名湖の起源と地史的変遷．地質学論集，36，129-150．
石黒聡士・堀和明・海津正倫・松多信尚・杉戸信彦・宮城豊彦（2011）東北日本太平洋沖地震に伴う三陸海岸南部〜仙台平野の津波の浸水域・浸水高・遡上高．日本地球惑星科学連合 2011 年大会ポスター，MIS036-P141．
石塚直樹・斉藤元也・村上拓彦・小川茂男・岡本勝男（2003）RADAR データによる水稲作付面積算出手法の開発．日本リモートセンシング学会誌，23，5，59-62．
石橋徹・鈴木一省・劉海江・高川智博・佐藤慎司（2009）長石を用いた光励起ルミネッセンス年代測定法による浜松沿岸低地の発達過程の考察．土木学会論文集，B2（海岸工学），B2-65，611-615．
井関弘太郎（1956）日本周辺の陸棚と沖積統基底面との関係．名大文学部研究論集，XIV，85-102．
井関弘太郎（1961）第一篇地形篇．矢作史料編纂委員会編『岡崎市史矢作史料編』．1-17，岡崎市役所．
井関弘太郎（1962）沖積平野の基礎的問題点．名古屋大学文学部研究論集，XXIV，51-74．
井関弘太郎（1963）瓜郷遺跡の自然環境．豊橋市教育委員会編『瓜郷』，20-27，豊橋市教育委員会．
井関弘太郎（1966）沖積層に関するこれまでの知見．第四紀研究，5，93-97．
井関弘太郎（1975a）沖積層基底礫層について．地学雑誌，84，247-264．
井関弘太郎（1975b）第 1 章自然—地形発達史を中心として．新修稲沢市史編纂会『新修稲沢市史研究編 3 地理』，1-67，稲沢市．
井関弘太郎（1983）『沖積平野』．東京大学出版会，145p．
伊勢屋ふしこ（1992）関東平野の河川地形．大原隆・井上厚行・伊藤慎編『地球環境の復元—南関東のジオ・サイエンス』，181-188，朝倉書店．
磯見博・井上正昭（1972）浜松地域の地質．35p．工業技術院地質調査所．
市原実編著（1993）『大阪層群』．340p，創元社．
井内美郎・稲崎富士・卜部厚志・岡孝雄・木村克己・斎藤文紀・高安克己・立石雅昭・中山俊雄・長谷義隆・三田村宗樹編（2006a）沖積層研究の新展開．地質学論集，59，212p．

井内美郎・井上卓彦・岩本直哉・天野敦子（2006b）海域"沖積層"のシーケンス層序学的検討―大阪湾の例―. 地質学論集, 59, 169-178.
海津正倫（1972）多摩川下流部の塩分分布. 水温の研究, 16 (3), 25-32.
海津正倫（1974）岩木川河床より出土した埋没林とその形成環境. 第四紀研究, 13 (4), 216-219.
海津正倫（1976）津軽平野の沖積世における地形発達史. 地理学評論, 49 (11), 714-735.
海津正倫（1979）更新世末期以降における濃尾平野の地形発達過程. 地理学評論, 52, 199-208.
海津正倫（1981）日本における沖積低地の発達過程. 地理学評論, 54, 142-160.
海津正倫（1991）バングラデシュのサイクロン災害. 地理, 36 (8), 71-78.
海津正倫（1992）木曽川デルタにおける沖積層の堆積過程. 堆積学研究会報, 36, 47-56.
海津正倫（1994）『沖積低地の古環境学』, 270p, 古今書院.
海津正倫（2001）[低地地形]. 米倉伸之・貝塚爽平・野上道男・鎮西清高編『日本の地形1 総説』, 238-251, 東京大学出版会.
海津正倫（2001）[アジア・太平洋地域における海岸環境と海面上昇の影響]. 原沢英夫・西岡秀三編著『地球温暖化と日本―自然・人への影響予測―』, 288-292, 古今書院.
海津正倫・平井幸弘編著（2001）『海面上昇とアジアの海岸』, 190p, 古今書院.
海津正倫（2003）2000年9月東海豪雨野並地区水害の微地形学的検討. 名古屋大学文学部研究論集, 史学 49, 71-80.
海津正倫（2004）メコンデルタにおける 2000 年水害と地形環境. 名古屋大学文学部研究論集, 史学 50, 57-69.
海津正倫（2006）[越後平野とその周辺]. 町田洋・松田時彦・海津正倫・小泉武栄『日本の地形5 中部』, 140-144, 東京大学出版会.
海津正倫（2006）タイ国 NamKhem 平野における津波の流動と津波堆積物. 月刊地球, 326, 546-552.
海津正倫・高橋誠（2007）バンダアチェにおけるインド洋大津波の被害の地域的特徴. E-journalGEO, 2 (3), 121-131.
海津正倫・北村恭兵・杉本昌宏・田村賢哉（2011）東北地方太平洋沖地震に伴う仙台・石巻平野の津波の流動と土地条件. 日本地球惑星科学連合 2011 年大会ポスター, MIS036-P140.
卜部厚志（2008）越後平野の阿賀野川沿いにおける沖積層の堆積システム. 第四紀研究, 47, 191-201.
卜部厚志・高濱信行（2002）越後平野における沖積層の沈降と約 5,000 年前の指標火山灰. 新潟大災害研年報, 24, 63-76.
卜部厚志・高濱信行・寺崎裕助（1999）平野地下 19m に埋没した 5,000 年前の遺跡と火山灰層の発見. 新潟応用地質研究会誌, 52, 33-38.
卜部厚志・藤本裕介・片岡香子（2011）越後平野の沖積層形成における火山性洪水イベントの影響. 地質学雑誌, 117, 483-494.
卜部厚志・吉田真見子・高濱信行（2006）越後平野の沖積層におけるバリアー―ラグーンシステムの発達様式. 地質学論集, 59, 111-127.
遠藤邦彦・関本勝久・高野司・鈴木正章・平井幸弘（1983）関東平野の沖積層. アーバンクボタ, 21, 26-43.
大上隆史・須貝俊彦（2006）後期更新世以降における四日市断層の活動性評価. 第四紀研究, 45, 665-685.
大上隆史・須貝俊彦・藤原治・山口正秋・笹尾英嗣（2009）ボーリングコア解析と ^{14}C 年代測定にもとづく木曽川テルタの形成プロセス. 地学雑誌, 118, 665-685.
大熊孝（1981）『利根川治水の変遷と水害』. 東京大学出版会, 393p.
大熊孝（1983）近世初頭の河川改修と浅間山噴火の影響. アーバンクボタ, 19, 18-31.
大熊孝（1988）『洪水と治水の河川史―水害の制圧から受容へ―』平凡社, 261p.
太田陽子（2001）[海面変化の役割]. 米倉伸之・貝塚爽平・野上道男・鎮西清高編『日本の地形1 総説』, 90-100, 東京大学出版会.
太田陽子・海津正倫・松島義章（1990）日本における完新世相対的海面変化とそれに関する問題. 第四紀研究, 29, 31-48.
太田陽子・海津正倫（1995）アメリカ合衆国ワシントン州ナセル川河口付近における完新世堆積物の層序・年代と珪藻分析結果に基づく古地震の復元. 地学雑誌, 104, 107-112.
太田陽子・A. Nelson・海津正倫・松島義章・鹿島薫（1995）アメリカ合衆国オレゴン州サウススルー低地における地形と堆積物. 地学雑誌, 104, 94-106.
大塚弥之助（1942）『山はどうしてできたか：地球の生ひたち』. 285p. 岩波書店.
大坪義旺・伊藤忠夫・飯田秀重（2000）RADARSAT-SAR 画像を用いた時系列湛水状況の把握. 日本リモートセンシング学会誌, 20, 4, 80-88.

大平明夫（1992）完新世における新潟平野北東部の地形発達史．地理学評論，65，867-888．
大矢雅彦（1956）木曽川流域濃尾平野水害地形分類図．総理府資源調査会資料第46号水害地域に関する調査研究第1部附図．
大矢雅彦（1993）『河川地理学』，260p，古今書院．
大矢雅彦（2006）『河道変遷の地理学』．172p，古今書院．
大矢雅彦・海津正倫（1978）津軽平野における扇状地の形成過程．東北地理，30，8-14．
大矢雅彦ほか（1998）『地形分類図の読み方・作り方』．137p，古今書院．
岡崎市教育委員会（1988）『矢作川河床遺跡建設省護岸工事に伴う渡地区，大門地区の調査』．建設省中部地方建設局．
岡崎市教育委員会（2009）『愛知県岡崎市坂戸遺跡発掘調査概報』．岡崎市教育委員会社会教育課．
岡崎市美術博物館（1999）『特別企画展「矢作川―川と人の歴史―」』．岡崎市美術博物館．
小笠原義勝（1949）福井地震の被害と地変―特に地震と断層運動について．地理調査所時報特報2．
岡村信行・湯浅真人・倉本真一（1999）海洋地質図52『駿河湾海底地質図および説明書1:200,000』．地質調査所．
小川茂男・福本昌人・島武男・大西亮一・武市久（2003）衛星データを用いた水田水入れ時期のモニタリンク―尾張西部地区を事例として―．日本リモートセンシンク学会誌，23（5），59-62．
小川茂男・力丸厚・中西芳彦（2006）リモートセンシンクによるメコン川・チャオプラヤデルタの土地被覆解．地形，27（2），221-233．
小川茂男・小倉力・吉迫宏・島武男（2005）多時期衛星データによる東北タイの作付作物分類．システム農学，21（2），76-77．
小口高（2001）山地における斜面変化と土砂移動．米倉伸之・貝塚爽平・野上道男・鎮西清高編『日本の地形1 総説』，163-169．
小野映介（2004）濃尾平野における完新世後期の海岸線変化とその要因．地理学評論，77，77-98．
小野映介・海津正倫・川瀬久美子（2001）濃尾平野北東部における埋積浅谷の発達と地形環境の変化．第四紀研究，40，345-352．
小野映介・海津正倫・鬼頭剛（2004）遺跡分布からみた完新世後期の濃尾平野における土砂堆積域の変遷．第四紀研究，43，287-296．
小野映介・大平明夫・田中和徳・鈴木郁夫・吉田邦夫（2006）完新世期の越後平野中部における河川供給土砂の堆積場を考慮した地形発達史．第四紀研究，45，1-14．
小野映介・海津正倫・森泰通・杉浦裕幸・松井孝宗・河合仁志（2007）矢作川河床埋没林周辺における完新世後半の地形環境．矢作川河床埋没林調査委員会・豊田市教育委員会・岡崎市教育委員会編『地下に埋もれた縄文の森―矢作川河床埋没林調査報告書』，91-103，矢作川河床埋没林調査委員会・豊田市教育委員会・岡崎市教育委員会．
小野映介・海津正倫・林奈津子（2011）豊田市寺部遺跡周辺の地形・地質と古環境．『寺部遺跡（豊田市埋蔵文化財調査報告書第45集）』，豊田市教育委員会．
小幡早苗（2007）矢作川河床の井戸状遺構について．矢作川河床埋没林調査委員会・豊田市教育委員会・岡崎市教育委員会編『地下に埋もれた縄文の森―矢作川河床埋没林調査報告書』，123-129，矢作川河床埋没林調査委員会・豊田市教育委員会・岡崎市教育委員会．
貝塚爽平（1964）『東京の自然史』．186p．紀伊国屋書店．
貝塚爽平（1979）『東京の自然史 増補第二版』．239p．紀伊国屋書店．
貝塚爽平・木曽敏行・町田貞・太田陽子・吉川虎雄（1964）木曽川・矢作川流域の地形発達．地理学評論，37，89-102．
貝塚爽平（1977）『日本の地形―特質と由来―』．234p．岩波書店．
貝塚爽平（1985）第4章川のつくる堆積地形．貝塚爽平・太田陽子・小疇尚・小池一之・野上道男・町田洋・米倉伸之編『写真と図でみる地形学』．46-49．東京大学出版会．
貝塚爽平（1992）『平野と海岸を読む』．164p．岩波書店．
貝塚爽平・鈴木毅彦（1992）関東の地形と地質（地盤の生い立ち）1．2関東ロームと富士山．土と基礎，40，9-14．
貝塚爽平（1998）『発達史地形学』．286p．東京大学出版会．
貝塚爽平・成瀬洋・太田陽子・小池一之（1995）『日本の平野と海岸（新版日本の自然4）』226p．岩波書店．
科学技術庁資源調査会（1960）『伊勢湾台風による低湿地干拓地の災害について―その土地利用の現況と問題点―』．科学技術庁資源調査会報告，17，伊勢湾台風災害調査報告付属資料二，91p．
科学技術庁資源局（1961）『中川流域低湿地の地形分類と土地利用』．科学技術庁資源局資料第40号，149p．
科学技術庁資源局（1966）『狩野川流域の地形・土地利用と昭和33年水害』．科学技術庁資源局資料，58，91p．

籠瀬良明（1975）『自然堤防―河岸平野の事例研究―』．古今書院．
籠瀬良明（1988）『大縮尺で見る平野』．古今書院．
鹿島薫（1986）沖積層中の珪藻遺骸群集の推移と完新世の古環境変遷．地理学評論，59A，383-403．
鹿島薫（1988）珪藻分析から復元された浜名湖の完新世における古環境変遷．Jour. Res. Gr. Clas. Sed. Japan, 5, 95-107.
鹿島薫（2001）日本各地の沿岸性汽水湖沼における完新世後半の塩分変動．LAGUNA（汽水域研究），8，1-14．
加藤芳朗（1985）土橋遺跡をめぐる地形・地質学的背景．袋井市教育委員会編『土橋遺跡―基礎資料編』，11-25．
門村浩（1965）空中写真による軟弱地盤の判読（第1報）―微地形の系統的および計測的分析による判読法の適用について―（2）．写真測量，5，10-25．
門村浩（1971）扇状地の微地形とその形成．矢沢大二・戸谷洋・貝塚爽平編『扇状地―地域的特性』，55-96．古今書院．
門村浩（1981）「微地形」．町田貞・井口正男・貝塚爽平・佐藤正・榧根勇・小野有五編『地形学辞典』，510p，二宮書店．
株式会社クボタ（2003）『アーバンクボタ　特集－液状化・流動化』．アーバンクボタ，40，65p．
金子拓男・笹川一郎・小林巌雄（1983）『緒立遺跡発掘調査報告書』．黒埼町教育委員会．
神谷真佐子・岡安雅彦・伊藤基之 2006．『鹿乗川流域遺跡群Ⅳ（安城市埋蔵文化財発掘調査報告書第17集）』．安城市教育委員会．
鴨井幸彦・平野吉彦・岡野靖（2001）平成16年7月新潟豪雨災害の概要とその教訓．地質と調査．104，16-20．
鴨井幸彦・田中里志・安井賢（2006）越後平野における砂丘列の形成年代と発達史．第四紀研究，45，67-80．
鴨井幸彦・安井賢・小林巌雄（2002）越後平野中央部における沖積層層序の再検討．地球科学，56，123-138．
河合仁志・森泰通（2007）矢作川河床埋没林周辺の遺跡と歴史．矢作川河床埋没林調査委員会・豊田市教育委員会・岡崎市教育委員会編『地下に埋もれた縄文の森―矢作川河床埋没林調査報告書』，107-115，矢作川河床埋没林調査委員会・豊田市教育委員会・岡崎市教育委員会．
川瀬久美子（1998）矢作川下流低地における完新世後半の地形環境の変化．地理学評論，71，411-435．
川瀬久美子（2003）三重県雲出川下流部における海岸低地の形成と堆積環境の変遷．地理学評論，76，211-230．
川瀬基弘（2003）矢作川橋付近の矢作川河床から出土した土器片．矢作川研究，7，187-192．
河角龍典（2000）沖積層に記録される歴史時代の洪水跡と人間活動．歴史地理，197，1-15．
久馬一剛（2001）『熱帯土壌学』．439p．名古屋大学出版会．
日下雅義（1968）歴史時代における大井川扇状地の地形環境．人文地理，21，1-21．
日下雅義（1973）『平野の地形環境』．317p．古今書院．
草野郁（1989）関東地震における東京低地の液状化履歴．土木学会論文集，406，11，213-222．
桑原徹（1968）濃尾盆地と傾動地塊運動．第四紀研究，7，235-247．
桑原徹（1980）伊勢湾周辺の中部更新統―その分布と断層地塊運動―．第四紀研究，19，149-162．
桑原徹（1984）ネオテクトニクス．木村敏雄編『地質構造の科学』9章，370p，朝倉書店．
小荒井衛・中埜貴元・乙井康成・宇根寛・川本利一・醍醐恵二（2011）東日本大震災における液状化被害と時系列地理空間情報の利活用．国土地理院時報，122，127-141．
小出博（1970）『日本の河川―自然史と社会史―』．248p．東京大学出版会．
小出博（1975）『利根川と淀川―東日本・西日本の歴史的展開―』．220p．中公新書．中央公論社．
小久保清治（1966）『浮遊珪藻類（増補版）』．230p．恒星社厚生閣．
小杉正人（1988）珪藻の環境指標種群の設定と古環境復原への応用．第四紀研究，27，1-20．
小杉正人（1989）完新世における東京湾の海岸線の変遷．地理学評論，62A，359-374．
小杉正人（1993）珪藻．日本第四紀学会編『第四紀試料分析法2 研究対象別分析法』，245-252．東京大学出版会．
小林弘・出井雅彦・真山茂樹・南雲保・長田敬五（2006）『小林弘珪藻図鑑第1巻』．内田老鶴圃．
黒埼町教育委員会編（1979）『新潟・燕線特殊改良工事にかかわる緒立遺跡第1次発掘調査実績報告書』．黒埼町教育委員会．
黒埼村教育委員会編（1981）『新潟・燕線特殊改良工事にかかわる緒立遺跡第3次発掘調査概報』．黒埼町教育委員会．
黒崎雅彦編（1980）『新潟・燕線特殊改良工事にかかわる緒立遺跡第2次発掘調査実績報告書』黒埼町教育委員会．
財団法人愛知県教育サービスセンター・愛知県埋蔵文化財センター編（2001）『川原遺跡（愛知県埋蔵文化財センター調査報告書第91集）』．財団法人愛知県教育サービスセンター・愛知県埋蔵文化財センター．
斉藤和也（2009）『航空機レーザ計測』．財団法人日本測量技術協会，東京，208p．
斉藤享治（1983）扇状地の形態・構造の統計分析による岩屑供給量と河床変化の時代変遷．地理学評論，56，61-80．

斉藤享治（1998）『大学テキスト日本の扇状地』. 古今書院.
斎藤享治（2006）世界の扇状地. 古今書院, 299p.
斎藤文紀（1988）海水準上昇期における浜名湖の堆積環境―完新世海岸砂州の復元上の問題点―. Jour. Res. Gr. Clas. Sed. Japan. 5:109-132.
斎藤文紀（2008）研究史からみた関東平野の沖積層. 日本地質学会編『日本地方地質誌関東地方』, 369-380.
斎藤文紀（2011）沿岸域の堆積システムと海水準変動. 第四紀研究, 50, 95-111.
斎藤文紀・保柳康一・伊藤慎編（1995）『シーケンス層序学：新しい地層観を目指して』. 地質学論集, 45, 249p.
酒井俊彦（2006）郷上遺跡における戦国時代から近世にかけての集落の変遷. 愛知県埋蔵文化財センター研究紀要, 7, 109-121.
酒井俊彦・鈴木正貴・永井邦仁・鬼頭剛・堀木真美子（2002）『郷上遺跡（愛知県埋蔵文化財センター調査報告書第98集）』. 財団法人愛知県教育サービスセンター, 愛知県埋蔵文化財センター.
坂井陽一（1980）新潟砂丘における腐植層と砂丘砂の鉱物組成：新潟砂丘の形成について（その1）. 新潟県立教育センター研究報告, 49, 91-96.
坂倉範彦（2004）潮汐環境の堆積物：日本の干潟の理解に向けて. 化石, 76, 48-62.
坂本市太郎・山田純（1969）木曽川河口デルタ海域の堆積学的研究. 三重県立大学水産学部紀要, 8, 17-40.
佐々木俊法（2009）陸成層分布から見たアジアにおける第四紀後期の環境変動. 博士論文（東京大学）
佐々木由香・能城修一（2007）矢作川河床埋没林の樹種. 矢作川河床埋没林調査委員会・豊田市教育委員会・岡崎市教育委員会編『地下に埋もれた縄文の森―矢作川河床埋没林調査報告書』矢作川河床埋没林調査委員会・豊田市教育委員会・岡崎市教育委員会, 39-48.
佐藤壮紀・須貝俊彦・杉山雄一（2007）濃尾平野中央部における過去90万年間の礫供給源の変化. 日本地理学会発表要旨集, 71, 135-135.
佐藤善輝・藤原治・小野映介・海津正倫（2011a）浜名湖沿岸の沖積低地における完新世中期以降の環境変化. 地理学評論, 84, 258-273.
佐藤善輝・藤原治・小野映介・海津正倫・鹿島薫（2011b）浜名湖沿岸の六間川低地・新所低地における完新世中期以降の堆積環境変遷. 日本地球惑星連合2011年大会予稿集, HQR023-07.
澤井祐紀（2006）沿岸の古環境復元における珪藻の役割. 海洋と生物, 166, 501-507.
澤井祐紀（2007）珪藻化石群集を用いた海水準変動の復元と千島海溝南部の古地震およひテクトニクス. 第四紀研究, 46-4, 363-383.
寒川旭（1992）『地震考古学―遺跡が語る地震の歴史』. 中公新書1096. 251p. 中央公論社.
山後公二（2003）航空レーザスキャナを活用した地形分類に関する検討作業について. 国土地理院技術資料, D・5-20, 13-21.
宍倉正展・澤井祐紀・行谷佑一・岡村行信（2010）平安の人々が見た巨大津波を再現する―西暦869年貞観津波―. AFERCNews, 16, 1-16.
静岡県（1996）『静岡県史別編2 自然災害誌』. 808p, 静岡県.
静岡県立磐田北高等学校科学部（1987）『アンケート調査による昭和19年東南海地震における静岡県西部地域の被害と地盤に関する研究』. 静岡県立磐田北高等学校科学部（未刊行）
地盤工学会（2006）『濃尾平野の地盤―沖積層を中心に―』. 社団法人地盤工学会, 128p.
下川浩一・栗田泰夫・佐竹健治・吉岡敏和・七山太・苅谷愛彦・小松原琢・羽坂俊一・重野聖之（1997）地形・地質調査1. 科学技術庁編『科学技術振興調整費日本海東縁部における地震発生ポテンシャル評価に関する総合研究（第I期平成6-8年度）成果報告書』, 67-84, 科学技術庁.
下川浩一・栗田泰夫・佐竹健治・吉岡敏和・七山太・苅谷愛彦・小松原琢・羽坂俊一・重野聖之（2000）地形・地質調査1. 科学技術庁編『科学技術振興調整費日本海東縁部における地震発生ポテンシャル評価に関する総合研究（第II期平成9-10年度）成果報告書』, 65-85, 科学技術庁.
水藤尚・西村卓也・小沢慎三郎・小林知勝・飛田幹男・今給黎哲郎・原慎一郎・矢来智裕・木村久夫・川元智司（2011）GEONETによる平成23年（2011年）東北地方太平洋沖地震に伴う地震時の地殻変動と震源断層モデル. 国土地理院時報, 122, 29-37.
須貝俊彦（2005）環境のダイナミクス. 大森博雄他編『自然環境の評価と育成』, 東京大学出版会, 3-31.
須貝俊彦（2005）気象災害ハザードマップと発達史地形学. 日本地理学会発表要旨集, 67, 18.
須貝俊彦（1995）木曽山脈と美濃高原における侵食小起伏面の起源. 東大人文科学紀要, 95, 1-40.
須貝俊彦・杉山雄一・松本則夫・佃栄吉（1998）深層オールコアボーリンクの解析による養老断層の活動性調査. 地質調査所速報, EQ. 98/1, 67-74.
須貝俊彦・杉山雄一（1998）大深度反射法調査による濃尾平野の活構造調査. 地質調査所速報 EQ/98/1, 55-65.

須貝俊彦・杉山雄一 (1999) 深層ボーリングと大深度地震探査に基づく濃尾傾動盆地の沈降・傾動速度の総合評価. 地質調査所速報, E99/3, 77-87.

須貝俊彦・杉山雄一・水野清秀 (1999) 深度600mボーリングの分析に基づく過去90万年間の濃尾平野の地下層序. 地質調査所速報, EQ. 99/3, 69-76.

須貝俊彦 (2011) 養老断層系天正大地震の震源断層を示唆する地形地質学的記録. 活断層研究, 34, 15-28.

須貝俊彦・柏野花名 (2011) 養老断層崖下における土石流扇状地の形成史―断層活動に伴う土石流災害の予防にむけて. 地球惑星科学連合合同大会要旨集, H-SC24.

杉浦裕幸 (2007) 矢作川河床遺跡埋没林地点周辺のトレンチ調査. 矢作川河床埋没林調査委員会・豊田市教育委員会・岡崎市教育委員会編『地下に埋もれた縄文の森―矢作川河床埋没調査報告書』, 117-121, 矢作川河床埋没林調査委員会・豊田市教育委員会・岡崎市教育委員会.

杉浦裕幸・高橋健太郎・鷺坂有吾・我孫子雅史・須藤歩・井及隆夫・作田一耕・海津正倫・奥野絵美・小野映介・工藤雄一郎・林奈津子・三岡由佳・森勇一・渡辺誠・(株)加速器分析研究所・(株)古環境研究所・(株)パレオ・ラボ (2011)『寺部遺跡 (豊田市埋蔵文化財調査報告書第45集)』. 219-221, 豊田市教育委員会.

杉山雄一 (1991) 渥美半島―浜名湖東岸地域の中部更新統―海進―海退堆積サイクルとその広域対比―. 地質調査所月報, 42-2, 75-109.

鈴木郁夫 (2005)『新潟の地形』新潟大学教育人間科学部地理学教室.

鈴木正貴・鬼頭剛・小野映介・尾崎和美 (2001)『天神前遺跡 (愛知県埋蔵文化財センター調査報告書第96集)』. 財団法人愛知県教育サービスセンター, 愛知県埋蔵文化財センター.

鈴木隆介 (1998)『建設技術者のための地形図読図入門第2巻低地』古今書院.

総理府資源調査会事務局 (1960)『水害地域に関する調査研究 (第1部)』. 資源調査会資料46, 97p.

大丸裕武 (1989) 完新世における豊平川扇状地とその下流氾濫原の形成過程. 地理学評論, 62, 589-603.

平朝彦 (2004)『地質学2 地層の解読』. 岩波書店.

高木勇夫 (1970) 沖積低地の微地形と土地開発. 日本大学研究報告, 5, 55-70.

高木勇夫 (1979) 沖積平野の地形分類に関する整理と検討. 日本大学文理学部自然科学研究所紀要, 地理, 14, 2-30.

高橋重雄・河合弘泰・平石哲也・小田勝也・高山知司 (2006) ハリケーン・カトリーナの高潮災害の特徴とワーストケースシナリオ. 海岸工学論文集, 53, 411-415.

高橋学 (1979) 先史・古代における雲出川下流低地の地形環境. 人文地理 31, 150-164.

高橋学 (1982) 淡路島三原平野の地形構造. 東北地理, 34, 138-150.

高橋学 (1989) 埋没水田遺構の地形環境分析. 第四紀研究, 27, 253-272.

高橋学 (1996) 土地の履歴と阪神・淡路大震災. 地理学評論, 69A, 504-517.

高橋学 (2003)『平野の環境考古学』古今書院.

高濱信行・卜部厚志・寺崎裕助 (2000) 味方排水機場遺跡調査報告書. 味方村編『味方村誌通史編』, 46-55.

高濱信行・卜部厚志・寺崎裕助・大塚富男・Brahamantyo, B., 江口友子・中山俊道・荒木繁雄・川上貞雄・田村浩司 (1998) 新潟県における歴史地震の液状化跡―その1―. 新潟大災害年報, 20, 81-104.

高濱信行・卜部厚志 (2002) 湖底に沈んだ縄文遺跡―青田遺跡の立地環境―. 新潟県教育委員会, (財)新潟県埋蔵文化財調査事業団編『青田遺跡シンポジウム資料集「川辺の縄文集落」』, 16-23, 新潟県教育委員会, (財)新潟県埋蔵文化財調査事業団.

高濱信行・卜部厚志 (2004) 青田遺跡の立地環境と紫雲寺地域の沖積低地の発達過程. 新潟県教育委員会編『日本海東北自動車道関係発掘調査報告書V 青田遺跡関係諸科学・写真図版編』, 1-18, 新潟県教育委員会.

高濱信行・卜部厚志・布施智也 (2001) 越後平野中部における古代・9世紀前後の液状化―新潟県における歴史地震の液状化跡―その2―. 新潟大災害研年報, 23, 45-52.

竹内渉・安岡善文 (2005) 衛星リモートセンシングデータを用いた正規化植生指数, 土壌, 水指数の開発. 写真測量とリモートセンシング, 43 (6), 7-19.

武村雅之 (2003)『関東大震災：大東京圏の揺れを知る』. 139p, 鹿島出版会.

田辺晋・中西利典・中島礼・石原与四郎・内田昌男・柴田康行 (2010) 埼玉県の中川開析谷における泥質な沖積層の埋積様式. 地質学雑誌, 116, 252-269.

趙哲済・別所秀高・松田順一郎・渡辺正巳・久保和士・松尾信裕 (1999) 海から平野へ―遺跡の地層から平野の形成と人の営みをさぐる. 地学団体研究会大阪支部編『大地のおいたち―神戸・大阪・奈良・和歌山の自然と人類』, 147-194, 築地書館.

徳山英一・末益誠 (1987) 富山深海扇状地の形成年代と成因. 月刊地球, 8, 734-739.

土木学会中部支部編 (1988)『国造りの歴史―中部の土木史―』. 名古屋大学出版会, 286p.

豊田市郷土資料館（2009）『郷上遺跡（豊田市埋蔵文化財発掘調査報告書第35集）』．豊田市教育委員会．
中井信之・太田友子・藤澤寛・吉田正夫（1982）堆積物コアの炭素同位体比，C/N比およびFeS2含有量からみた名古屋港周辺の古気候，古海水準変動．第四紀研究，21，169-177．
永井邦仁（2010）碧海台地東縁の古代集落．愛知県埋蔵文化財センター研究紀要，11，51-60．
永井邦仁・川井啓介・川添和暁・鬼頭剛・鈴木正貴・森勇一・藤根久・今村美智子・植田弥生・佐々木由香・松葉礼子・宮塚義人（2005）『水入遺跡（愛知県埋蔵文化財センター調査報告書第108集）第2分冊中近世・科学分析・考察編』．財団法人愛知県教育サービスセンター，愛知県埋蔵文化財センター．
仲川隆夫（1985）新潟平野の上部更新統・完新統―とくに沈降現象との関係について―．地質学雑誌，91，619-635．
中田正夫・奥野淳一（2011）グレイシオハイドロアイソスタシー（用語解説）．地形，32，327-331．
中西利典・宮地良典・田辺晋・卜部厚志・安井賢・若林徹（2010）ボーリングコア解析による新潟平野西縁，角田・弥彦断層の完新世における活動度．活断層研究，32，9-25．
中村俊夫（2007）AMS^{14}C法による埋没林の年代．矢作川河床埋没林調査委員会・豊田市教育委員会・岡崎市教育委員会編『地下に埋もれた縄文の森―矢作川河床埋没林調査報告書』，49-59，矢作川河床埋没林調査委員会・豊田市教育委員会・岡崎市教育委員会．
七山太・ODPLeg155乗船研究者・徳橋秀一（1996）アマゾン海底扇状地．地質ニュース，505，16-25．
成瀬洋（1985）下流の平野と海岸の砂堆―新潟平野．貝塚爽平・成瀬洋・太田陽子編『日本の平野と海岸』，56-63，岩波書店．
鳴橋龍太郎・須貝俊彦・藤原治・粟田泰夫（2004）完新世浅海堆積物の堆積速度の変化から見た桑名断層の活動間隔．第四紀研究，43，317-330．
新潟県教育委員会編（1976）『新潟県埋蔵文化財調査報告書第6 北陸高速自動車道埋蔵文化財発掘調査報告書長所遺跡蛇山遺跡地蔵塚』新潟県教育委員会．
新潟県地盤図編集委員会編（2002）新潟県地盤図および同説明書．（社）新潟県地質調査業協会．
新潟市教育委員会編（1987）『新潟市小丸山遺跡・的場遺跡範囲等確認調査報告書』新潟市教育委員会．
新潟市教育委員会編（1993）『新潟市的場遺跡的場土地区画整理事業用地内発掘調査報告書』新潟市教育委員会．
日本写真測量学会（2002）『空間情報技術の実際』．日本写真測量学会，東京，292p
丹羽雄一・須貝俊彦・大上隆史・田力正好・安江健一・斎藤龍郎・藤原治（2009）濃尾平野西部の上部完新統に残された養老断層系の活動による沈降イベント．第四紀研究，48，339-349．
野間晴雄（2009）『低地の歴史生態システム―日本の比較稲作社会論』．関西大学出版部．
橋本直子（2010）『耕地開発と景観の自然環境学―利根川流域の近世河川環境を中心に―』．240p．古今書院．
長谷川康雄（1966）関東平野の前期縄文時代における沖積土の微古生物学的研究―化石珪藻について―その（V）．資源科学研究所彙報，67，73-83．
服部敏之（1994）室遺跡の地質および古環境．愛知県埋蔵文化財センター編『室遺跡』，128-132，愛知県埋蔵文化財センター．
春山成子・大矢雅彦（1986）地形分類を基礎とした庄内川，矢作川の河成平野の比較研究．地理学評論，59，571-588．
林奈津子（2010）静岡県太田川下流低地における液状化発生地点の地形条件に関する検討．地理学評論，83，4，418-427．
平井幸弘（1995）タイ国南部ソンクラー湖周辺の地形と環境問題．愛媛大学教育学部紀要III，15-2，1-16．
袋井市教育委員会編（1967）『袋井市得意追跡発掘調査概報,東名高速道路建設に伴う発掘調査』．袋井市教育委員会．
袋井市教育委員会編（1992）『鶴松遺跡V』．袋井市教育委員会．
藤原治（2001）第四紀構造盆地の沈降量図．小池一之・町田洋編『日本の海成段丘アトラス』．東京大学出版会，85-96．
藤原治・佐藤善輝・小野映介・海津正倫（2010）浜名湖南東岸の六間川低地で見られる約3400年前の津波堆積物．日本地球惑星科学連合2010年大会予稿集，SSS027-P02．
復興局建築部（1929）『東京及び横浜地質調査報告』．144p．
古川博恭（1972）濃尾平野の沖積層―濃尾平野の研究，その1―．地質学論集，7，39-59．
堀和明・斎藤文紀（2003）大河川デルタの地形と堆積物．地学雑誌，112，337-359．
堀和明・斎藤文紀・田辺晋（2006）アジアの大河川にみられる沖積層．地質学論集，59，157-168．
堀和明・小出哲・杉浦正憲（2008）濃尾平野北部のコア試料にみられた完新世中期以降の河成堆積物．第四紀研究，47，51-56．
堀和明・廣内大助（2011）福井豪雨て生した足羽川低地の破堤堆積物．地理学評論，84，358-368．

本多啓太・須貝俊彦（2010）日本列島における沖積層の層厚分布特性―沖積平野における災害脆弱性評価のための地形発達モデルの構築にむけて―．地学雑誌，119，924-933．
本多啓太・須貝俊彦（2011）第四紀後期における日本島河川の河床縦断面形の変化．地形，32，293-315．
前田保夫・松島義章・佐藤裕司・熊野茂（1982）海成層の上限（marinelimit）の認定．第四紀研究，21，195-201．
牧野内猛・森忍・檀原徹・竹村恵二・濃尾地盤研究委員会断面WG（2001）：濃尾平野における沖積層基底礫層（BG）および熱田層下部海成粘土層の年代．地質学雑誌，107，283-295．
増田富士雄（1988）ダイナミック地層学―古東京湾の堆積相解析から―（その1 基礎編）．応用地質，29，28-37．
増田富士雄・斎藤文紀（1995）プログラデーションによる地層の特徴とテクトニクス的説明．月刊地球，17，671-674．
松井直樹（1998）『毘沙門遺跡・岡島遺跡（西尾市埋蔵文化財発掘調査報告書第6集）』．愛知県西尾市教育委員会．
松井直樹・鈴木とよ子（1994）『岡島遺跡（西尾市埋蔵文化財発掘調査報告書第1集）』．愛知県西尾市教育委員会．
松田訓・早野浩二・石黒立人・鬼頭剛・小野映介（2001）『岡島遺跡III・大毛池田遺跡II（愛知県埋蔵文化財センター調査報告書第94集）』．財団法人愛知県教育サービスセンター，愛知県埋蔵文化財センター．
松田順一郎（2006）流路・氾濫原堆積物から推測される約3100-1200年前の登呂遺跡における環境変化．岡村渉編『特別史跡登呂遺跡，再発掘調査報告書（自然科学分析・総括編）』，1-27．静岡市教育委員会．
松田磐余（2009）『江戸・東京地形学散歩』（フィールド・スタディ文庫2），318p，之潮．
松原彰子（1984）駿河湾奥部沖積平野の地形発達史．地理学評論，57，37-56．
松原彰子（2000）日本における完新世の砂州地形発達．地理学評論，73A，409-434．
松原彰子（2001）浜名湖および浜松低地の砂州地形．慶應義塾大学日吉紀要社会科学，11，20-32．
松原彰子（2004）浜松低地に分布する遺跡の立地環境．慶應義塾大学日吉紀要社会科学，14，35-52．
松原彰子（2007）海岸低地における砂州・浜堤の形成と遺跡立地―浜松低地および榛原低地を例にして―．慶應義塾大学日吉紀要社会科学，18，1-13．
松本秀明（1977）仙台付近の海岸平野における微地形分類と地形発達―粒度分析法を用いて―．東北地理，29，229-237．
町田貞・太田陽子・田中真吾・白井哲之（1962）矢作川下流域の地形発達史．地理学評論，35，505-524．
町田洋・大場忠道・小野昭・山崎晴雄・河村善和・百原新編著（2003）『第四紀学』．336p，朝倉書店．
町田洋・新井房夫（2003）『新編火山灰アトラス日本列島とその周辺』．360p，東京大学出版会．
武藤鉄司（2010）新しい平衡河川観：モデル実験が描く下流域沖積系の海水準応答．地質学雑誌，117，172-182．
森田英之・鹿島薫・高安克己（1998）湖底堆積物中の珪藻遺骸群集から復元された浜名湖・宍道湖の過去10,000年間の古環境変遷．LAGUNA（汽水域研究），5，47-53．
森山昭雄（1977）木曽川平野表層堆積物の粒度組成．地理学評論，50，71-87．
森山昭雄（1978）矢作川平野表層堆積物の粒度組成．地理学評論，51，60-71．
森山昭雄（1987）木曽川・矢作川流域の地形と地殻変動．地理学評論，60，67-92．
森山昭雄・浅井道広（1980）矢作川河床堆積物と供給岩石の造岩鉱物との粒度組成関係．地理学評論，53，557-573．
森山昭雄・小沢恵（1972）矢作川流域の沖積平野の地形と沖積層について．第四紀研究，11，193-207．
矢沢大二・戸谷洋・貝塚爽平（1971）『扇状地―地域的特性』．古今書院．
安井賢・鴨井幸彦・小林巌雄・卜部厚志・渡辺秀男・見方功（2002）越後平野北部の沖積低地における汽水湖沼の成立過程とその変遷．第四紀研究，41，185-197．
安井賢・小林巌雄・鴨井幸彦・渡辺其久男・石井久夫（2001）越後平野中央部，白根地域における完新世の環境変遷．第四紀研究，40，121-136．
安井賢・藤田剛・木村広・渡辺勇・吉田真見子・卜部厚志（2007）越後平野北部の沿岸湖沼の珪藻化石群集と環境変遷史．地球科学，61，49-62．
安田喜憲（1977）大阪府河内平野における弥生時代の地形変化と人類の居住－河内平野の先史地理学的研究I－．地理科学，27，1-14．
矢作川河床埋没林調査委員会・豊田市教育委員会・岡崎市教育委員会編（2007）『地下に埋もれた縄文の森―矢作川河床埋没林調査報告書―』．矢作川河床埋没林調査委員会・豊田市教育委員会・岡崎市教育委員会．
山川才登（1909）有楽町産沖積期介殻．地質，6，166-169．
山口正秋・須貝俊彦・藤原治・大森博雄・鎌滝孝信・杉山雄一（2003）濃尾平野ボーリングコア解析にもとづく

完新統の堆積過程. 第四紀研究, 42, 335-346.
山口正秋・須貝俊彦・藤原治・大上隆史・大森博雄（2006a）木曽川デルタにおける沖積最上部層の累重様式と微地形形成過程. 第四紀研究, 45, 451-462.
山口正秋・須貝俊彦・大上隆史・藤原治・大森博雄（2006b）高密度ボーリングデータ解析にもとづく濃尾平野沖積層の三次元構造. 地学雑誌, 115, 41-50.
山元孝広（1995）沼沢火山における火砕流噴火の多様性：沼沢湖および水沼火砕堆積物の層序. 火山, 40, 67-81.
横山卓雄・佐藤万寿美（1987）粘土混濁水の電気伝導度による古環境の推定. 地質学雑誌, 93, 667-679.
横山卓雄（1993）電気伝導度測定法. 日本第四紀学会編『第四紀試料分析法2 研究対象別分析法』, 109-118, 東京大学出版会.
横山祐典（2010）ターミネーションの気候変動. 第四紀研究, 49, 337-356.
吉川虎雄（1985）『湿潤変動帯の地形学』. 東京大学出版会.
吉田史郎（1992）河川堆積物中のシュートバー堆積物―東海層群亀山累層（鮮新統）における例―. 地質学雑誌, 98, 645-656.
吉田町編（2002）『吉田町史資料編1 考古・古代・中世』. 吉田町.
吉田真見子・保柳康一・卜部厚志・山崎梓・山岸美由紀・大村亜希子（2006）堆積層と全有機炭素・窒素・イオウ濃度を用いた堆積環境の復元―新潟平野上部更新統～完新統の例―. 地質学論集, 59, 93-109.
吉鶴靖則・杉浦裕幸（2008）発掘調査以前の矢作川河床埋没林の産出状況. 矢作川研究, 12, 119-122.
米倉伸之（2000）日本周辺の海底地形. 貝塚爽平ほか編『日本の地形1 総論』, 374p. 東京大学出版会.
若松加寿江（1991a）液状化問題の地形・地質的背景. 応用地質, 32-1, 28-40.
若松加寿江（1991b）埋立地の液状化の歴史. 土と基礎, 39-1, 78-84.
若松加寿江（1991c）『日本の液状化履歴図』東海大学出版会.
若松加寿江（1993）わが国における地盤の液状化履歴と微地形に基づく液状化危険度に関する研究. 早稲田大学学位論文, 244p.
若松加寿江（2011）『日本の液状化履歴マップ745-2008DVD+ 解説書』東京大学出版会, 71p.
渡辺偉夫（1998）『日本被害津波総覧[第2版]』. 238p, 東京大学出版会.
渡辺仁治（2005）『淡水珪藻生態図鑑』. 666p, 内田老鶴圃.
渡辺ますみ・戸根富美江・小林昌二・平川南（1994）『緒立C遺跡発掘調査報告書』. 黒埼町教育委員会.

Allen, J. R. L. (1964) Studies in fluviatile sedimentation: six cyclothems from the Lower Old red Sandstone, Anglo-Welsh Basin. *Sedimentology*, 3, 163-198.
Allen, J. R. L. (1965a) Late Quaternary Niger delta, and adjacent areas: sedimentary environments and lithofacies. *American Association of Petroleum Geologists Bulletin*, 49, 547-600.
Allen, J. R. L. (1965b) A review of the origin and characteristic of recent al luvial sediments. *Sedimentology*, 5, 89-191.
Aslan, A. and Autin, W. (1999) Evolution of the Holocene Mississippi River floodplain, Ferriday, Louisiana: insights on the origin of fine-grained floodplains. *Journal of Sedimentary Research*, 69, 800-815.
Atwater , B. F., Furukawa, R., Hemphill-Haley, E., Ikeda, Y., Kashima, K., Kawase, K., Kelsey, H. M., Moore , A. L., Nanayama, F., Nishimura, Y., Odagiri, S., Ota, Y., Park, S., Satake, K., Sawai, Y. and Shimokawa, K. (2004) Seventeenth-century uplift in eastern Hokkaido , Japan. *The Holocene,* 14, 489-501.
Bard, E., Hamelin, B., Arnold, M., Montaggioni, L., Cabioch, G., Faure, G. and Rougerie, F. (1996) Deglacial sea-level record from Tahiti corals and the timing of global meltwater discharge. *Nature*, 382, 241-244.
Bassinot, F. C., Labeyrie, L. D., Vincent, E., Quidelleur X., Shackleton, N. J. and Lancelot, Y. (1994) The astronomical theory of climate and the age of the Brunhes-Matsuyama magnetic reversal. *Earth and Planetary Science Letters*, 126, 91-108.
Bird E. (2008) *Coastal Geomorphology An Introduction, Second edition.* John Wiley & Sons, Ltd.
Boyd, R., Dalrymple, R. and Zaitlin, B. A. (1992) Classification of clastic coastal depositional environments. *Sedimentary Geology*, 80, 139-150.
Bridge, J. S. (2003) *Rivers and floodplains: Forms, Processes, and Sedimentary Record.* 491p, Blackwell Publishing.
Brown, A. G. (1997) *Alluvial geoarchaeology*. Cambridge University press.
Burt T. and Allison R.eds. (2010) *Sediment Cascades.* Wiley-Blackwell, 471p.
Chaimanee, N. (1989) *Geological mapping of the Holocene Deposits in the Coastal plain of Ban Sanamchai Area, Southern Thailand.* Thesis submitted for the MSc., IFAQ, Free University, Brussels, Belgium, 67p.
Chappell, J. and Shackleton, N. J. (1986) Oxygen isotopes and sea level. *Nature,* 324, 137-140.

Collinson, J. D. (1996) Alluvial sediments. In: Reading, H. G. ed., *Sedimentary Environments: Processes, Facies and Stratigraphy*. Blackwell Scientific Publications, Oxford, pp. 37-82.

Dalrymple, R. W. (1992) Tidal depositional systems. In Walker, R. G., James, N. P. eds, *Facies Models: Response to Sea Level Change*. Geological Associations of Canada, 195-218.

Davis Jr., R. A. (1992) *Depositional Systems: An Introduction to Sedimentology and Stratigraphy, second ed.* 604p, Prentice-Hall.

Department of Mineral Resources (1999) *Geological Map of Thailand.* 1/1,000,000.

Dincauze, D. F. (2000) *Environmental Archaeology.* Cambridge University press.

Dokuchaev, V. V. (1879) Abridged historical account and critical examination of the principal soil classifications existing. *Transactions of the Petersburg Society of Naturalists*, 1, 64-67.

Eisma, D. 1997. *Intertidal Deposits River Mouths, Tidal Flats, and Coastal Lagoons.* CRC Press.

Ericson, J. P., Vrsmarty, C. J., Dingman, S. L., Ward, L. G. and Meybeck, M. (2006) Effective sea-level rise and deltas: causes of change and human dimension implications. *Global and Planetary Change*, 50, 63-82.

Fairbanks, R. G. (1989) A 17,000-year glacio-eustatic sea level record: influence of glacial melting rates on the Younger Dryas event and deep-ocean circulation. *Nature,* 342, 637-642.

Ferrill, D. A., Stamatakos, J. A., Jones, S. M., Rahe, B., McKague, H. L., Martin, R. H., Morris, A. P. (1996) Quaternary slip history of the Bare Mountain fault (Nevada) from the morphology and distribution of alluvial fan deposits. *Geology,* 24, 559-562.

Ferring, C. R. (1986) Rates of fluvial sedimentation: implications for archaeological variability. *Geoarchaeology,* 1, 259-274.

Ferring, C. R. (1992) Alluvial Pedology and Geoarchaeological Research. In Soils in Archaeology, ed. Holliday, V. T., 1-39. Smithsonian Institution Press, Washington and London.

Fisher, W. L. (1969) Facies characterization of Gulf Coast Basin delta systems, with some Holocene analogues. *Gulf Coast Association of Geological Societies Transactions,* 19, 239-261.

Fisk, H. N. (1944) *Geological investigations of the Alluvial Valley of the lower Mississippi River.* U.S. Department of the Army, Mississippi River Commission.

Freire, A. F. M., Menezes, T. R., Matsumoto, R., Sugai, T. and Miller, D. J. (2009) Origin of the organic matter in the Late Quaternary sediments of the eastern margin of Japan Sea. *Journal of the Sedimentological Society of Japan*, 68, 17-128.

Fujimoto, K., Miyagi, T., Murofushi, T., Mochida, Y., Umitsu, M. Adachi, H. and Promojanee, P. (1999) Mangrove habitat dynamics and Holocene sea-level change in the southwestern coast of Thailand. *Tropics*, 8, 239-255.

Fujimoto, K., Kawase, K., Ishizuka, S., Shichi, K., Ohira, A. and Adachi, H. (2009) Sediment and carbon storages in the Yahagi River Delta during the Holocene, central Japan. *Quaternary Science Reviews,* 28: 1472-1480.

Galloway, W. E. (1975) Process framework for describing the morphologic and stratigraphic evolution of deltaic depositional systems. In Broussard, M.L. ed., Deltas, Models for Exploration. *Houston Geological Society,* 87-98.

Intergovernmental Panel on Climate Change (2007) Climate Change 2007: Synthesis Report. Summary for Policymakers. http://www.ipcc.ch/pdf/assessment-report/ar4/syr/ar4_syr_spm.pdf

Gilbert, G. K. (1890) LakeBonneville.UniteStatesGeologicalSurveyMonographs, 1438.

Glen, J. M. and Coe, R. S. (1997) Paleomagnetism and magnetic susceptibility of Pleistocene sediments from drill hole OL-92, Owens Lake, California. *GSA Special Paper*, 317, 67-78.

Hanebuth, T., Stattegger, K., Grootes, P. M. (2000) Rapid flooding of the Sunda Shelf: a late-glacial sea-level record. *Science,* 288, 1033-1035.

Herz, N and Garrison, E. G. (1997) *Geological Methods for Archaeology*. Oxford University Press.

Holliday, V. T. (1992) *Soils in Archaeology.* Smithsonian Institution Press Washington and London.

Hooke, R. LeB. (2000) On the history of humans as geomorphic agents. *Geology,* 28, 843-846.

Hori, K., Saito, Y., Zhao, Q. and Wang, P. (2002) Evolution of the coastal depositional systems of the Changjiang (Yangtze) River in repsonse to late Pleistocene-Holocene sea-level changes. *Journal of Sedimentary Research*, 72, 384-897.

Hori, K. and Saito, Y. (2008) Classification, architecture, and evolution of large-river deltas. In A. Gupta, ed., *Large Rivers : Geomorphology and Management.* John Wiley & Sons, 75-96.

Hori, K., Usami, S. and Ueda, H. (2011) Sediment facies and Holocene deposition rate of near-coastal fluvial systems: An example from the Nobi Plain, Japan. *Journal of Asian Earth Sciences*, 41, 195-203.

Huggett, R. J. (1991) *Climate, earth processes and earth history.* Springer, 281p.

Huq, B. U. (1991) Sequence stratigraphy, sea-level change, and significance for the deep sea. In MacDonald, D.I.M. ed., Sedimentation, Tectonics, and Eustasy: Sea-level Changes at Active Margins. *Special Publication of the*

International Association of Sedimentology, 12, 3-29.

Hustedt, F. (1977) Die Kieselalgen : Deutschlands, Österreichs und der Schweiz unter Berücksichtigung der übrigen Länder Europas sowie der angrenzenden Meeresgebiete. Teile 1, 2 und 3. Band VII. in *Kryptogamen Flora Deutschland, Osterreich und der Schweiz.* edited by L. Rabenhorst. Otto Koeltz, Koenigstein, Germany.

IPCC (1996) Climate Change 1995. -The Science of Climate Cange-. *Contribution of WG I to the Second Assesment Report of the Intergovermental Panel on Climate Change,* Cambridge University Press, 572p.

Janjirawuttikul, N., Umitsu, M. and Tawornpruek, S. (2011a) Pedogenesis of acid sulfate soils in the Lower Central Plain of Thailand. *International Journal of Soil Science,* 6, 77-102.

Janjirawuttikul, N., Umitsu, M. and Vijarnsorn, P. (2011b) Paleoenvironment of acid sulfate soil formation in the Lower Central Plain of Thailand. *Research Journal of Environmental Sciences*, 4, 336-358.

Jergelsma, S. (1961) Holocene sea-level changes in the Netherlands. *Mededelingen van de Geologische Stiching,* Serie C, VI-No.7, 1-100.

Jordan, D. W. and Pryor, W. A. (1992) Hierarchical levels of heterogeneity in a Mississippi River Meander belt and application to reservoir systems. *American Association of Petroleum Geologists Bulletin,* 76, 1601-1624.

McGowen, J. H. and Garner, L. E. (1970) Physiographic feature and strati fication types of coarse-grained point bars: Modern and ancient examples. *Sedimentology,* 14, 77-111.

Kataoka, K. S., Urabe, A., Manville, V and Kajiyama, A. (2008) Breakout flood from an ignimbrite-dammed valley after the 5 ka Numazawako eruption, northeast Japan. *Geological Society of America, Bulletin,* 120, 1233-1247.

Ktoda, K., Wakamatsu, K. and Midorikawa, S. (1988) Seismic microzoning on soil liquefaction potential based on geomorphological land classification, *Soils and Foundations,* 28(2), 127-143.

Krammer, K. and Lange-Bertalot, H. (1986) Bacillariophyceae. Teil: Naviculaceae, H. Ettle, J. Gerloff, H. Heynig, D. Mollenhauer, Editors. *Süsswasserflora von Mitteleuropa,* Band 2/1, G. Fisher, Stuttgart, New York (1986).

Krammer, K. and Lange-Bertalot, H. (1988) Bacillariophyceae, Teil: Bacillariaceae, Epithemiaceae, Surirellaceae. Surirellaceae. Ettle, H., Gerloff, J., Heynig, H. and Mollenhauer, D. Editors. *Süsswasserflora von Mitteleuropa,* Band 2/2, G. Fisher, Stuttgart, New York(1988).

Krammer, K. and Lange-Bertalot, H. (1991a) Bacillariophyceae, Teil: Centrales, Fragilariaceae, Eunotiaceae. Ettle, H., Gerloff, J., Heynig, H. and Mollenhauer, D. Editors. *Süsswasserflora von Mitteleuropa,* Band 2/3, G. Fisher, Stuttgart, Jena (1991).

Krammer, K. and Lange-Bertalot, H. (1991b) Bacillariophyceae, Teil: Achnanthaceae. Ettle, H., Gartner, G., Gerloff, J., Heynig, H. and Mollenhauer, D. Editors. *Süsswasserflora von Mitteleuropa,* Band 2/4, G. Fisher, Stuttgart, Jena (1991).

Kudrass, H. R., Michels, K. H., Wiedicke, M. and Suckow, A. (1998) Cyclones and tides as feeders of a submarine canyon off Bangladesh. *Geology,* 26, 715-718.

Kuenen, H. (1950) *Marine geology.* John Wiley & Sons, 568p.

Lambeck, K. and Chappell, J. (2001) Sea level change through the last glacial cycle. *Science,* 292, 679-686.

Lambeck, K., Yokoyama, Y., Purcell, T. (2002) Into and out of the Last Glacial Maximum: sea-level change during Oxygen Isotope Stages 3 and 2. *Quaternary Science Reviews,* 21, 343-360.

Land Development Department (2006) Problem soils. タイ国農業協同組合省土地開発局，バンコク，(タイ語)

McPherson, J. G., Shanmugam, G., Moiola, R. J. (1987) Fan-deltasandbraiddeltas:varietiesofcoarse-graineddeltas: *Geological Society of America Bulletin,* 99, 331-340.

Masaharu, H., Koarai, M. and Hasegawa, H. (2001) Utilization of airbome laser scanning in Japan. *Videometrics and Optical Methods for 3D Measurement, Proceedings of SPIE,* 4309, 81-92.

Masuda, F., Iwabuchi, Y. (2003) High-accuracy synchronism for seismic reflectors and ^{14}C ages: Holocene prodelta succession of the Kiso River, central Japan. *Marine Geology,* 199, 7-12.

Mattheus, C. R. and Rodrigues, A. B. (2011) Controls on late Quaternary incised-valley dimension along passive margins evaluated using empirical data. *Sedimentology,* 58, 1113-1137.

Milliman, J. D. and Meade, R. H. (1983) World-wide delivery of river sediment to the oceans. *Journal of Geology,* 91, 1-21.

Milliman, J. D. and Syvitski, J. P. M. (1992) Ceomorphic/tectonic control of sediment discharge to the ocean: The importance of small mountainous rivers. *Journal of Geology,* 100, 525-544.

Morton, R. A., Bernier, J. C., Barras, J. A. and Ferina, N. F. (2005) Rapid subsidence and historical wetland loss in the Mississippi delta plain: likely causes and future implications. *Open-File Report 2005-1216.* U. S. Department of the Interior, U. S. Geological Survey, 116p. http://pubs.usgs.gov/of/2005/1216/ofr-2005-1216.pdf

Muto, T. (2001) Shoreline autoretreat substantiated in flume experiments. *Journal of Sedimentary Research,* 71, 246-254.

Nagumo, N., Sugai, T. and Kubo, S. (2010) Location of a pre-Angkor capital city in relation to geomorphological features of lower reach of the Stung Sen River, central Cambodia. *Geodinamica Acta,* 23, 233-244.

Nagumo, N., Sugai, T. and Kubo, S. (2011) Characteristics of fluvial lowland in lower reach of the Stung Sen river. *Transactions Japanese Geomorphological Union,* 32, 142-151.

Nakada, M., Yonekura, N. and Lambeck, K. (1991) Late Pleistocene and Holocene sea-level changes in Japan: implications for tectonic histories and mantle rheology. *Palaeogeography Palaeoclimatology Palaeoecology,* 85, 107-122.

Nakajima, T. (2006) Hyperpycnites deposited 700 km away from river mouths in the central Japan Sea. *Journal of Sedimentary Research,* 76, 60–73.

Naruhashi, R., Sugai, T., Fujiwara, O. and Awata, Y. (2008) Detecting Vertical Faulting Event Horizons from Holocent Synfaulting in Shallow Marine Sediments on the Western Margin of the Nobi Plain, Central Japan. *Bulletin of the Seismological Society of America,* 98, 1447-1457.

Nelson, A. R., Ota, Y., Umitsu, M., Kashima, K. and Matsushima, Y. (1998) Seismic or hydrodynamic control of rapid late-Holocene sea-level rises in southern coastal Oregon, USA-. *The Holocene,* 8, 287-299.

Nguyen, V. L. and Kobayashi, I. (1996) Holocene diatom flora and sedimentary environment of the Echigo Plain, Central Honshu, Japan—Part 1 the analysis of Fukushima-gata well core—. *Science reports of Niigata University. Series E, (Geology),* 11, 13-33.

Nguyen, V. L., Ta, T. K. O. and Tateishi, M. (2000) Late Holocene depositional environments and coastal evolution of the Mekong River Delta, Southern Vietnam. *Journal of Asian Earth Sciences,* 18, 427-439.

Nittrouer, C. A., Kuehl, S. A., DeMaster, D. J., Kowssmann, R. O. (1986) The deltaic nature of Amazon shelf sedimentation. *Geological Society of America Bulletin,* 97, 444-458.

Niwa, Y., Sugai, T., Ohgami, T. and Sasao, H. (2011a) Use of electrical conductivity to analyze depositional environments: Example of a Holocene delta sequence on the Nobi Plain, central Japan. *Quaternary International,* 230, 78-86.

Niwa, Y., Sugai, T., Yasue, K. and Kokubo, Y. (2011b) Tectonic tilting and coseismic subsidence along the Yoro fault system revealed from upper Holocene sequence in the Nobi plain, central Japan. *Transactions Japanese Geomorphological Union,* 32, 201-206.

Niwa, Y., Sugai, T. and Yasue, K. (2012) Activity of the Yoro fault system determined from coseismic subsidence events recorded in the Holocene delta sequence of the Nobi Plain, central Japan. *Bulletin of the Seismological Society of America,* 102, 1120-1134.

Office of Engineer, General Head Quarters, Far East Command (1949) The Fukui Earthquake Hokuriku Region, Japan, 28 June 1948. Tokyo 谷口仁志編 (1988)『よみがえる福井震災 The Fukui Earthquake, Hokuriku Region, Japan, 28 June 1948』現代資料出版.

Ohmori, H. (1978) Relief structure of the Japanese mountains and their stages in geomorphic development. *Bulletin of the Department of Geography University of Tokyo,* 10, 31-85.

Ohmori, H. (1983) Erosion rates and their relation to vegetation from the viewpoint of world-wide distribution. *Bulletin of the Department of Geography University of Tokyo,* 15, 77-91.

Ohmori, H. (1983) Characteristics of the erosion rate in the Japanese mountains from the viewpoint of climatic geomorphology. *Zeitschrift für Geomorphologie. N. F., Supplement Band.,* 46, 1-14.

Ohmori, H. (1991) Change in the mathematical function type describing the longitudinal profile of a river through an evolutionary process. *Journal of Geology,* 99, 97-110.

Omura A., Ikehara, K., Sugai, T., Shirai, M. and Ashi, J. (2012) Determination of the origin and processes of deposition of deep-sea sediments from the composition of contained organic matter: An example from two forearc basins on the landward flank of the Nankai Trough, Japan. *Sedimentary Geology,* 249-250, 10-25.

Orton, G. J. and Reading, H. G. (1993) Variability of deltaic processes in terms of sediment supply, with particular emphasis on grain size. *Sedimentology,* 40, 475-512.

Overeem, I. and Syvitski, J. P. M. (2009) Dynamics and vulnerability of delta systems. *LOICZ Reports & Studies,* No. 35. GKSS Research Center, Geesthacht, 54p.

Pirazzoli, P. A. ed. (1991) *World Atlas of Holocene Sea-level Changes.* Elsevier Oceanography Series, 58, Elsevier, Amsterdam, 300 pp.

Rapp, G Jr. and Hill, C. L. (1998) *Geoarchaeology.* Yale University Press New Haven and London.

Reading, H. G. (1996) *Sedimentary Environments: Processes, Facies and Stratigraphy.* Wiley-Blackwell.

Reading, H. G. (2000) *Sedimantary Environments: Processes, Facies and Stratigraphy.* Blackwell Science, Malden, 688p.

Redman, C. L. (1999) *Human Impact on Ancient Environments.* The University of Arizona Press.

Reimer, P. J., Baillie, M. G. L., Bard, E., Bayliss, A., Beck, J. W., Bertrand, C. J. H., Blackwell, P. G., Buck, C. E., Burr, G. S., Cutler, K. B., Damon, P. E., Edwards, R. L., Fairbanks, R. G., Friedrich, M., Guilderson, T. P., Hogg,

A. G., Hughen, K. A., Kromer, B., McCormac, G., Manning, S., Ramsey, C. B., Reimer, R. W., Remmele, S., Southon, J. R., Stuiver, M., Talamo, S., Taylor, F. W., van der Plicht, J. and Weyhenmeyer, C. E. (2004) IntCal04 terrestrial radiocarbon age calibration 0-26 cal kyr BP. *Radiocarbon*, 46, 1029-1058.

Reineck, H. -E. and Singh, I. B. (1975) *Depositional Sedimentary Environments.* Springer-Verlag, Berlin, Heidelbelg, New York, 439p.

Richards, K. S. (1982) *Rivers -Form and process in alluvial channels.* Methuen, 361p.

Saegusa, Y., Sugai, T., Kashima, K. and Sasao, E. (2009) Reconstruction of Holocene environmental changes in the Kiso-Ibi-Nagara compound river delta, Nobi Plain, central Japan, by diatom analyses of drilling cores. *Quaternary International,* 230, 67-77.

Sakamoto, T., Nguyen, N. V., Ohno, H., Ishitasuka, N. and Yokozawa, M. (2006) Spatio-temporal distribution of rice phenology and cropping systems in the Mekong Delta with special reference to the seasonal water flow of the Mekong and Bassac rivers. *Remote Sensing of Environment,* 100(1), 1-16.

Saito, Y. (1995) High-resolution sequence stratigraphy of an incised-valley fill in a wave- and fluvial-dominated setting: latest Pleistocene-Holocene examples from the Kanto Plains of central Japan. *The Memoirs of the Geological Society of Japan,* 45, 76-100.

Sato, T. and Masuda, F. (2010) Temporal changes of a delta: Example from the Holocene Yahagi delta, central Japan. *Estuarine, Coastal and Shelf Science,* 86, 415-428.

Schiffer, M. B. (1996) *Formation Processes of the Archaeological Record.* University of Utah Press.

Seed, H. B. (1968) Landslides during earthquakes due to soil liquefaction. *American Society of Civil Engineers, Journal of the Soil Mechanics and Foundation Division,* 94, no.SM5, 1053-1122.

Seed, H. B. and Wilson, S. D. (1967) The Turnagain Heights landslide, Anchorage, Alaska. *American Society of Civil Engineers, Journal of the Soil Mechanics and Foundation Division,* 94, no.SM4, 325-353.

Seed, R. B., Cetin, K. O., Moss, R. E. S., Kammerer, A. M., Wu, J., Pestana, J. M. and Riemer, M. F. (2001) Recent advances in soil liquefaction engineering and seismic site response evaluation. *Proceedings: Fourth International Conference on Recent Advances in Geotechnical Earthquake Engeneering and Soil Dynamics and Symposium* in Honor of professor W. D. Liam Finn, SanDiego, California, 26-31.

Shepard, F. P. (1963) *Submarine Geology. 2nd edition.* Harper & Row, New York, 557 pp.

Shirai, M., Omura, A., Wakabayashi, T., Uchida, J. and Ogami, T. (2010) Depositional age and triggering event of turbidites in the western Kumano Trough, central Japan during the last ca. 100 years. *Marine Geology*, 271, 225–235.

Sinsakl, S. (1992) Evidence of Quaternary sea level changes in the coastal areas of Thailand: a review. *Journal of Southeast Asian Earth Sciences,* 7, 23-37.

Skinner, B. J., Porter, S. C. and Park, J. (2004) *Dynamic earth.* Wiley, 584p.

Soil Survey Staff (1999) *Soil Taxonomy, 2nd Ed.: A Basic System of Soil Classification for Making and Interpreting Soil Surveys.* USDA Agric. Handb. No. 436, U. S. Government Printing Office, Washington, D. C.

Songsrisuk, I. (1991) Report of soil survey and soil suitabilitu for economic crops in Changwat Nakhon Si Thammarat. Land Development Report No. 186. Land Development Department, Bangkok.

Stain, J. K. and Farrand, W. R. (2001) *Sediments in Archaeological Context.* The University of Utah Press, Salt Lake City.

Stanley, D. J. and Warne, A. G. (1994) Worldwide initiation of Holocene deltas by deceleration of sea-level rise. *Science*, 265, 228-231.

Stouthamer, E. (2001) Sedimentary products of avulsions in the Holocene Rhine-Meuse Delta, *The Netherlands. Sedimentary Geology,* 145, 73-92.

Sugai, T., Sugiyama Y., Sato, T. and Mizuno, K. (2011) Last 900 ka sea-level changes recorded in shallow marine and coastal plain sediments of the Nobi-tilted basin, Japan. *XVIII INQUA Congress,* Bern.

Syvitski, J. P. M., Vörösmarty, C. J., Kettner, A. J. and Green, P. (2005) Impacts of humans on the flux of terrestrial sediment to the global coastal ocean. *Science,* 308, 376-380.

Syvitski, J. P. M. and Milliman, J. D. (2007) Geology, geography, and humans battle for dominance over the delivery of fluvial sediment to the coastal ocean. *Journal of Geology,* 115, 1-19.

Syvitski, J. P. M., Kettner, A. J., Overeem, I., Hutton, E. W. H., Hannon, M. T., Brakenridge, G. R., Day, J., Vörösmarty, C., Saito, Y., Giosan,L. and Nicholls,R. J. (2009) Sinking deltas due to human activities. *Nature Geoscience,* 2, 681-686.

Ta, T.K.O., Nguyen, V.L., Tateishi, M., Kobayashi, I. and Saito, Y. (2002) Sediment facies and Late Holocene progradation of the Mekong River Delta in Bentre Province, southern Vietnam: an example of evolution from a tide-dominated to a tide- and wave-dominated delta. *Sedimentary Geology,* 152, 313-325.

Talling, J. P. (1998) How and where do incised valleys form if sea level remains above the shelf edge ? *Geology,* 26,

87-90.

Tanabe, S., Ta, T. K. O., Nguyen, V. L., Tateishi, M., Kobayashi, I. and Saito, Y. (2003) Delta evolution model inferred from the Mekong Delta, southern Vietnam. In Posamentier, H. W., Sidi, F. H., Darman, H., Nummedal, D. and Imbert, P. eds., *Tropical Deltas of Southeast Asia. Sedimentology, Stratigraphy, and Petroleum Geology:* SEPM Special Publication, No. 76, 175-188.

Tanabe, S., Tateishi M. and Shibata, Y. (2009) The Sea-level record of the last deglacial in the Shinano River incised-valley fill, Echigo Plain, central Japan. *Marine geology*, 266, 223-231.

Tanabe, S., Nakanishi, T. and Yasui, S. (2010) Relative sea-level change in and around the Younger Dryas inferred from late Quaternary incised-valley fills along the Japan Sea. *Quaternary Science Reviews*, 29, 3956-3971.

Tucker, M.E. (2003) *Sedimentary Rocks in the Field. 3rd edition.* Wiley, 234p.

Umitsu, M. (1985) Natural levees and Landform evolution in the Bengal Lowland. *Geographical Review of Japan, Series B,* 58, 149-164.

Umitsu, M. (1987) Late Quaternary sedimentary environment and landform evolution in the Bengal Lowland. *Geographical Review of Japan, Series B,* 60, 164-178.

Umitsu, M. (1993) Late Quaternary Sedimentary environments and landforms in the Ganges Delta. *Sedimentary Geology,* 83, 177-186.

Umitsu, M. (1997) Landforms and floods in the Ganges delta and coastal lowland of Bangladesh. *Marine Geodesy,* 20, 77-87.

Umitsu, M., Tanavud, C. and Patanakanog, B. (2007) Effects of landforms on tsunami flow in the plains of Banda Aceh, Indonesia, and Nam Khem, Thailand. *Marine geology,* 242, 141-153.

Umitsu, M. (2012) Inundation and coastal change in the lowlands of northwestern Aceh province caused by the 2004 Indian Ocean Tsunami. In Mardiatno, D. and Takahashim M. eds. *Community Approach to Disaster*. Gadjah Mada University Press, Indonesia, 195p.

Urabe, A., Takahama, N. and Yabe H. (2004) Identification and characterization of a subsided barrier island in the Holocene alluvial plain, Niigata, central Japan. *Quaternary International,* 115-116, 93-104.

Vail, P. R., Audemard, F. Boman, S. A., Eisner, P. N. and Perez-Cruz, C. (1991) The stratigraphic signatures of tectonics, eustasy and sedimentology, -an overview. In Einsele, G., Ricken, W. and Seilacher, A. eds. *Cycles and events in stratigraphy.* Springer-Verlag, 617-659.

Walker, R. G. and Cant, D. J. (1984) Sandy fluvial systems. In Walker, R. G. ed., *Facies model, 2nd ed.,* Geoscience Canada, Reprint Series 1, 71- 89. Geological Association of Canada Publications.

Waters, M. R. (1996) *Principles of geoarchaeology.* The University of Arizona Press.

Wang, H., Saito Y., Zhang, Y., Bi, N., Sun, X. and Yang, Z. (2011) Recent changes of sediment flux to the western Pacific Ocean from major rivers in East and Southeast Asia. *Earth-Science Reviews,* 108, 80-100.

Warne, A. G., Meade, R. H., White, W. A., Guevara, E. H., Gibeaut, J., Smyth, R. C., Aslan, A. and Tremblay, T. (2002) Regional controls on geomorphology, hydrology, and ecosystem integrity in the Orinoco Delta, Venezuela. *Geomorphology,* 44, 273-307.

Woodroffe, C. D., Nicholls, R. J., Saito, Y., Chen, Z. and Goodbred, S. L. (2006) Landscape variability and the response of Asian megadeltas to environmental change. In Harvey, N., ed., *Global Change and Integrated Coastal Management: the Asia- Pacific Region. Coastal Systems and Continental Margins,* Vol. 10. Springer, 277-314.

Wright, L. D. (1982) Deltas. In Schwartz, M. L. ed., T*he Encyclopedia of Beaches and Coastal Environments.* Hutchinson Ross Publishing Co., 358-369.

Yabe, H., Yasui, S., Urabe, A. and Tanaka, N. (2004) Holocene paleoenvironmental changes inferred from diatom records of the Echigo Plain, central Japan. *Quaternary International,* 115-116, 117-130.

Yasuda, Y. (1978) Prehistoric environment in Japan-Palynological Approach-. *Science reports of the Tohoku University, 7th Series (Geography),* 28(2), 117-280.

Yasui, S., Watanabe, K., Kamoi, Y. and Kobayashi, I. (2000) Holocene foraminiferal fauna and sedimentary environment in the shirone area, Echigo Plain, central Japan. *Science reports of the Niigata University. Series E. (Geology),* 15, 67-89.

Yi, S., Saito, Y., Oshima, H., Zhou, Y. and Wei, H. (2003) Holocene environmental history inferred from pollen assemblages in the Huanghe(Yellow River)delta, China: climatic change and human impact. *Quaternary Science Reviews,* 22, 609-628.

Yokoyama, Y., Lambeck, K., De Deckker, P., Johnston, P. and Fifield, L. K. (2000) Timing of the Last Glacial Maximum from observed seal-level minima. *Nature,* 406, 713-716.

Yoshida H. and Sugai, T. (2007) Magnitude of the sediment transport event due to the Late Pleistocene sector collapse of Asama volcano, central Japan. *Geomorphology,* 86, 61-72.

Yoshida, H., Sugai, T. and Ohmori, H. (2008) Quantitative study on catastrophic sector collapses of Quaternary volcanoes compared with steady denudation in non-volcanic mountains in Japan. *Transactions Japanese Goemorphological Union,* 29, 377-385.

Yoshida, M., Yoshiuchi, Y. and Hoyanagi, K. (2009) Occurrence conditions of hyperpycnal flows, and their significance for organic-matter sedimentation in a Holocene estuary, Niigata Plain, Central Japan. *Island Arc,* 18, 320-332.

Yoshikawa, T. (1974) Denudation and tectonic movement in contemporary Japan. *Bulletin of the Department of Geography University of Tokyo,* 6, 1-14.

20 索引

あ
アイソスタシー　7, 27, 77, 78, 80, 99
アグラデーション　29
アコモデーション　28
圧密　23, 77, 86, 99

い
石狩平野　2, 57, 58
遺跡　8, 9, 39, 43, 44, 45, 46, 48, 49, 50, 61, 106, 107, 108, 110, 114, 115, 116, 117, 118, 123, 130, 134, 135, 136, 137

え
液状化　9, 23, 59, 61, 62, 63, 107, 132, 133, 134, 135, 137
エスチュアリ　26, 28, 29, 35, 73, 75
N値　57, 58, 105
遠州灘　119, 120, 123, 131

お
オート層序学　30

か
貝化石　6, 8, 112, 128, 153
海岸侵食　10, 11, 22, 56, 140
海岸平野　11, 13, 31, 32, 35, 36, 39, 49, 54, 55, 56, 60, 62, 138, 139, 140, 141, 142, 144, 146, 147, 148, 149, 150, 151, 152, 153, 154, 155
海進　8, 17, 26, 27, 28, 29, 30, 31, 32, 35, 36, 47, 48, 58, 76, 79, 83, 84, 85, 86, 90, 101, 102, 103, 104, 105, 108, 111, 112, 115, 116, 119, 123, 128, 130, 131, 146, 150, 154, 155
海水準変動　6, 7, 13, 15, 16, 17, 19, 20, 21, 24, 27, 28, 29, 30, 76, 79, 83, 85, 86, 90, 91, 119, 120, 123, 131, 150, 155
海成　8, 17, 25, 26, 32, 35, 38, 47, 83, 84, 86, 89, 90, 149, 150, 153, 154
開析谷　28, 123
階層性　32, 39
海退　17, 26, 29, 30, 34, 35, 36, 50, 58, 71, 76, 79, 83, 85, 86, 102, 111, 123
海底扇状地　15, 23
海面変化　21, 119, 131
海洋酸素同位体比　86, 89

河口州　10, 25, 56, 62, 72, 75
火山　19, 21, 22, 28, 29, 35, 40, 84, 102, 107, 108
河床縦断面形　18, 19, 20
霞堤　50, 52
河成　18, 21, 29, 32, 39, 40, 47, 90, 92, 97, 98, 99, 122, 149
河道　2, 3, 10, 21, 28, 34, 37, 40, 41, 42, 43, 45, 47, 48, 49, 50, 51, 52, 53, 56, 59, 62, 68, 69, 70, 75, 77, 90, 92, 94, 95, 99, 106, 115, 117, 123, 132, 133, 134, 142
環境指標種　120, 122
完新世　20, 28, 29, 30, 31, 34, 35, 36, 48, 76, 77, 82, 87, 88, 90, 99, 100, 101, 102, 107, 108, 110, 111, 119, 123, 131, 148, 149, 150, 154, 155
干拓　5, 35, 48, 56, 60, 90, 97, 98, 101, 105, 106, 132
間氷期　6, 20, 21, 29, 30, 82, 83, 85, 86, 89

き
気候地形帯　13
気候変化　90
汽水湖沼　119
起伏　1, 10, 11, 14, 15, 22, 33, 34, 39, 40, 48, 67, 68, 69, 80, 81, 82, 83, 139, 141
旧河道　2, 3, 10, 34, 37, 40, 42, 47, 48, 49, 51, 52, 59, 62, 68, 69, 90, 92, 94, 95, 117, 132, 133, 134, 142
狭窄部　54, 55, 102, 111, 123, 141

く
空中写真　2, 6, 10, 11, 35, 51, 62, 64, 65, 67, 90, 94, 106, 120, 134, 137, 138, 139, 143, 144, 157
グレイシオアイソスタシー　78
クレバススプレー　25, 28, 39, 40, 41, 42, 43, 45, 92

け
珪藻分析　8, 83, 102, 119, 120, 123, 124, 127, 128, 129, 130

こ
広域火山灰　84
広域テフラ　84
光学センサ　156, 157
光学センサ画像　157

航空機レーザ　*64, 65, 66, 67, 68, 69*
更新世　*29, 31, 34, 82, 90, 110, 111, 120, 148, 149, 150, 151, 154*
洪水実績　*68*
降水量　*14, 15, 33*
後背湿地　*10, 24, 25, 28, 34, 39, 40, 41, 42, 43, 47, 48, 49, 54, 59, 62, 69, 87, 90, 92, 105, 106, 107, 115, 122, 132, 133, 134, 136, 137, 142, 159*
後背低地　*69, 70, 90, 92, 94, 95, 98, 99*
後氷期　*7, 15, 17, 18, 19, 20, 21, 30, 31, 34, 39, 45, 58, 75, 79, 87, 90, 101, 105, 108, 110, 112, 120, 128, 146, 150, 154, 155*
コースタルプリズム　*15, 17, 18, 20*

さ

最終氷期　*6, 7, 15, 16, 17, 18, 19, 20, 22, 23, 27, 29, 31, 36, 78, 79, 86, 100, 108, 150*
砂丘　*6, 32, 35, 36, 37, 40, 49, 53, 58, 60, 62, 68, 69, 70, 92, 100, 101, 102, 103, 105, 107, 108, 119, 123, 131, 132, 133, 140, 141*
砂州　*35, 54, 58, 72, 119, 120, 123, 126, 128, 130, 131, 132, 144, 147, 148, 149, 150, 151, 152, 153, 154, 155*
三角州　*i, 2, 5, 28, 32, 34, 35, 38, 48, 49, 50, 55, 56, 58, 71, 90, 92, 94, 97, 98, 122, 132, 141*

し

GIS　*66, 68, 69, 160*
シーケンス層序学　*7, 24, 39, 108*
地震性沈降　*23, 87, 88, 89*
自然堤防　*14, 24, 25, 28, 32, 34, 39, 40, 41, 42, 43, 45, 47, 48, 49, 50, 51, 54, 56, 59, 62, 68, 69, 79, 90, 92, 94, 97, 99, 105, 106, 107, 115, 117, 122, 126, 132, 133, 134, 139, 142, 157, 159*
湿地　*3, 10, 24, 25, 28, 32, 34, 35, 37, 39, 40, 41, 42, 43, 47, 48, 49, 50, 54, 58, 59, 62, 69, 71, 75, 78, 87, 90, 92, 102, 105, 106, 107, 115, 120, 122, 123, 127, 128, 130, 132, 133, 134, 136, 137, 142, 147, 149, 151, 153, 154, 159*
地盤高　*10, 11, 23, 48, 55, 56, 65, 67, 68, 70, 77, 99, 141, 142, 143, 144, 145, 149*
地盤沈下　*4, 22, 48, 49, 55, 59, 77, 78*
斜交層理　*24, 41, 94*
シュートバー　*39, 40, 41, 45*
上部砂層　*7, 24, 29, 45, 83, 91, 92, 108, 112*
縄文海進　*8, 27, 31, 32, 35, 36, 47, 48, 58, 90, 101, 102, 103, 104, 105, 108, 111, 112, 115, 116, 119, 123, 130, 131*
侵食小起伏面　*81, 82*
侵食速度　*14, 15, 80*

す

水害　*3, 10, 21, 23, 47, 48, 49, 52, 53, 54, 55, 64, 67, 69, 70*
水中デルタ　*72*

水稲作付けパターン　*156, 158, 159, 160*

せ

正規化植生指数　*158, 159*
生痕　*24, 126*
瀬替え　*53, 54*
潟湖　*28, 32, 35, 36, 102, 103, 105, 123, 130, 147, 154*
セジメントカスケード　*13, 23*
扇状地　*14, 15, 19, 20, 23, 26, 27, 32, 33, 34, 36, 37, 39, 40, 47, 49, 52, 54, 57, 79, 83, 90, 92, 100, 102, 122, 132, 157*
前置層　*41, 58, 72, 112*

そ

掃流　*19, 47, 72, 75*

た

大規模山体崩壊　*21*
堆積環境　*7, 8, 24, 25, 45, 46, 72, 89, 92, 99, 103, 113*
堆積曲線　*76*
堆積空間形成速度　*13, 23, 79, 85, 86*
堆積構造　*7, 24, 41, 44, 81, 82, 88, 89, 116, 128*
堆積システム　*24, 25, 26, 28, 29, 30, 45, 71, 76, 83, 105, 108*
堆積相　*24, 25, 26, 72, 73, 89*
堆積相解析　*24, 25*
堆積速度　*13, 22, 23, 43, 45, 50, 75, 76, 86, 98, 99, 124*
第四紀　*5, 6, 9, 13, 15, 80, 82, 83, 87, 91, 119, 148, 149*
大陸棚　*15, 16, 17, 19*
高潮　*9, 10, 49, 55, 56, 69, 123, 131*
蛇行　*24, 25, 28, 29, 32, 33, 34, 40, 42, 43, 45, 46, 47, 48, 49, 53, 54, 62, 90, 102, 104, 105, 112, 117, 123, 132, 139*
蛇行河川　*25, 28, 29, 90*
段丘　*5, 15, 20, 21, 22, 45, 107, 110, 111, 115, 117, 118, 120, 122, 123, 148, 149, 151, 154*
湛水深　*48, 69, 70*
断層　*5, 20, 21, 80, 81, 82, 83, 85, 87, 88, 89, 91, 99, 107, 108, 141*

ち

チェニアー　*75*
地殻変動　*5, 6, 8, 13, 18, 19, 20, 21, 24, 29, 31, 59, 60, 77, 79, 80, 81, 82, 83, 86, 90, 119, 120, 131*
地形分類図　*4, 5, 10, 67, 68, 69, 70, 80, 100, 120, 121, 133, 134, 139, 140*
治水地形分類図　*4, 5, 10, 67, 68, 69, 70*
チャオプラヤ　*146, 156, 157*
チャネル　*24, 25, 92*
柱状図　*6, 7, 24, 84, 85, 92, 93, 96, 97, 128, 130, 153*
沖積層　*6, 7, 8, 9, 13, 15, 16, 17, 18, 19, 20, 21, 22,*

24, 26, 27, 28, 29, 30, 31, 43, 45, 58, 79,
83, 85, 86, 87, 89, 91, 100, 102, 103, 108,
111, 112, 148, 149
沖積層基底礫層　7, 18, 20, 24, 28, 83, 85, 86, 91,
112
沖積低地の堆積物　131
沖積低地の地形発達　7, 9, 39
沖積低地の微地形　40, 65, 67, 68, 115, 156
沖積平野の地形　2, 32, 47, 52, 59
中部傾動地塊　79, 80, 83, 85
潮間帯　5, 8, 27, 86, 87, 149, 151, 154, 155
潮差　26, 28, 73, 75, 90
潮汐　26, 28, 48, 49, 60, 72, 73, 75, 87, 123, 126,
139, 140, 141, 152
潮汐低地　26, 75, 87
潮汐平野　48, 60, 139, 140, 141
潮汐リッジ　75
頂置層　34, 41, 72, 112

つ

津波の遡上高　60
津波の流動　60, 139, 141, 143, 144, 145

て

DSM　65, 66, 69, 70
堤間低地　49, 62, 142, 147
泥炭　6, 42, 58, 115, 122, 126, 127, 128, 129, 130,
146, 150, 153, 154, 155
底置層　41, 72, 112
DEM　10, 11, 65, 66, 67, 68, 69, 70, 139, 144, 145,
156, 157, 158, 159, 160
デルタ　6, 9, 10, 15, 17, 22, 25, 26, 27, 29, 30, 32,
34, 35, 36, 37, 38, 39, 40, 41, 45, 55, 56,
62, 71, 72, 73, 74, 75, 76, 77, 78, 79, 83,
87, 88, 89, 98, 99, 111, 112, 114, 123, 132,
139, 140, 141, 144, 156
デルタプレイン　72, 75, 76
デルタフロント　25, 29, 30, 72, 75, 76, 87, 88, 98,
99
デルタフロントスロープ　29, 72, 88
デルタフロントプラットフォーム　29, 72, 75
電気伝導度　83, 84, 89, 92, 97, 104
天井川　52, 117, 118

と

東北日本太平洋沖地震　138
土岐砂礫層　81
土壌　4, 22, 35, 43, 44, 45, 51, 71, 94, 107, 113,
146, 147, 151, 152, 153, 154, 155
土地条件図　4, 10, 133
土地利用　2, 3, 4, 54, 64, 67, 68, 69, 70, 77, 92,
107, 143, 156, 157, 158, 159, 160

な

南海トラフ　57, 123

の

濃尾傾動地塊　52, 79, 81, 82, 83

は

ハイドロアイソスタシー　7, 78, 99
波高　26, 28, 60, 73, 90, 138, 140, 141, 144, 145
ハザードマップ　10, 70
破堤堆積物　48, 92, 94
バリアー　26, 28, 29, 36, 37, 75, 101, 102, 103,
105
波浪　26, 28, 29, 56, 72, 73, 75, 97, 131
氾濫原　5, 14, 17, 32, 34, 36, 37, 39, 40, 41, 42, 43,
44, 45, 46, 47, 48, 49, 50, 52, 54, 79, 88,
92, 100, 102, 103, 105, 106, 107, 112, 113,
114, 115, 116, 117, 123, 153, 154, 155,
157
氾濫平野　68, 69

ひ

東日本大震災　3, 59, 60, 61, 62, 63, 138, 139
微化石　123
干潟　49, 60, 63, 75, 90, 120, 122, 127, 128, 129,
139, 140, 141, 144, 145, 146, 149, 150,
151, 152, 154
微地形　3, 4, 6, 32, 33, 34, 35, 36, 37, 39, 40, 41,
42, 43, 46, 48, 49, 50, 51, 59, 62, 65, 67,
68, 69, 90, 94, 106, 115, 126, 132, 133,
134, 135, 137, 142, 156, 158
氷河　7, 13, 15, 17, 18, 19, 20, 21, 22, 24, 27, 28,
45, 71, 77, 78, 79, 83, 85, 86, 89, 99, 108,
119
氷河性海水準変動　7, 13, 15, 17, 19, 20, 21, 24, 27,
28, 79, 83, 85, 86
氷期　6, 7, 14, 15, 16, 17, 18, 19, 20, 21, 22, 23,
27, 29, 30, 31, 34, 36, 39, 45, 58, 75, 78,
79, 82, 83, 84, 85, 86, 87, 89, 90, 100, 101,
105, 108, 110, 112, 120, 128, 146, 150,
154, 155
浜堤　26, 31, 32, 35, 36, 39, 40, 49, 62, 75, 139,
140, 141, 142, 144, 145

ふ

ファンデルタ　15, 17, 72
風化　14, 15, 110, 120
浮遊土砂運搬量　73, 77
浮流　14, 15, 25, 47, 72, 75
プレートテクトニクス　5, 13
プログラデーション　29, 98
プロデルタ　25, 29, 72, 75, 76, 98, 99
噴砂　61, 132, 133, 134, 135, 136, 137
噴砂痕　132, 135, 136, 137

へ

平行層理　24

ほ

ポイントバー　24, 25, 28, 34, 40, 41, 42, 45, 46,
115, 132, 136, 137
防災　4, 11, 64, 69, 70, 119
放射性炭素年代　24, 25, 28, 98
放水路　53, 54, 102, 141

ボーリング　*6, 7, 8, 9, 24, 43, 45, 46, 57, 76, 82, 83, 85, 87, 92, 94, 103, 107, 137, 148, 149, 150, 153, 155*

ま

埋没微地形　*43, 62, 134, 135, 137*
マッドケープ　*75*
マングローブ　*9, 11, 27, 49, 75, 146, 149, 150, 151, 152, 154, 155*

み

三日月湖　*2, 32, 34, 40, 42, 43, 48, 62*

も

網状河川　*28*

よ

養老断層　*80, 81, 82, 83, 87, 91, 99*

ら

ラグーン　*28, 71, 75, 102, 105*

り

陸上デルタ　*72, 77*
流向ラスタ　*69, 70, 158*
粒度　*7, 9, 24, 26, 43, 72, 73, 77, 92, 94, 97, 132*

れ

レーダセンサ画像　*157*

著者紹介

海津正倫（うみつ まさとも） 1947年生 東京大学大学院理学系研究科地理学専攻博士課程満期退学 理学博士 奈良大学文学部教授 名古屋大学名誉教授
主な編著書『沖積低地の古環境学』古今書院，『朝倉世界地理講座 南アジア』（立川武蔵・杉本良男・海津正倫編）朝倉書店，『日本の地形・中部』（町田洋ほかほかと共編）東京大学出版会，『海面上昇とアジアの海岸』（海津正倫・平井幸弘 編著）古今書院，『湿潤熱帯環境』（田村俊和ほかと共編）朝倉書店．『日本の自然 地域編—中部—』（野上道男ほかと共編），岩波書店（1・6・7・16・17章）

須貝俊彦（すがい としひこ） 1964年生 東京大学大学院理学系研究科地理学専攻博士課程修了 博士（理学） 東京大学大学院新領域創成科学研究科自然環境学専攻教授（2・10章）

堀 和明（ほり かずあき） 1974年生 東京大学大学院理学系研究科地球惑星科学専攻博士課程修了 博士（理学）名古屋大学大学院環境学研究科社会環境学専攻准教授（3・9・11章）

小野映介（おの えいすけ） 1976年生 名古屋大学大学院文学研究科博士課程後期修了 博士（地理学） 新潟大学教育学部准教授（4・5・12・13章）

長澤良太（ながさわ りょうた） 1956年生 立命館大学大学院地理学専攻博士課程中退 博士（文学） 鳥取大学農学部教授（8・18章）

佐藤善輝（さとう よしき） 1984年生 名古屋大学大学院環境学研究科地理学専攻博士前期課程修了 九州大学大学院理学府地球惑星科学専攻古環境学分野博士後期課程在学中 日本学術振興会特別研究員（14章）

林奈津子（はやし なつこ） 1985年生 名古屋大学環境学研究科修士課程修了 修士（地理学） 株式会社インフォマティクス（15章）

Janjirawuttikul Naruekamon（ジャンジラウッティクル ナルカモン） 1977年生 カセサート大学農学研究科修士課程・名古屋大学大学院環境学研究科博士課程修了 博士（環境学） タイ王国農業・協同組合省土地開発局土壌研究官（17章）

書　名	沖積低地の地形環境学
コード	ISBN978-4-7722-5263-8　C3044
発行日	2012年10月20日　初版第1刷発行
編　者	**海津正倫**
	Copyright ©2012 UMITSU Masastomo
発行者	株式会社古今書院　橋本寿資
印刷所	三美印刷株式会社
製本所	渡辺製本株式会社
発行所	**古今書院**
	〒101-0062　東京都千代田区神田駿河台2-10
ＷＥＢ	http://www.kokon.co.jp
電　話	03-3291-2757
ＦＡＸ	03-3233-0303
振　替	00100-8-35340
	検印省略・Printed in Japan

古今書院発行の関連図書一覧 価格は5％税込み表示

ご注文はお近くの書店か、ホームページで。
www.kokon.co.jp/ 電話は03-3291-2757
fax注文は03-3233-0303 order@kokon.co.jp

建設技術者のための地形図読図入門

第2巻 低地

鈴木隆介著 中央大学名誉教授

B5判 上製
354頁
定価5460円
（税5％）
本体5200円

『低地は、河川災害、海岸災害、地盤災害、地震災害などが広域に発生する地形種である。したがって、低地の成り立ちと生い立ちを理解することが大事」と著者は述べる。本書は低地の地形理解を読図で示す。すなわち地形の定義、分類、形成過程、構造、特徴、土地条件を解説した上で新旧地形図をふんだんに使って読図例をいくつも示した。

[内容]低地の特質、低地の自然災害と建設工事、河成単式堆積低地、河成複式堆積低地、河成侵食低地、海岸の一般的性質、海成堆積低地、岩石海岸と海成侵食低地、サンゴ礁、砂丘、湖成低地、泥炭地、複成低地
ISBN978-4-7722-5007-8　C3351

第1巻　読図の基礎　　　　　　定価4410円　本体4200円

第3巻　段丘・丘陵・山地　　　定価5985円　本体5700円

第4巻　火山・変動地形と応用読図　改訂版
　　　　　　　　　　　　　　　定価6510円　本体6200円

地形分類図の読み方・作り方 改訂増補版

大矢雅彦・丸山裕一・海津正倫・春山成子・平井幸弘・熊木洋太・長澤良太・杉浦正美・久保純子・岩橋純子・長谷川奏・大倉博著

B5判 並製
137頁
定価3150円
（税5％）
本体3000円
2002年発行

★社会に役に立つ地図を作るテクニックを学ぶ

第1部 環境・防災・開発のための地形分類図では、災害危険地区を予測する防災マップ、開発適地を探すための地図、環境を知るための地図を具体的にカラーで紹介し、その作り方・読み方を解説。

第2部 実習のための基本と作業では、空中写真判読の基本テクニックと作図実習および地形分類図の読み方を解説。

地図を使う地理学出身行政者、技術者になるための必携テキストの決定版。高校地理教育にこれまで欠けていた単元満載。
ISBN978-4-7722-5013-9　C3044

古今書院発行の関連図書

ご注文はお近くの大書店か、ホームページで。
www.kokon.co.jp/ 電話は03-3291-2757
fax注文は03-3233-0303 order@kokon.co.jp

世界の扇状地

斉藤享治著　埼玉大学教授

A5判　上製
314頁
定価5460円
（5％税込み）
本体5200円
2006年発行

★『日本の扇状地』(1988)に続く姉妹編
　膨大な文献を渉猟しつつオリジナルな図版を豊富に世界の扇状地を同様な構成でまとめ上げた。著者の扇状地研究一筋の一貫した姿勢が、本書の構成にも現れる。欧米の扇状地研究論文は急激に増え進展した。さまざまな扇状地に関する考えが登場した。はたして黒部川扇状地は扇状地なのか？
［本書の内容］1扇状地研究は今、面白い、2世界の地形形成環境、3世界の扇状地（北アメリカの扇状地、中央／南アメリカの扇状地、オセアニアの扇状地、アフリカの扇状地、ヨーロッパの扇状地、アジアの扇状地）4扇状地の形成プロセスと定義、5扇状地分布論、6扇状地発達論、7扇状地研究と扇状地の未来
ISBN978-4-7722-4075-8　C3044

大学テキスト日本の扇状地

斉藤享治著　埼玉大学教授

A5判　並製
288頁
定価2940円
（5％税込み）
本体2800円
1998年発行

★　扇状地とは何か
　山地と平地の接点である扇状地には、地形形成の謎がかくされている。本書は扇状地にこだわり、徹底的に扇状地を研究した著者の湿潤変動帯日本の地形論である。前扇状地586の面積・勾配などのデータと索引図付き。本書は1988年に刊行された名著「日本の扇状地」を改題し、テキスト用に価格を下げ並製本としたが内容は同様である。もともと本書の第2章「日本の地形形成環境」はテキスト用に書かれた。
［おもな内容］
1序章　2日本の地形形成環境（扇状地をとりまく諸環境）　3扇状地の形成過程（どのようにしてできるか）　4日本の扇状地（扇状地のいろいろ）　5扇状地研究小史　6扇状地分布論（なぜできるか）　7扇状地発達論8どうなるのか）
ISBN978-4-7722-5018-4　C3325

古今書院発行の関連図書一覧

ご注文はお近くの大書店か、ホームページで。
www.kokon.co.jp/ 電話は03-3291-2757
fax注文は03-3233-0303 order@kokon.co.jp

耕地開発と景観の自然環境学
―利根川流域の近世河川環境を中心に―

橋本直子著　葛飾区郷土と天文の博物館学芸員

B5判 上製
240頁
定価 14700円
（5％税込み）
本体14000円
2010年発行

★江戸時代の耕地開発は18世紀後半には停滞する、なぜか
　新田開発と河道改変の関係を明らかにし、近世絵図や検地帳や石高データ等から開発のようすを明らかにし地形図、空中写真と照合して耕地開発景観を復原する。17-19世紀の耕地開発を、小氷期後を含む長期気候変動の中で変化した河川環境を意識し、開発と河川の相互関係を見出す試み。自然災害が耕地開発に与えた影響を示唆する。
ISBN978-4-7722-3127-5 C3021

河道変遷の地理学

大矢雅彦著　早稲田大学名誉教授

B5判 上製
180頁
定価6825円
（5％税込み）
本体6500円
2006年発行

★洪水ハザードマップの基礎を作った著者の遺作旧河道などの河川の履歴を追い調査することで地形的特色から土地の性質を知る。河川と平野の関係がよくわかり防災に活かすことができる。それが河道変遷の地理学だ。地形分類図を多く掲載した「河川地理学」の姉妹編。
[主な内容]河道変遷研究の意義、水害地形分類図から河道変遷地形分類図へ、旧河道の認定法、利根川および荒川の河道変遷、河道変遷の類型化（木曽川、野洲川、阿賀野川、筑後川、木津川）自然的・人為的要因による河道変遷（ライン川、天竜川、豊川、メコン川、狩野川、庄内川、石狩川、斐伊川ほか）河道変遷地形分類図の応用（バングラデシュのジャムナ川、フィリピンのカガヤン川）ISBN978-4-7722-3055-1 C3025

海面上昇とアジアの海岸

海津正倫・平井幸弘編　奈良大学教授・駒澤大学教授

A5判 並製
180頁
定価2625円
（5％税込み）
本体2500円
2001年発行

★本書は海岸工学、都市計画、地質学など隣接分野からの報告も加えて、海岸環境の現状と将来予測について多面的に議論した日本地理学会75周年記念シンポジウムのまとめ。学際的かつ実証的な地理学研究成果を収め、環境変化に対応する自然と社会の応答を含め各地域の将来予測と対応策まで議論。ISBN978-4-7722-3012-4 C1040